从零开始 Photoshop 工具详解与实战

夏磊 著

人民邮电出版社
北京

图书在版编目（CIP）数据

从零开始：Photoshop工具详解与实战 / 夏磊著. --
北京 : 人民邮电出版社, 2019.10（2023.1重印）
ISBN 978-7-115-50766-2

Ⅰ. ①从… Ⅱ. ①夏… Ⅲ. ①图象处理软件 Ⅳ.
①TP391.413

中国版本图书馆CIP数据核字(2019)第025976号

内 容 提 要

本书是Adobe中国授权培训中心官方培训教材。全书共4章，分别讲解了工具箱、菜单命令、滤镜，以及综合实战案例。读者可以通过本书的学习快速掌握常用的Photoshop功能，并通过大量案例的练习强化学习效果。

随书资源中包含所有实例的素材、最终效果文件、讲义、视频录像。本书适合广大Photoshop的初学者，以及有志于从事平面设计、插画设计、包装设计、网页制作、三维动画设计、影视广告设计等工作的人员使用，同时也适合高等院校相关专业的学生和各类培训班的学员参考阅读。

◆ 著　　夏　磊
责任编辑　俞　彬
责任印制　马振武
◆ 人民邮电出版社出版发行　　北京市丰台区成寿寺路11号
邮编　100164　　电子邮件　315@ptpress.com.cn
网址　http://www.ptpress.com.cn
北京捷迅佳彩印刷有限公司印刷
◆ 开本：880×1092　1/16
印张：12.5　　2019年10月第1版
字数：339千字　　2023年1月北京第7次印刷

定价：59.80元

读者服务热线：(010)81055410　印装质量热线：(010)81055316
反盗版热线：(010)81055315
广告经营许可证：京东市监广登字20170147号

前言

Photoshop 是一款实现创意的工具。利用 Photoshop 工具不仅可以把一张图片处理得更加漂亮，还可以将我们脑海中的奇思妙想以视觉形式呈现出来。

Photoshop 很早就已经成为处理图形图像的主要工具。随着智能手机的普及，相继出现了很多操作简单的图形图像处理 APP，譬如美图秀秀、Instagram 等。人们用手机拍了一张照片以后，利用美图秀秀等 APP，通常仅需要 1~2 个步骤就可以将照片处理得很惊艳，然后将其发送至“朋友圈”。

虽然美图秀秀这类图形图像处理 APP 简单易上手，但它们的局限性很大，一般只是用于生活中简单的图片处理。而 Photoshop 除了能够处理美化图形图像以外，还可以做创意合成、绘画等。到目前为止，Photoshop 在图形图像处理方面还是不可替代的。

正是因为 Photoshop 具有强大的功能，所以若想深入掌握 Photoshop 需要投入大量的时间，对于初学者来说，应该快速入门之后再选择想要精进的 Photoshop 学习方向。本书主要解决读者快速入门的问题，共有 4 章，分别讲解了工具箱、菜单命令、滤镜，以及综合实战案例。读者可以通过本书的学习快速掌握 Photoshop 的常用功能，并通过大量案例的练习强化学习效果。随书资源中包含所有实例的素材、最终效果文件、讲义、视频录像，用于辅助读者快速上手。

本书适合广大 Photoshop 的初学者，以及有志于从事平面设计、插画设计、包装设计、网页制作、三维动画设计、影视广告设计等工作的人员使用，同时也适合高等院校相关专业的学生和各类培训班的学员参考阅读。

由于编者水平有限，书中难免存在不妥之处，恳请读者指正。如果您在学习中遇到问题，请随时与我们联系，我们的联系邮箱是 luofen@ptpress.com.cn。

编者

2019 年 9 月

阅读指南

工具的位置和快捷键

工具的作用

工具的使用方法

选项的相关属性栏或面板

属性栏或面板的选项的作用

27 文字工具

工具箱、快捷键：T

文字工具用于输入文本，包括横排文字工具和竖排文字工具。横排文字工具可以输入水平方向的文本，竖排文字工具可以输入垂直方向的文本。

❶ 输入文字

在工具箱中选择文字工具，单击画布即可输入文字。

❷ 输入段落文字

按住左键不放拖曳鼠标，得到一个虚线框，松开鼠标后即可输入文字。

❸ 移动文字位置

输入完文字后，将鼠标指针放在文字外侧，则变为移动工具，即可移动文字位置。

❹ 设置另一个新的文字起点

在文字工具的状态下，创建另一个新的文字起点，只需要按Shift键，单击画布空白处即可。

❺ 取消文字工具的状态 按Esc键，可以取消文字工具的状态，或者选择工具箱中的任意工具。

❻ 属性栏

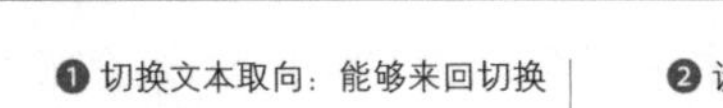

❶ 切换文本取向：能够来回切换横排文本和竖排文本。

❷ 设置字体：可以设置不同的字体。

❸ 设置字体样式：可以设置加粗、倾斜、超粗等这几种字体样式，中文字体没有字体样式，部分英文字体有字体样式。

❹ 设置文字大小：可以设置字体的大小。

❺ 设置消除锯齿的方法：可以消除文字锯齿，使文字边缘平滑。它有4个选项，分别是锐利、犀利、浑厚和平滑，一般默认选择锐利。

❻ 设置对齐方式：设置文字的对齐方式。

左对齐文本 居中对齐文本 右对齐文本

058

❼ 设置文本颜色：可以为文字设置不同的颜色。

❽ 创建文字变形：可以将文字变换为不同的外形，例如扇形、拱形和鱼形等。

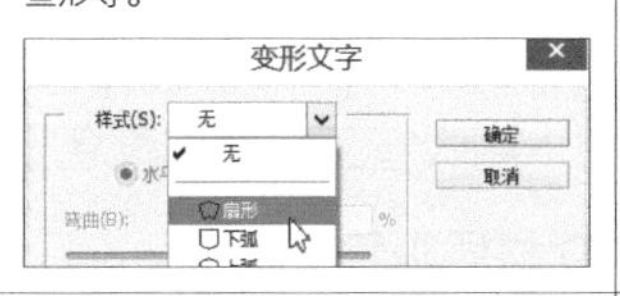

❾ 切换字符和段落面板：可以快速地打开字符和段落面板。

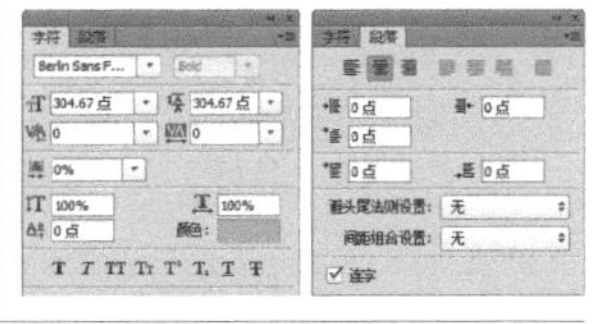

❿ 取消所有当前编辑：取消当前的操作，自动切换为移动工具。例如，当前操作是更改颜色，单击【取消所有当前编辑】按钮后，文字颜色变为之前的颜色。

⓫ 提交所有当前编辑：完成当前的操作，自动切换为移动工具。例如，当前操作是更改颜色，单击【提交所有当前编辑】按钮后，文字颜色变为当前的颜色。

⓬ 更新此文本关联的 3D：将文字转换为 3D 文字效果，自动切换为 3D 功能面板。

实例：用文字工具制作世界杯海报

工具在实际案例中的使用方法

通过文字工具输入文字内容，设置字体、字号和颜色等参数制作文字主题的世界杯海报。

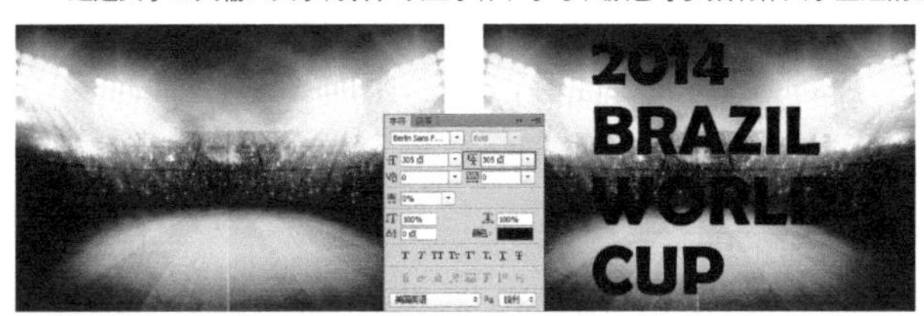

01 在 Photoshop 中打开素材文件“文字工具－背景.jpg”，在工具箱中选择文字工具，输入文字内容，设置字体为“Berlin Sans FB Demi”，字号为 305 点，单击【切换字符和段落面板】按钮，在弹出的【字符】面板中设置【行距】为 305 点。

02 单击属性栏中的【居中对齐文本】按钮，把鼠标指针放在文字外侧，移动文字至画面居中的位置。

操作步骤

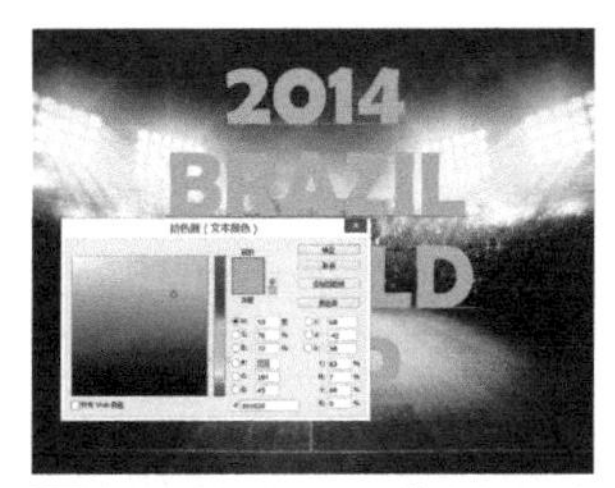

03 鼠标指针在插入文字的状态下，按 Ctrl+A 组合键全选文字，单击【设置文本颜色】按钮，选择绿色。

04 按 Esc 键取消文字工具状态，按 Ctrl+J 组合键，复制文字层，改变文字颜色为黄色，并移位。

05 同上一步操作，改文字颜色为白色，并移位。

059

目录

第1章 工具箱

第 2 章

菜单命令

第3章 滤镜

第4章 综合实战案例

第 1 章

工具箱

本章主要讲解 Photoshop 工具箱中最常用的工具，包括移动工具、矩形选框工具、裁剪工具、吸管工具等，每个工具的讲解都尽可能包含了其作用、核心参数、练习素材、典型案例、视频教学，通过本章的学习，读者可以迅速掌握Photoshop 工具箱中的常用工具。

01 移动工具

工具箱 快捷键：V

移动工具可以用于对图层中的内容进行移动、复制，但锁定的图层不可以使用移动工具。

❶ 移动内容

打开素材“移动工具参数讲解.tif”，选中闹钟所在图层，用鼠标单击并拖曳闹钟图片即可将其向任意方向移动。如果单击闹钟图片不放，再按Shift键并分别横向、竖向、斜45°方向拖动闹钟图片，闹钟图片便会分别做水平、垂直、斜45°方向移动。

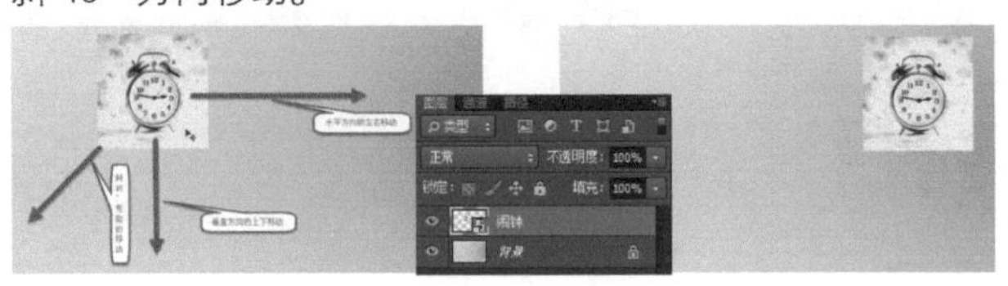

❷ 复制内容

选中闹钟所在图层，按住Alt键不放，鼠标指针变为▶后，单击并拖曳闹钟图片即可复制该图片，并且在【图层】面板中出现一个该图层的拷贝图层。如果按住Alt键并单击图片，再按住Shift键拖动该图片，便能水平、垂直、斜45°方向复制并移动图片。

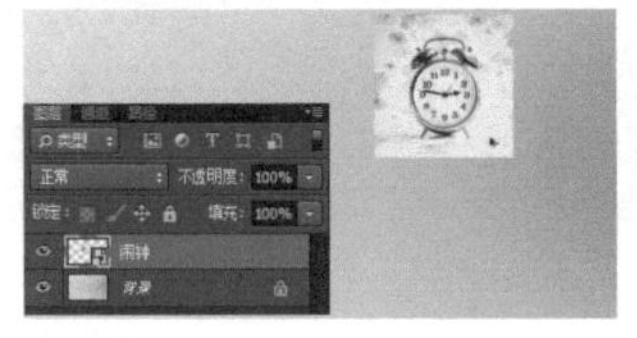

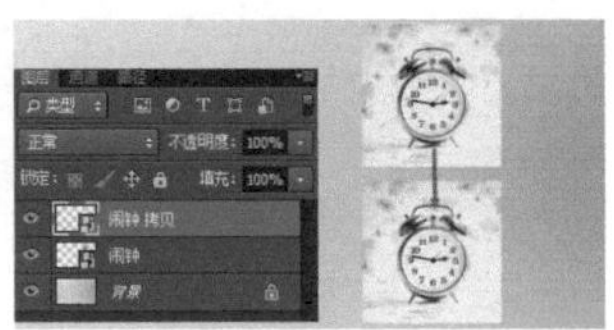

❸ 属性栏

❶ 自动选择：打开素材“移动工具-练习素材01.tif”，【自动选择】默认为不勾选，勾选后，单击图片即可选中并移动该图片，并且自动选中该图片所在的图层。

❷ 组或图层：单击▭，便可创建一个组，当勾选【自动选择】时，【组或图层】功能便可使用。将除“背景”外的其他图层创建为一组，设置为组时，选择移动的会是整个组的图层内容；设置为图层时，选择移动的只会是鼠标指针选中的图片所在的图层。

❸ 显示变换控件：用来对当前图层内容定界框、缩放、旋转。勾选【显示变换控件】后，选择图片时会显示定界框，即变换控件。

❹ 对齐图层：打开素材“移动工具-练习素材02.tif”，按住Ctrl键，在【图层】面板上选择两个或多个图层，根据需要对齐图层。对齐方式包括：顶对齐、垂直居中对齐、底对齐、左对齐、水平居中对齐和右对齐。

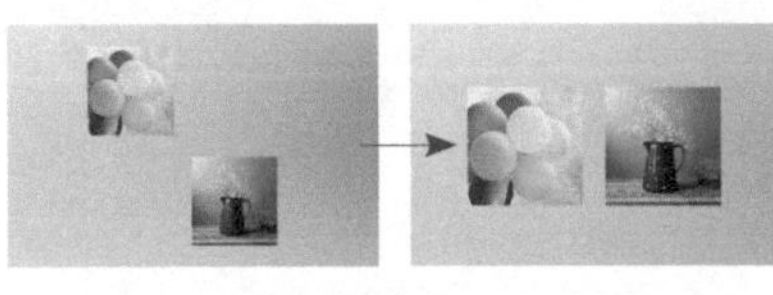

顶对齐

垂直居中对齐

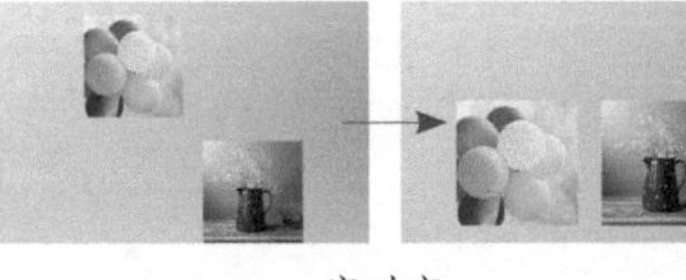

底对齐

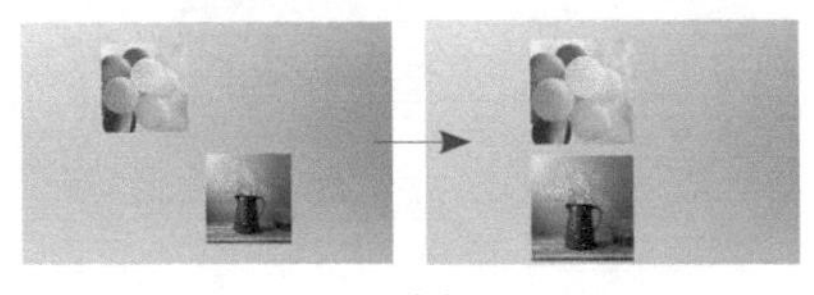

左对齐

水平居中对齐

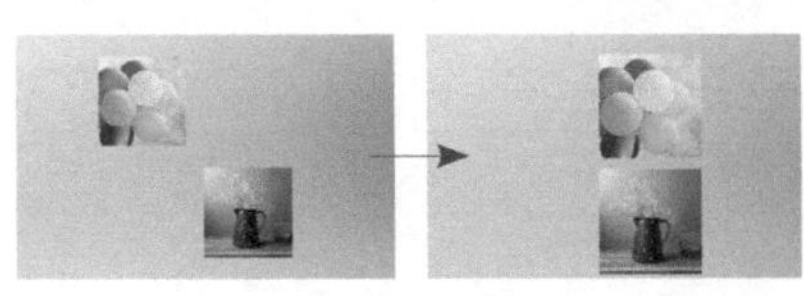

右对齐

❺ 分布图层：打开素材“移动工具－练习素材03.tif”，按住Ctrl键，在【图层】面板上选择3个或3个以上的图层，按照需要均匀分布。分布方式包括：按顶分布、垂直居中分布、按底分布、按左分布、水平居中分布和按右分布。例如：选择按顶分布后，排球顶端的水平线与篮球顶端的水平线与顶端的水平线之间的垂直距离相等，其他的同理。

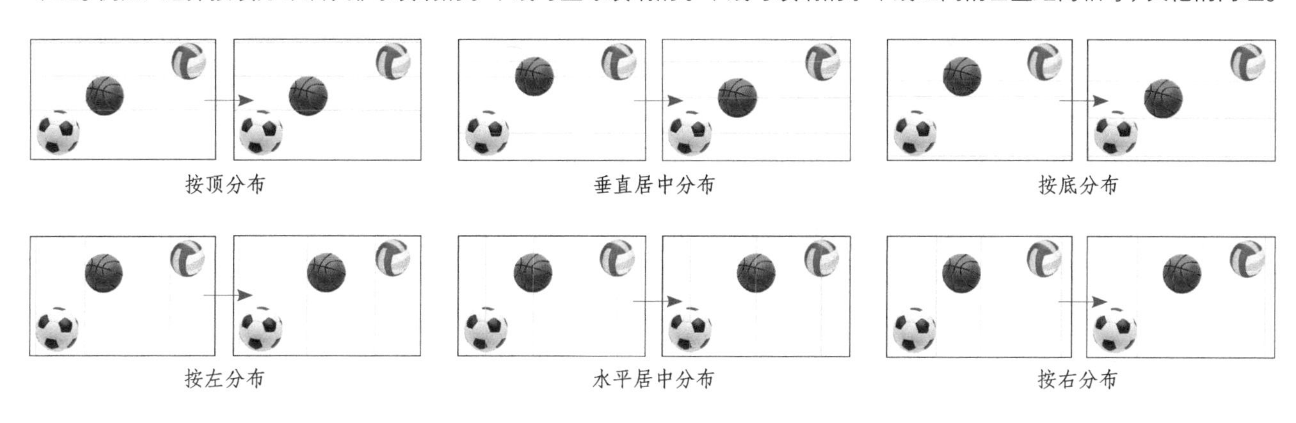

按顶分布　垂直居中分布　按底分布

按左分布　水平居中分布　按右分布

❻ 自动对齐图层：按住Ctrl键，在【图层】面板上选择两个或多个图层，根据需要自动对齐图层。对齐方式包括：自动、透视、拼贴、圆柱、球面和调整位置。它还可以进行简单的镜头校正，如晕影去除和几何扭曲。下左图为原图，下中图为自动对齐的选项，下右图为对齐后的效果图。

原图

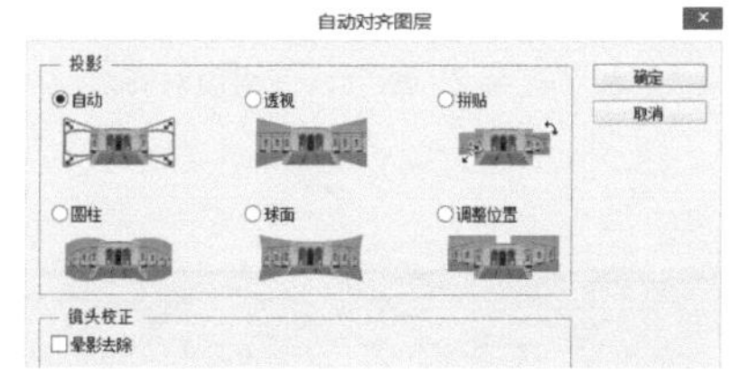

对话框

效果图

用移动工具把一个图层的图片移到另一个图层

同时打开“移动工具－练习素材04.tif”文件和“移动工具－练习素材05.tif”文件，单击选中“移动工具－练习素材05.tif”窗口，选择移动工具，把“足球”图片拖到“移动工具－练习素材04.tif”中，但是不要松开鼠标左键，然后按着Shift键，再松开鼠标左键，这时足球图片便会被自动放至背景图片的正中央。

实例：用移动工具快速制作海报

通过移动工具移动图片的位置，使图片摆放得美观一些。

01 打开“移动工具实例－练习.tif”文件，选择“矩形1”图层，用【移动工具】将该图层中的图片移动到背景的中心位置。

02 勾选【自动选择】复选框，在【图层】面板上，先将“花1”“花2”移到矩形中，注意左右的留白要一样。按Ctrl键选择“花朵1”和“花朵2”图层，使用顶对齐。

03 按Ctrl键选择“花朵3”“静物”“花朵1”图层，使用左对齐。再把“花3”“静物”分别向上平移；按Ctrl键选择“花朵2”“电话亭”“花朵4”图层，使用右对齐，然后整体向左平移。

04 按Ctrl键选择“花朵3”“电话亭”“薄荷水”图层，使用顶对齐。按Ctrl键选择“花朵4”和“静物”图层，使用底对齐，接着使用方向键调整图片的位置，与“薄荷水”图片对齐，使其左右留白一样。

05 把“树林”图片移到“矩形”中调整，使图片的左右留白相等。按Ctrl键选择“花朵1”“花朵3”“静物”“树林”图层，使用左对齐。按Ctrl键选择“花朵2”“电话亭”“花朵4”“树林”图层，使用右对齐。

06 选择【移动工具】，按住Alt键不放，单击并拖动“WORKSHOP”图片到“树林”“花朵1”“电话亭”图片的右下角。

02 矩形选框工具

工具箱 快捷键：M

矩形选框工具可以用于创建矩形选区，并且可以对选区里的内容进行操作，例如填色、裁切等。按住 Shift 键可以创建方形选区。

原图

属性栏

❶ 新建：每次拖曳创建选区，都是创建一个新的选区，原先选区消失。

❷ 添加到选区：在原有选区上添加新选区。

❸ 从选区减去：在原有的选区上减去新选区。

❹ 与选区交叉：选择原有选区与新选区交叉的部分。

❺ 羽化：羽化值越大边缘越虚，羽化值越小边缘越实。

提示：羽化生效的关键

想要羽化功能生效，需要在最开始设置好羽化数值，然后再创建选区。如果先建立选区再设置羽化数值，羽化功能便不会生效。

❻ 样式：选区的创建方法包括正常、固定比例和固定大小。正常：拖曳可以创建任意大小的选区。固定比例：在右侧的宽度和高度文本框中输入数值，创建固定比例的选区，如比例为 1 ：2，则宽度为 1、高度为 2。固定大小：在右侧的宽度和高度文本框中输入数值，创建固定大小的选区。单击⇄按钮（高度和宽度互换按钮），可以切换宽度与高度文本框的数值。

正常 – 任意大小

固定比例 –4 : 3

固定大小 –500 : 500

实例：修出大长腿

通过矩形选框工具建立选区再调整选区的内容，可以使模特的腿部变长。

01 打开“校服女孩－原图.jpg”文件。

02 使用矩形选框工具在图像下半部分建立选区。

提示：案例要点

建立选区时，注意创建的位置应该在模特大腿中部，这样做会使最终效果比较真实。在拖动选区时应该注意拉伸幅度不可太大，并且不要使脚部的地面完全消失，防止腿的变形效果过于夸张和透视错误。

03 按Ctrl+T组合键，对选区进行自由变换，单击控制点并拖曳，使得选区内的图像向下拉伸，使腿部变长。

03 椭圆选框工具 ◌ 工具箱 快捷键：M

椭圆选框工具可以用于创建椭圆形选区，并且可以对选区里的内容进行操作，例如填色、裁切等。按住 Shift 键可以创建圆形选区。

原图

属性栏

❶ 新建：每次拖曳创建选区，都是创建一个新的选区，原先选区消失。

❷ 添加到选区：在原有选区上添加新选区。

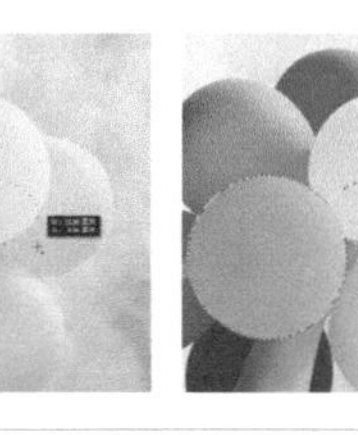

❸ 从选区减去：在原有的选区上减去新选区。

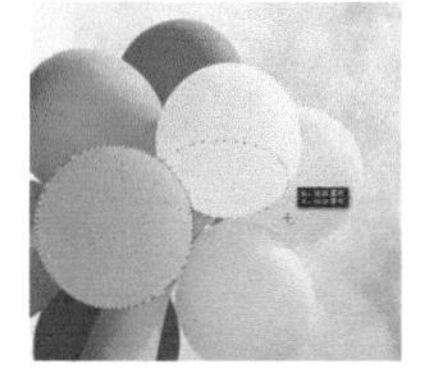

❹ 与选区交叉：选择原有选区与新选区交叉的部分。

❺ 羽化：羽化值越大边缘越虚，羽化值越小边缘越实。

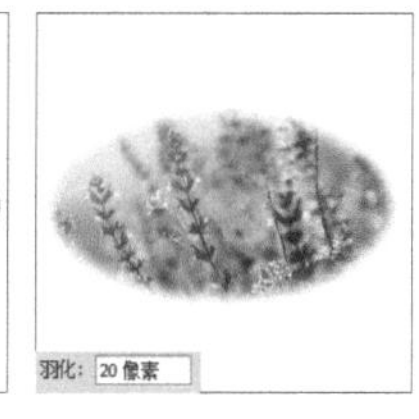

实例：制作暗角

通过椭圆选框工具建立选区再降低亮度。

01 打开“添加暗角 - 原图.tif”文件。

02 使用椭圆选框工具创建一个比文件中的图片大的选区。

03 在选区内单击右键，选择【羽化】命令，设置【羽化半径】为 400，按 Ctrl+Shift+I 组合键反向选择选区。

04 打开【调整】面板，单击【曲线】按钮，向下拖曳曲线使选区内图像的颜色亮度降低，使最终的效果呈现出暗角的效果。

04 单行和单列选框工具

工具箱

单行选框工具能创建高度为 1 像素的行选区，单列选框工具能创建宽度为 1 像素的列选区。

实例 1：制作线条背景

通过单行选框工具制作线条背景。

01 打开“条纹背景.tif”文件，单击【图层】面板右下角的按钮，新建一个空白图层。

02 使用单行选框工具在该图层最上方创建一个选区，并填充上白色。

03 按 Ctrl+D 组合键取消选区，选择移动工具，按Ctrl+T组合键执行【自由变换】命令，按住 Shift 键不放将线条向下移动，按 Enter 键确定变换。注意移动的距离不要太大。

04 按 Ctrl+Z 组合键取消上一步操作，按 Ctrl+Shift+Alt+T 组合键重复上一步操作，使线条布满画布。

05 选中除“背景”图层以外的所有图层，按 Ctrl+E 组合键合并图层，并设置【不透明度】为 50%，使线条与背景更好地融合。

06 制作完横向线条背景，还可以进一步变换，如斜线背景。按 Ctrl+T 组合键执行【自由变换】命令，单击右键选择【斜切】命令。

提示：自由变换命令的查找方式

自由变换命令还可以在编辑菜单中查找到。

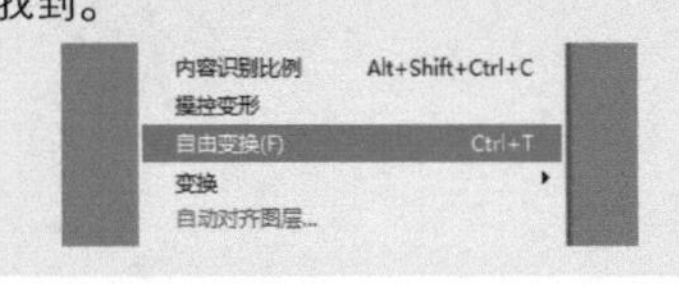

07 单击右侧中部的控制点向上拖曳，将斜度设置得大一些。

08 按 Alt 键复制线条，将其复制并移动到右下角没有线条的部分，注意线条之间的间距要一样。

实例 2：制作方格背景

通过单列选框工具制作方格背景。

01 打开“方格背景.tif”文件。

02 使用单列选框工具在图像最左边的边缘位置创建一个选区。

03 按 Ctrl+T 组合键进行自由变换，单击选区右侧控制点向右拖动，然后按 Ctrl+D 组合键取消选区。

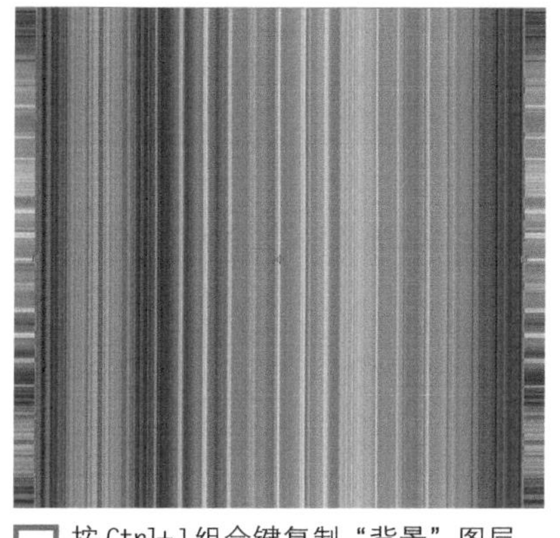

04 按 Ctrl+J 组合键复制“背景”图层，按 Ctrl+T 组合键进行自由变换，再单击右键选择旋转 90 度（顺时针）。

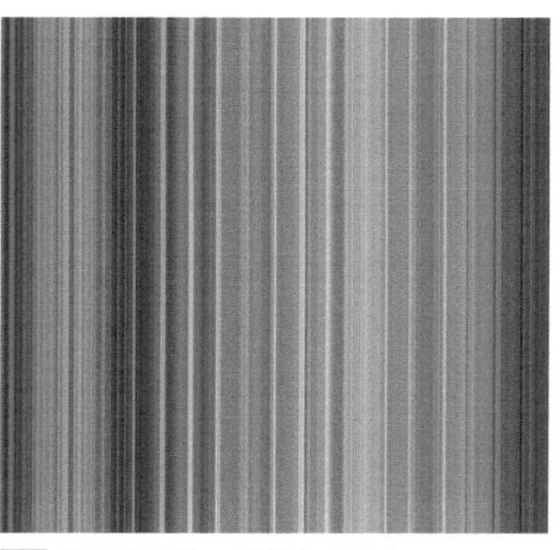

05 将图像拉伸，铺满整个画布。

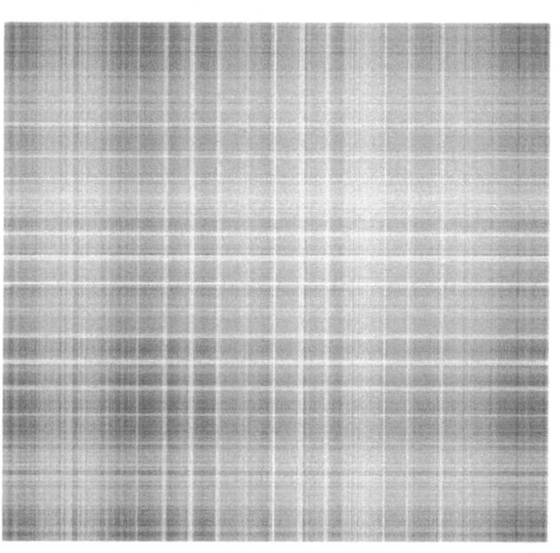

06 将图层 1 的混合模式设为滤色。

混合模式不仅可以设置为滤色，读者也可以选择其他的混合模式，不同的混合模式会生成不同的效果，如下图所示。

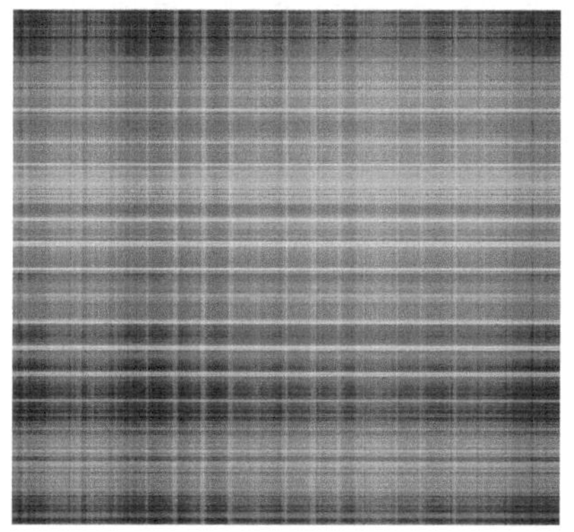

柔光

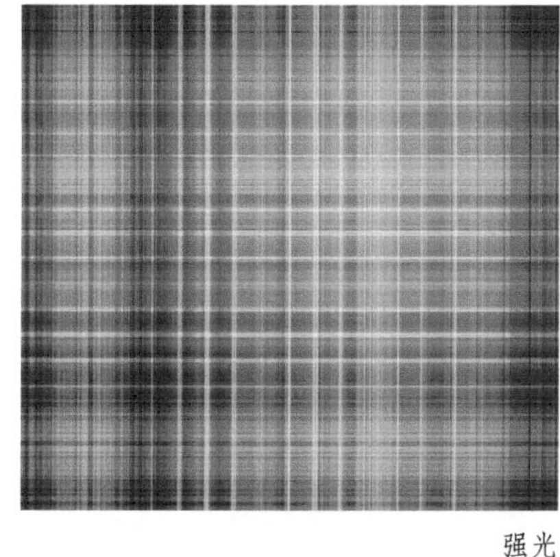

强光

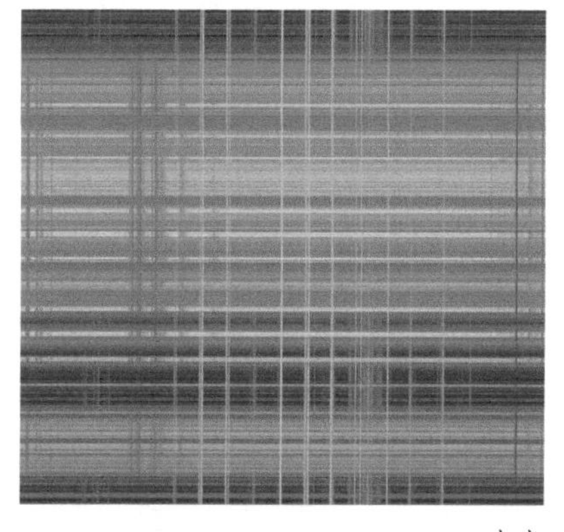

点光

提示：方块背景的选图要点

通过单列选框工具制作方块背景对图片有一些特殊要求，图片的亮部与暗部尽量交叠，并且分布尽量分散。如该案例的图片就是明 – 暗 – 明 – 暗 – 明 – 暗这样互相交叠，在后面进行自由变换时才会出现条纹的效果，最后混合出的方块效果也会更好。

05 多边形套索工具 工具箱 快捷键：M

多边形套索工具可以用于创建多边形选区，连续单击鼠标左键即可创建选区。它适合对轮廓分明且边缘比较平直的图像进行操作。按住 Alt 键切换套索工具，松开后切换回多边形套索工具。

属性栏

❶❷❸❹ ❺

❶ 新建：每次创建选区都是创建一个新的选区，原有选区消失。

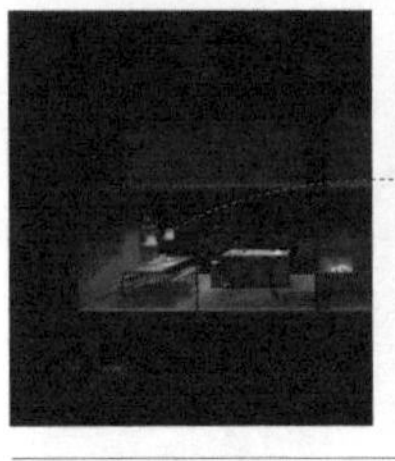

❷ 添加到选区：在原有选区上添加新选区。

❸ 从选区减去：在原有的选区上减去新选区。

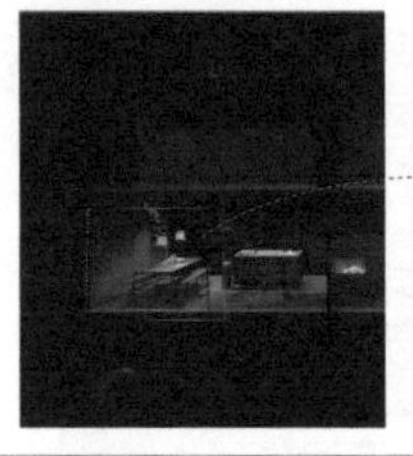

❹ 与选区交叉：选择原有选区与新选区交叉的部分。

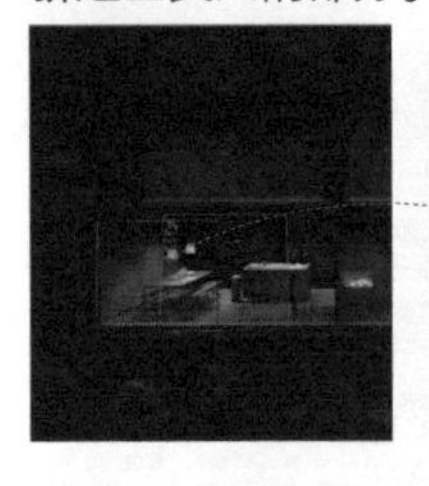

❺ 羽化：羽化值越大边缘越虚，羽化值越小边缘越实。

提示：多边形套索工具使用小技巧

按住 Shift 键锁定水平、垂直或 45° 角为增量进行绘制。
当创建选区结束时双击左键，则会在双击点与起点间通过连接一条直线来闭合选区。

实例：使用多边形套索工具制作光线

使用多边形套索工具建立选区再提高亮度。

01 打开“光线 – 原图 .tif”文件。

02 使用多边形选框工具画出阳光照射到地面的光线路径。

03 在选区内单击右键，选择【羽化】命令，设置【羽化半径】为 10。

04 选择【图像】-【调整】-【色相/饱和度】，调整色相、饱和度、明度，使选区内图像的颜色亮度提高并使颜色偏黄，最终呈现出光线的效果。

06 磁性套索工具

工具箱

磁性套索工具可以用于自动识别对象的边缘。如果对象边缘较为清晰，并且与背景对比明显，可以使用该工具快速选择对象。

❶ 磁性套索工具基础操作

磁性套索工具的使用方法是按住鼠标左键在图像中对比度强烈的边缘附近拖曳，选区边界线会自动吸附到图像边缘，当鼠标指针回到起点时，磁性套索工具的小图标右下角就会出现一个小圆圈，这时松开鼠标就会形成一个封闭的选区。使用磁性套索工具可以轻松地选取与背景反差较大的物体。

❷ 磁性套索工具属性栏

❶ 羽化：使选定范围的图像边缘变虚，羽化值越大，边缘越虚；羽化值越小，边缘越清晰。

❷ 消除锯齿：由于组成图像的像素都是正方形的，在创建不规则选区时容易产生不规则锯齿，勾选此项后 Photoshop 会在选区边缘一个像素范围内自动添加与周围图像相近的颜色，使选区看上去光滑些。

❸ 宽度：该值决定了以鼠标指针为中心，其周围有多少像素可被工具检测到，如对象边界清晰，可使用较大宽度值；如边界不清晰，则使用较小宽度值。

左边耳朵较为模糊，设置宽度值为 10，可以较为准确地选取耳朵

右边耳朵较为清晰，设置宽度值为 10，可以较为准确地选取耳朵

左边耳朵较为模糊，设置宽度值为 50，不能准确地选取耳朵

右边耳朵较为清晰，设置宽度值为 50，也可以较为准确地选取耳朵

❹ 对比度：用来设置工具感应图像边缘的灵敏度。如果图像边缘清晰，可以设置较高的数值；如果图像边缘不是很清晰，设置较低的数值。

左边耳朵较为模糊，设置对比度为 5%，可以较为准确地选取耳朵

右边耳朵较为清晰，设置对比度为 5%，可以较为准确地选取耳朵

左边耳朵较为模糊，设置对比度为 50%，不能准确地选取耳朵

右边耳朵较为清晰，设置对比度为 50%，也可以较为准确地选取耳朵

❺ 频率：使用磁性套索工具创建选区时会产生很多锚点，“频率”决定了锚点的数量。数值高，生成的锚点多，捕捉准确，但过多锚点会使选区边缘不够光滑。左图为设置该值为 10 时生成的锚点，右图为设置该值为 50 时生成的锚点。

❻ 钢笔压力：如配有数位板和压感笔，可单击该按钮，Photoshop 会根据压力大小调整该工具检测的范围。

提示：磁性套索工具操作知识

使用套索工具时，按 Caps Lock 键，鼠标指针会变为⊙状，按“[”键和“]”键，可调整检测的宽度，⊙的大小表示工具能够检测到的边缘的宽度。如果想要在某一位置放置一个锚点，可以在该处单击；如果锚点位置不准确，可按 Delete 键将其删除，连续按 Delete 键可以依次删除前面的锚点；按 Esc 键可以清除所有选区。

实例：利用磁性套索工具抠图合成海报

利用磁性套索工具抠图并合成具有海报风格的照片。

01 在 Photoshop 中打开“磁性套索人物原图.jpg”文件。

02 选择磁性套索工具，在人物边缘拖动鼠标指针，Photoshop 会在鼠标指针经过处添加锚点，最后单击可以封闭选区。

03 完成封闭选区，按 Ctrl+J 组合键将选中区域复制为新的图层，得到图层 1。

04 在 Photoshop 中打开“背景原图.jpg”文件。

05 在人物原图中右击图层 1 选择【复制图层】，目标文档为“背景原图.jpg”。

06 将已复制的图层 1 拖动到当前位置，单击 fx 按钮，选择【描边】。

07 在图层样式中设置描边的大小为 10 像素，单击【颜色】按钮，设置 RGB 数值为(41，30，28)，得到最终效果图(右图)。

07 魔棒工具 工具箱 快捷键：W

魔棒工具是一种比较快捷的抠图工具，用于边缘较明显的图像，可以识别单击区域的颜色，并自动选取附近区域相同的颜色。

❶ 魔棒工具基础操作

当需要选取的对象轮廓清晰、与背景颜色有较大反差时，可以使用魔棒工具快速选择对象，在需要选取的图像上单击，就会选择与单击处色调相似的区域。

❷ 魔棒工具选项栏

❶ 新选区：如果图像中已有选区，在图像中单击可取消旧选区并添加新选区。

❷ 添加到新选区：可以将新绘制的选区与已有的选区相加。

❸ 从选区减去：可以使用新绘制的选区减去已有的选区，如果新绘制的选区范围包含了已有选区，则图像中无选区；按住 Alt 键也可以从选区中减去。

❹ 与选区交叉：可以将新绘制的选区与已有的选区相交，选取结果为相交的部分；如果新绘制的选区与已有选区无相交，则图像中无选区；单击该按钮，继续在图像中绘制。

提示：魔棒工具操作知识

使用魔棒工具时，按住 Shift 键单击可添加选区；按住 Alt 键单击可在当前选区中减去选区；按住 Shift+Alt 组合键单击可得到与当前选区相交的选区。

❺ 取样大小：用来设置魔棒工具的取样范围。选择【取样点】，可对鼠标指针所在位置的像素进行取样；选择【3*3 平均】可对鼠标指针所在位置的 3 个像素区域进行取样。

❻ 容差：该值决定了选取区域与单击处色调的相似程度。当该值较低时，只选择与单击处像素非常相似的少数颜色；该值越高，对选取区域颜色相似程度要求越低，因此，选择的颜色范围越广。在图像同一位置单击，设置不同的容差值所选择的区域也不一样。左图所示为容差值为 1 时选取的区域；右图所示为容差值为 50 时选取的区域。

提示：魔棒工具适用范围

当所选图像的颜色与背景差别较大时，使用魔棒工具会有事半功倍的效果。

❼ 连续：勾选该项时，只选择颜色连接的区域；取消勾选时，可以选择与鼠标单击处颜色相近的所有区域，包括没有连接的区域。左图为勾选该选项时的选取效果，右图为不勾选该选项时的选取效果。

❽ 对所有图层取样：如果文档中包含多个图层，勾选该项时，可选择所有可见图层上颜色相近的区域；取消勾选，则仅选择当前图层上颜色相近的区域。左图为不勾选该选项时的选取效果，右图为勾选该选项时的选取效果。

实例1：运用魔棒工具选取花朵并改变色调

运用魔棒工具选取花朵并通过曲线改变色调。

01 在Photoshop中打开“实例一原图.jpg”文件，选择选项栏中的按钮。

02 多次单击花朵将花朵选中。单击曲线按钮，添加曲线。

03 选择曲线通道为【红】，并调整曲线。

04 原图色调不统一，经以上步骤调整，最终效果如图所示。

实例2：运用魔棒工具为羊皮卷添加图案

运用魔棒工具选取羊皮卷并为其添加图案。

01 在Photoshop中打开“羊皮纸原图.jpg”文件。

02 选择魔棒工具，设置【容差】为30，单击背景空白区域，选中背景。

03 执行【选择】-【反选】命令，反选选区，选中羊皮卷轴。

04 打开“水墨人物原图.jpg”文件。

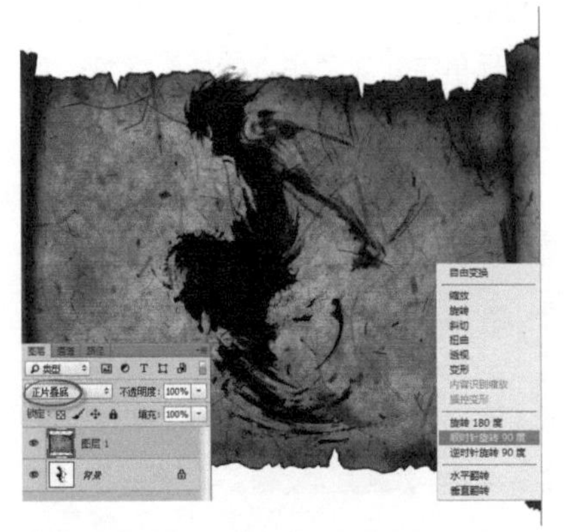

05 使用移动工具将羊皮卷轴拖动到水墨人物原图中，设置【混合模式】为正片叠底。单击图层1，按Ctrl+T组合键进行自由变换，右键单击羊皮卷，选择【顺时针旋转90度】，按住Shift键调整羊皮卷的大小，得到最终效果图（见右图）。

快速选择工具

工具箱 快捷键：W

快速选择工具有可调整大小的画笔笔尖，可用于快速绘制选区，它是基于色调和颜色差异来构建选区的工具。

属性栏

❶ 将【快速选择工具】属性栏中的各项参数设定好后，通过该选项可以存储为一个预设，方便下次调用。

❷【选区模式】能够调整使用快速选择工具建立的选区。其三个按钮图标分别为新选区、添加到选区、从选区减去。

❸【画笔选取器】能够将快速选择工具的笔尖调整为合适的大小。

❹ 当图像中含有多个图层时，选中【对所有图层取样】选项，取样操作将对所有可见图层的图像起作用。没有选中时，只对当前图层起作用。

❺ 选中【自动增强】选项时，可减少选区边界的粗糙度，使选区边界更加准确、柔和。为了使选区向主体边缘更加精准地选中主体物，一般建议勾选此项。

提示：快速选择工具的快捷键

在原有选区范围内，按住Shift键（或Alt键）的同时按住鼠标左键拖动鼠标绘制选区，可添加（或减少）选区范围。

实例：用快速选择工具替换照片背景

01 在Photoshop中打开图片“快速选择工具－原图.jpg”和“快速选择工具－原图2.jpg”。

02 在图中用快速选择工具选择颜色差异很小的天空。

03 按Shift+Ctrl+I组合键反向选择，反选选区，以选中建筑物。

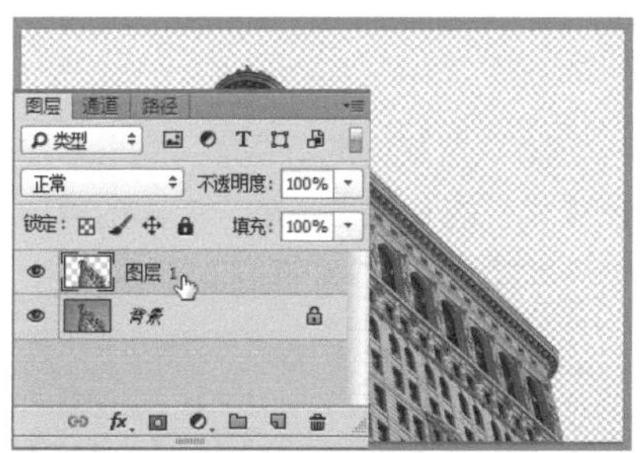

04 按Ctrl+J组合键复制建筑物，并将“背景”图层删除。

05 右键单击图层1，选择复制图层，将抠出的建筑物复制到“快速选择工具－原图2.jpg”中。

09 裁剪工具

工具箱 快捷键：C

裁剪工具可用于裁剪图像和修正歪斜问题，还可用于调整图像的构图，并裁去图片中多余的区域。

❶ 裁剪

在工具箱中选择裁剪工具，单击并拖动鼠标即可裁剪图片。

❷ 根据比例裁切

选择裁切工具裁切之前，右键单击画布选择比例对图像按比例进行裁切。

❸ 处理照片的歪斜问题

图像的视平线有些倾斜，将鼠标指针放在裁剪框的角落处拖曳，参考网格线，并使图像旋转到合适的状态。

❹ 取消裁剪的状态

按 Esc 键或者选择工具箱中的任意工具，都可以取消裁剪状态。

提示：关于裁剪的小技巧

如果图层内容大于画布，且图层很多，此时我们只需按 Ctrl+A 组合键全选图层，再同时按 Ctrl 键和“+”键进行裁剪即可。

执行【图像】–【裁切】命令，通过移去不需要的图像数据来裁切图像，可以通过裁切周围的透明像素或指定颜色的背景像素来裁切图像。

执行【图像】–【裁剪】命令可以直接把选区裁剪成图。

❶ 预设选取器：可以选择预设的参数对图像进行裁剪。

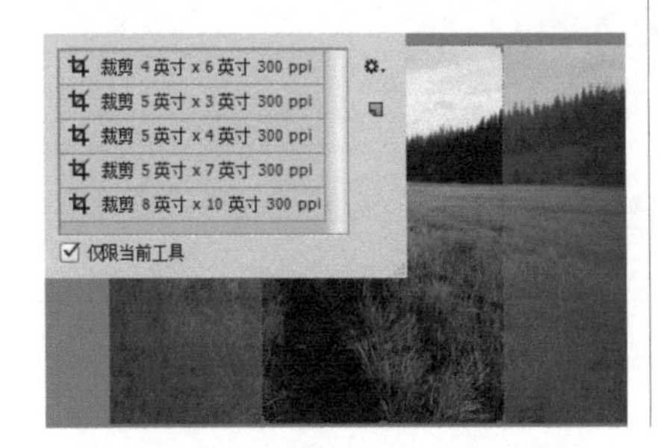

❷ 预设长宽比或裁剪尺寸：可以显示当前的裁剪比例或设置新的裁剪比例。

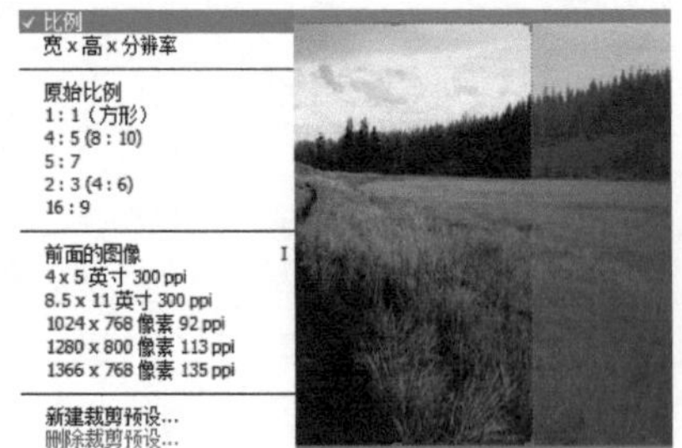

❸ 设置裁剪框长宽比：可以自由设置裁剪的长宽比，单击中间的对向箭头可以对调高度和宽度。

❹ 拉直：可用于矫正倾斜的照片，将倾斜的照片按照水平直线旋转为正常角度。左键拖动倾斜的照片，将其与地平线平行即可。

❺ 设置参考线：可以设置裁剪框的视图形式，如三等分，可以参考辅助线裁剪出完美的构图。

效果图

❻ 其他裁剪选项：可以设置裁剪模式，如经典模式、显示裁剪区域、自动居中预览，以及裁剪屏蔽的颜色、不透明度等。

❼ 删除裁剪像素：不勾选该选项，裁剪后选择裁剪工具，单击图像区域仍可显示裁剪前的状态，并且可以重新调整裁剪框。

❽ 复位裁剪框、图像旋转及长宽比设置：恢复初始状态。

❾ 取消所有当前编辑，提交所有当前编辑：可以取消当前的操作或提交当前的操作。

实例：使用裁剪工具制作出黄金比例的照片

通过修改长宽比、构建金色螺线、寻找照片引爆点制作出黄金比例的照片。

01 在 Photoshop 中打开素材“裁剪工具实例 1- 原图 .jpg”文件。

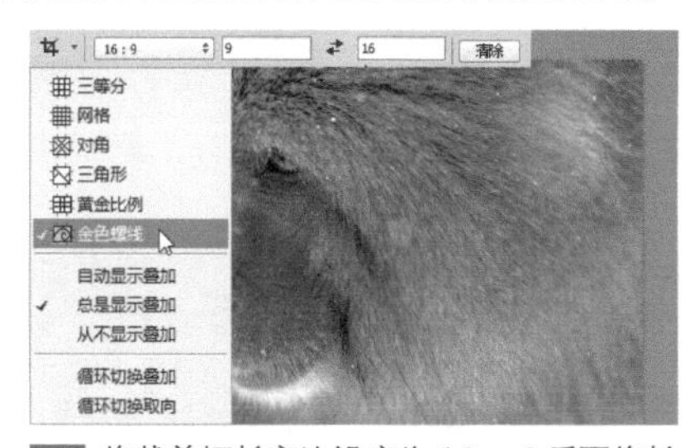

02 将裁剪框长宽比设定为 16 ：9 后再将长宽比例互换，选择裁剪框叠加选项为【金色螺线】。

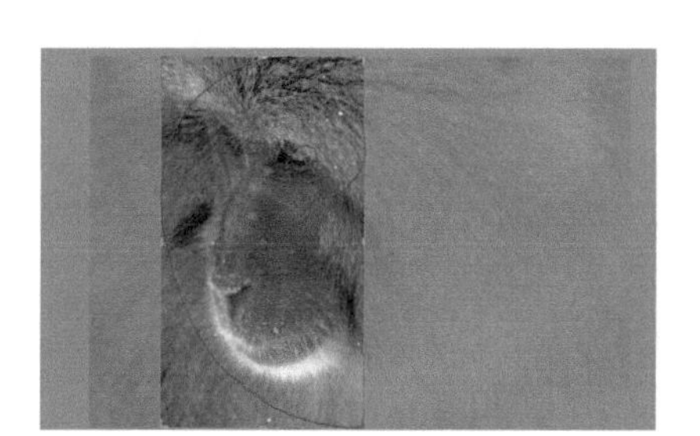

03 根据金色螺线调整画面构图，拖动照片，将照片中所要表达的焦点放至螺线中心的位置。

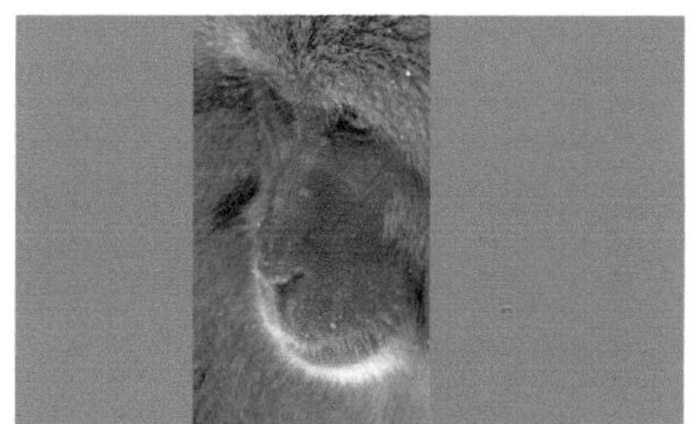

04 金色螺线也称斐波那契螺旋线，是自然界中最美的神秘法则之一。经过金色螺线裁剪后，猴子深邃的眼神在照片中更加凸显。

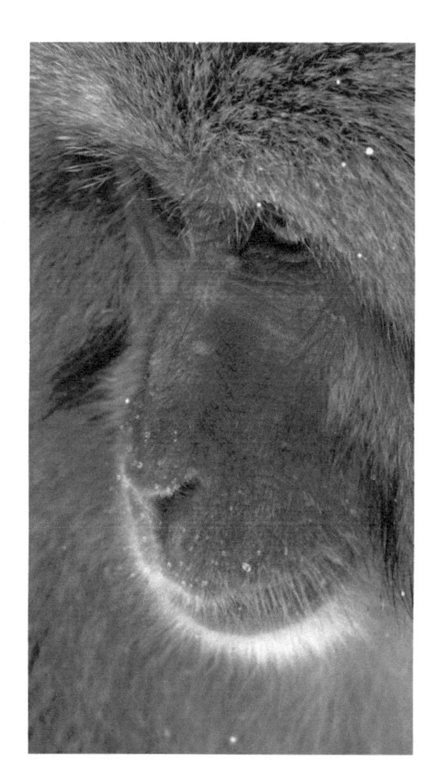

第1章 工具箱

10 切片和切片选择工具

工具箱 快捷键：C

切片工具可以用于将图像切分成多个区域。将制作好切片的图像存为 Web 页时，每个切片作为一个独立的文件存储，文件中包含切片的设置、颜色调板、链接、翻转效果及动画效果。使用切片可以加快浏览网页时图片的下载速度。通过切片选择工具还可以移动、组合多个切片，并复制或删除切片，以及设置切片链接信息等。

❶ 切片工具选项栏

样式：正常 宽度： 高度： 基于参考线的切片

样式：正常
❶ 正常
❷ 固定长宽比
❸ 固定大小

❶ 正常：可通过拖动鼠标自由定义切片的大小。

❷ 固定长宽比：输入切片的高宽比并按 Enter 键，可以创建固定长宽比的切片。

❸ 固定大小：输入切片的高度和宽度值，然后在画面中单击，可以创建指定大小的切片。

❷ 切片的类型

在 Photoshop 中，使用切片工具创建的切片称作【用户切片】（切线为实线）；通过图层创建的切片称作【基于图层的切片】（切线为实线）；在创建的用户切片和基于图层的切片周围都会自动生成切片并占据图像其余区域，这种切片称作【自动切片】（切线为虚线）；通过参考线创建的切片称作【基于参考线的切片】。

❶ 用户切片和自动切片

在 Photoshop 中打开“实例 1 测试原图 .jpg”文件，选择切片工具，在工具选项栏的【样式】框中下拉选择【正常】命令，然后在要创建切片的区域上单击并拖出一个矩形框，松开鼠标按键即可创建一个用户切片，其余区域会自动生成自动切片。

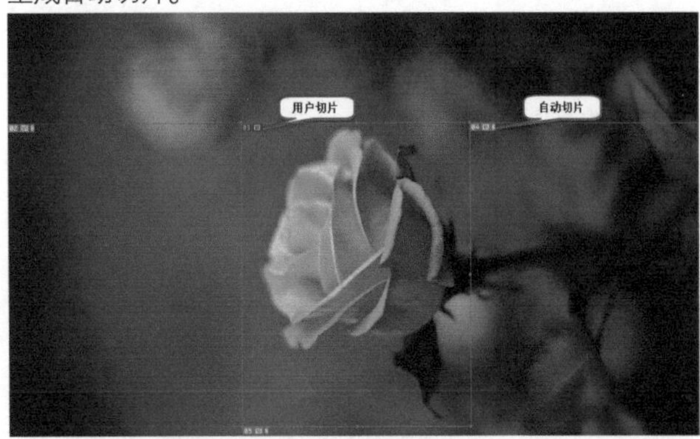

如果按住 Shift 键拖动，则可以创建正方形切片；按住 Alt 键可以从中心向外创建切片。

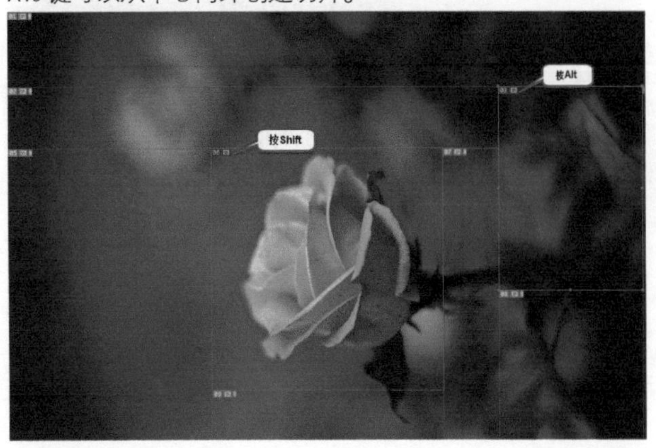

❷ 基于图层创建切片

01 打开“基于图层创建切片原图 .psd”文件，并选择图层 1。

02 选择【图层】-【新建基于图层切片】，可基于图层创建切片，切片会包含该图层除透明区域外的区域（见上方的大图）；移动图层时，切片区域会随之自动调整（见上方的“移动”图）；按 Ctrl+T 组合键进行自由变换时，切片区域也会随之自动调整（见上方的“缩放”图）。

❸ 基于参考线创建切片

01 在 Photoshop 中打开“实例 3 原图 .jpg”文件。

02 按 Ctrl+R 组合键显示标尺。

03 分别从水平标尺和垂直标尺上拖出参考线，定义切片范围。

04 选择切片工具，单击工具选项栏中的【基于参考线的切片】按钮。

❸ 切片选择工具选项栏

提升　划分...　隐藏自动切片

❶ 调整切片堆叠顺序：创建切片时，最后创建的切片是堆叠顺序中的顶层切片。当切片重叠时，单击该选项中的按钮，可以改变切片的堆叠顺序。

置于顶层：将所选切片调整到所有切片之上。

前移一层：将所选切片向上移动一层。

后移一层：将所选切片向下移动一层。

置于底层：将所选切片调整到所有切片之下。

❷ 提升：单击该按钮，可将所选自动切片或图层切片转换为用户切片。

❸ 划分：单击该按钮，可以打开【划分切片】对话框对所选切片进行划分。

❹ 对齐与分布切片：按 Shift 键的同时选中两个或多个切片后，单击相应的按钮可以让所选切片对齐或均匀分布，这些按钮包括顶对齐、垂直居中对齐、底对齐、左对齐、水平居中对齐、右对齐。如果选择了 3 个或 3 个以上切片，可单击相应的按钮使所选切片按照一定的规则均匀分布，这些按钮包括顶分布、垂直居中分布、按底分布、按左分布、水平居中分布、按右分布。

❺ 隐藏自动切片：单击该按钮，可以隐藏自动切片。

❻ 设置切片选项：单击该按钮，可在打开的【切片选项】对话框中设置切片名称、类型并指定 URL 地址等。

❹ 划分切片

使用切片选择工具选择准备划分的切片，右键单击选择【划分切片】，弹出划分切片对话框。

【水平划分为】选项：勾选该项后，可纵向划分切片。它包含两种划分方式：选择【个纵向切片，均匀分隔】，可输入一个数值，选中的切片将按照所输入的数值进行纵向等分，如下左图所示（设置【个纵向切片，均匀分隔】为 3）；选择【像素 / 切片】，可输入一个像素值，此时将根据输入像素值划分切片，如果不能进行平均划分，则会将剩余部分自动划分为另一个切片，如下右图所示（设置【像素 / 切片】为 210）。

【垂直划分为】选项：勾选该项后，可横向划分切片。它包含两种划分方式：选择【个横向切片，均匀分隔】，可输入一个数值，选中的切片将按照输入数值进行横向等分，

如下左图所示（设置【个横向切片，均匀分隔】为3）；选择【像素/切片】，可输入一个像素值，此时将根据该像素值划分切片，如果不能进行平均划分，则会将剩余部分自动划分为另一个切片，如下右图所示（设置【像素/切片】为210）。

5 转换为用户切片

因为基于图层的切片与图层的像素内容相关联，所以在对切片进行移动、组合、划分、调整大小和对齐等操作时，唯一的方法是编辑相应图层。如果想使用切片工具完成以上操作，则需要先将这样的切片转换为用户切片。此外，在图像中，所有自动切片都链接在一起并共享相同的优化设置，如果要为自动切片设置不同的优化设置，也必须将其提升为用户切片。

使用切片选择工具选择要转换的切片，单击工具选项栏中的【提升】按钮，即可将其转换为用户切片。

提示：切片移动操作技巧

创建切片后，为防止切片被意外修改，选择【视图】-【锁定切片】，锁定所有切片，再次执行该命令可取消切片锁定。在使用切片移动工具调整切片时，可按Ctrl+R组合键显示标尺，拖出参考线以辅助定位，然后调整切片位置。在分割网页图片时，如果存在相互包围的情况或者堆叠的情况，那么在进行网页布局时就可能会出现图片无法对齐的现象，因而建议采用相互独立的切割方法，或者使用切片移动工具进行细微调整。

6 组合切片和删除切片

组合切片：使用切片选择工具选择两个或更多的切片，如左图，右键单击打开下拉菜单，选择【组合切片】，将所选的切片组合为一个切片。

删除切片：选择一个或多个切片，按Delete键可将其删除；选择【视图】-【清除切片】可删除所有用户切片和基于图层的切片。

7 设置切片选项

使用切片选择工具双击切片，打开【切片选项】对话框。

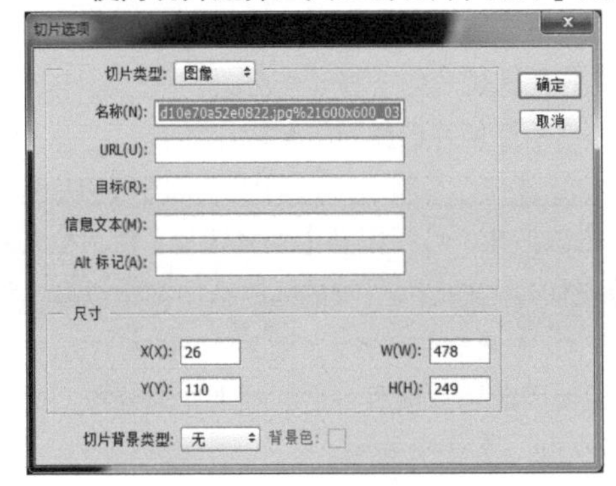

切片类型：可以选择要输出的切片内容类型，即在与HTML文件一起导出时，切片数据在Web浏览器中的显示方式。其中，【图像】为默认类型，所输出的切片将包含相关数据；选择【无图像】，可以在切片中输入HTML文本，但不能将其导出为图像，并且无法在Web浏览器中预览；选择【表】，切片导出时将作为嵌套表写入HTML文本文件。

名称：用来输入切片名称。

URL：输入切片链接的Web地址，在浏览器中单击切片图像时，即可链接到此选项设置的网址和目标框架。该选项只能用于“图像”切片。

目标：输入目标框架名称。

信息文本：指定哪些信息出现在浏览器中。这些只能用于图像切片，并且只会在导出的HTML文件中出现。

Alt标记：指定选定切片的Alt标记。Alt文本在图像下载过程中取代图像，并在一些浏览器中作为提示工具出现。

尺寸：X和Y选项用于设置切片的位置，W和H选项用于设置切片的大小。

切片背景类型：可以选择一种背景色来填充透明区域。

实例：运用切片和切片选择工具制作网页切片

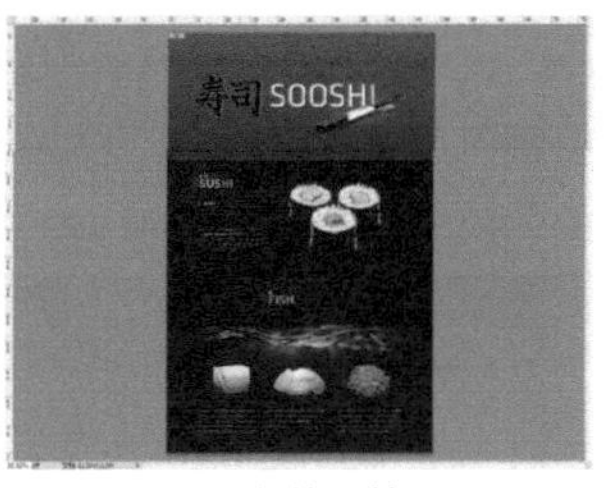

01 在 Photoshop 中打开“寿司网页原图.jpg”文件，按 Ctrl+R 组合键显示标尺，辅助定位。

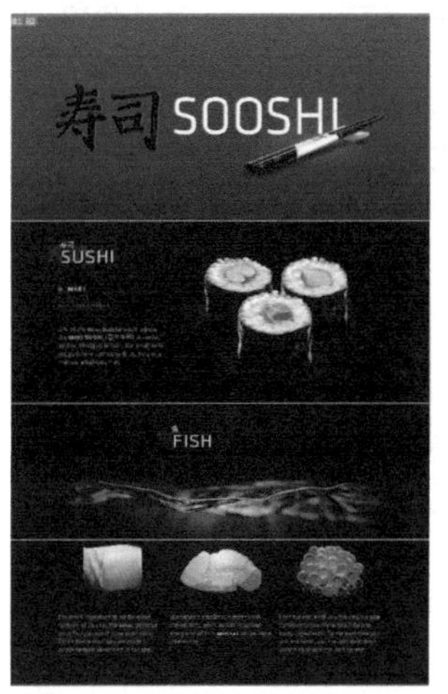
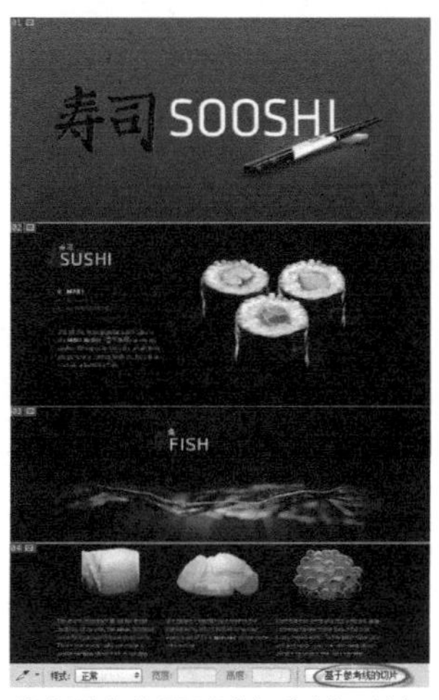

02 分割时，应该按照从上至下、从左到右的原则进行分割。从标尺中拖出 3 条参考线，对网页进行分割，如左图所示；单击切片工具选项栏中的【基于参考线的切片】创建切片。

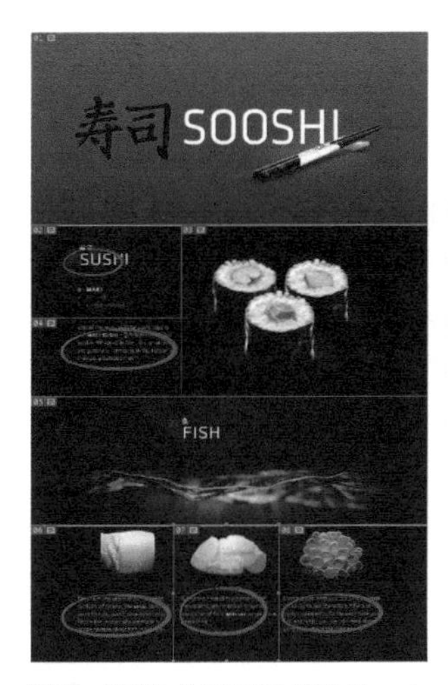

03 对于包含有按钮的图片，在利用切片进行分割时应将按钮作为独立部分进行分割。

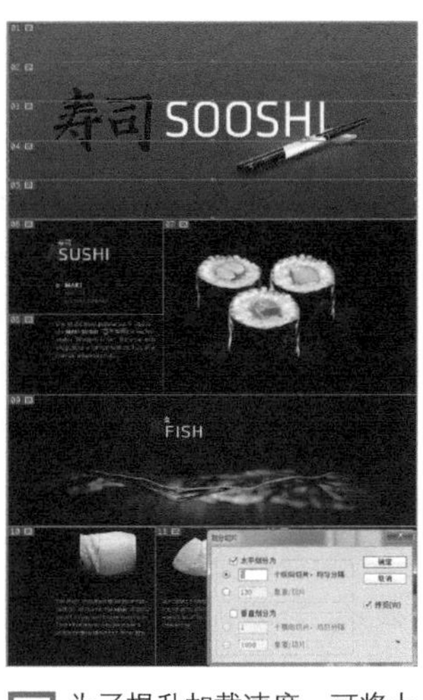

04 为了提升加载速度，可将大图分割成多个切片。右键单击切片选择【划分切片】，在弹出的对话框中输入数值进行划分。

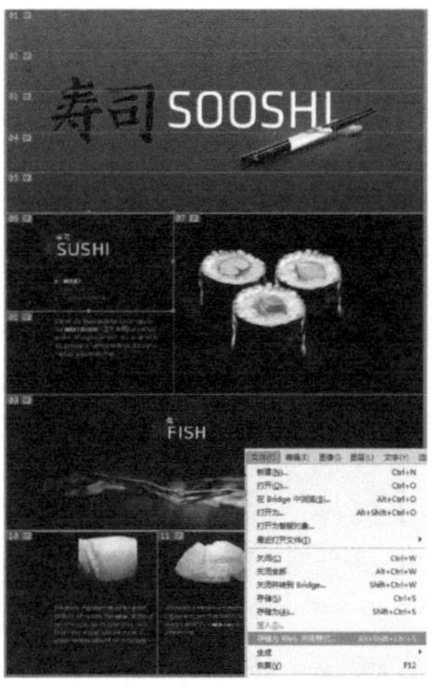

05 使用切片选择工具，对已划分区域进行微调，微调完成后选择【文件】-【存储为web所用格式】。

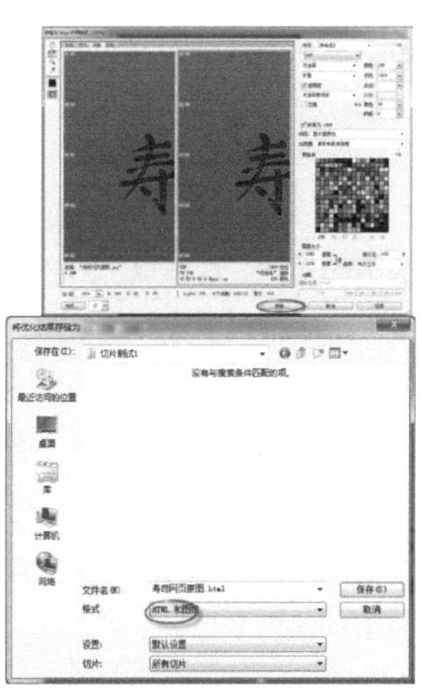

06 在【存储为 web 所用格式】对话框中选择存储，在【将优化结果存储为】对话框中选择【HTML 和图像】。

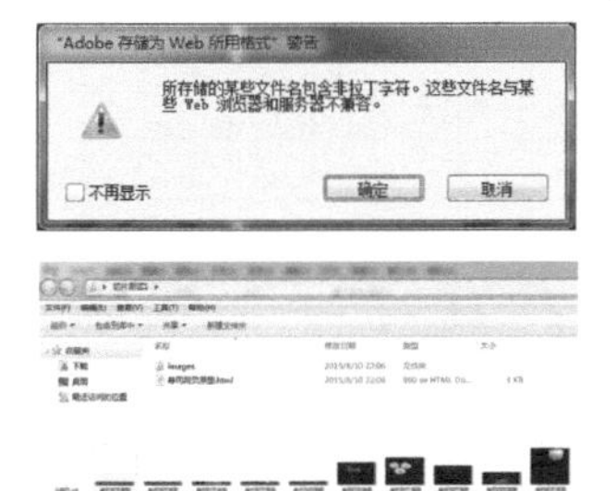
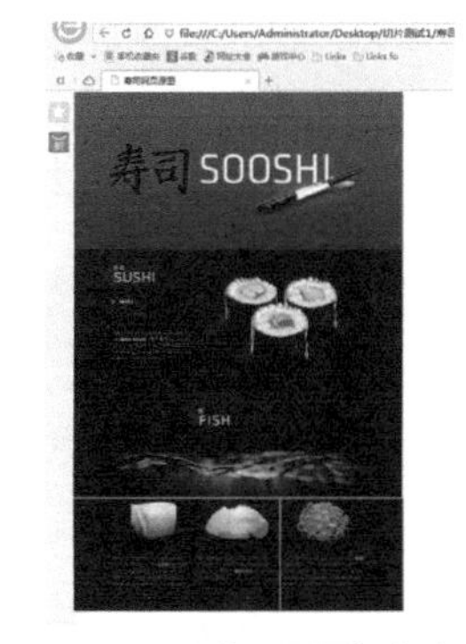

07 单击【确定】按钮导出的两个文件：“images”文件（里面包含分割好的切片）；HTML 格式网页文件（在 Web 浏览器中打开能看到分割好的网页）。

提示：网页切片分隔要点

通常利用 Photoshop 来设计页面的整体外观，然后利用 Photoshop 切片工具将图片进行分割。利用切片工具对网页版面进行分割时，应该按照从上至下、从左到右的原则进行分割。为了方便后期利用第三方软件（如 Dreamweaver）进行处理，对于包含有按钮的图片，在利用切片进行分割时应将按钮作为独立部分进行分割。经过这样处理后，在网页进一步实现过程中，按钮就可以作为单独的部分来处理和替换。对于较大的网页头图，不提倡作为一个整体进行切割，而是建议将头图切成几个部分，这样在网络带宽有限的情况下，能够分步下载各个小图片，从而有利于加速大图的下载和显示速度。

11 吸管工具

工具箱 快捷键：I

吸管工具可以吸取任意图像不同位置的颜色，并且将吸取的颜色设置为前景色或背景色。

❶ 设置前景色

先打开素材“吸管工具演示案例.tif”，然后在工具箱中选择吸管工具，在图像的任意位置单击想要吸取的颜色即可将颜色设置为前景色。

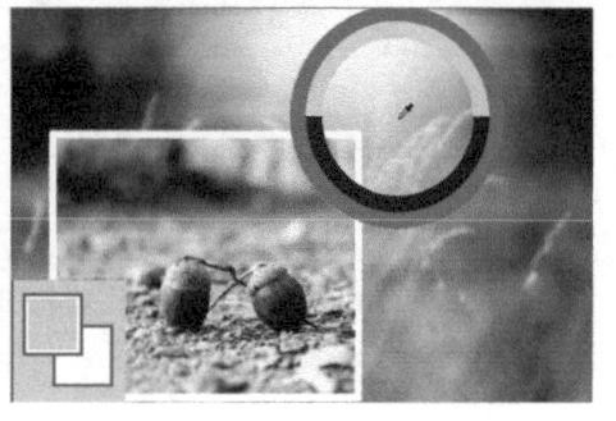

❷ 设置背景色

按住 Alt 键在图像的任意位置单击想要吸取的颜色即可将颜色设置为背景色。按“X”键可以进行前景色和背景色的互换。

❸ 属性栏

取样大小：取样点　样本：所有图层　☑显示取样环

❶ 取样大小：可设置的吸取颜色的范围包括：取样点、3×3 平均、5×5 平均、11×11 平均、31×31 平均、51×51 平均和 101×101 平均，它们的单位是像素。默认设置为取样点。

取样点：设置为【取样点】时，吸取颜色的范围是一个像素，即单个像素的颜色数值。

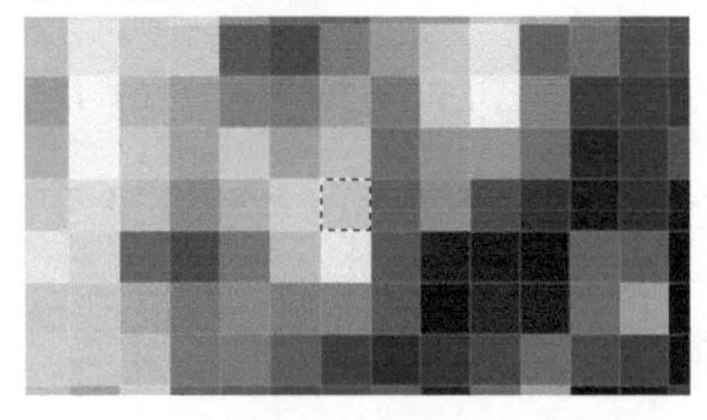

如 3×3 平均，设置为【3×3 平均】时，吸取颜色的范围是 3×3 个像素，即在 3×3 面积的像素范围内，所有像素颜色的平均数值。

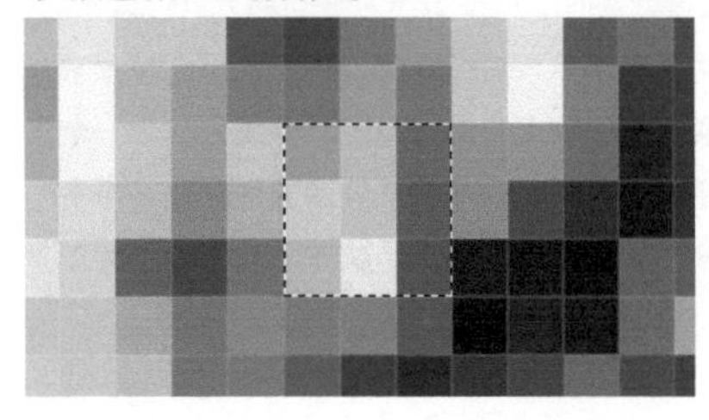

❷ 样本：设置可以吸取颜色的图层范围，包括：当前图层、当前图层和下方图层、所有图层、所有无调整图层、当前和下一个无调整图层。默认设置为所有图层。

如所有图层，设置为【所有图层】时，可以使用吸管工具对任意显示图层的图像的颜色进行吸取。例如，当前选择的是图层 1，但使用吸管工具仍可以吸取图层 0 的颜色。

当前图层，设置为【当前图层】时，只可以使用吸管工具在当前图层上的图像颜色进行吸取，而不可以吸取其他图层上图像的颜色。例如，当前选择的是图层 1，使用吸管工具只可以吸取该图层上的颜色，而不能吸取图层 0 的颜色。

隐藏图层 0 时会发现图层 1 有颜色的地方为中间区域，其余地方是无色透明的区域，而在透明区域中无法吸取颜色。

❸ 显示取样环：勾选时可以在吸取颜色时显示取样环，不勾选时不显示取样环。取样环的上半圆弧代表的是当前吸取的颜色，下半圆弧代表的是前一次吸取的颜色，而最外面的灰色圆环是为了将吸取的颜色与其周围的图像颜色区分开，防止混在一起。默认设置为显示取样环。

实例：用吸管工具制作配色卡片

通过吸管工具吸取图片的颜色，并使用油漆桶工具为图片下方的色块填充前景色，制作配色卡片。

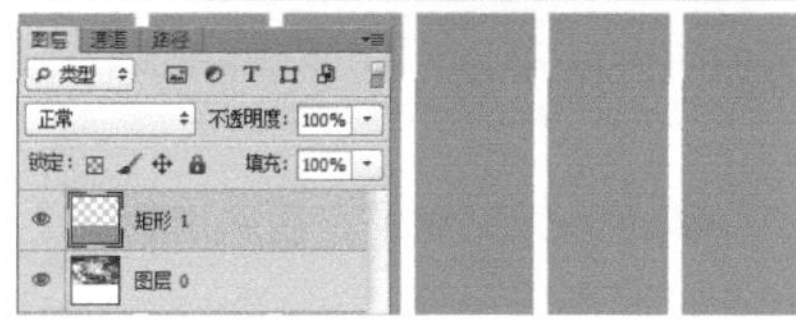

01 打开“配色练习 1.tif”文件，选择【矩形 1】图层。

02 使用吸管工具吸取树叶上半部的颜色。

03 使用油漆桶工具，单击图片下方第 1 个灰色块，即可填充所吸取的颜色。

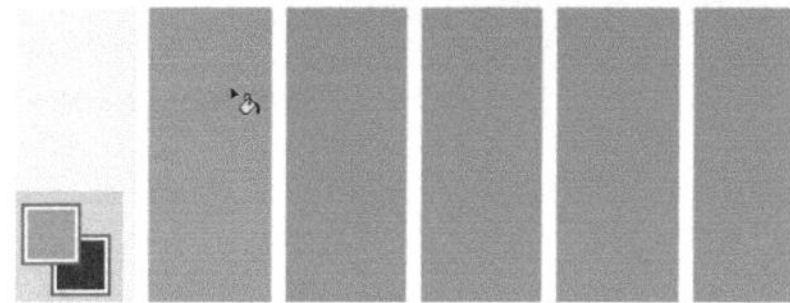

04 使用吸管工具吸取树叶的浅红色，使用油漆桶工具，单击第 2 个色块填充所吸取的颜色。

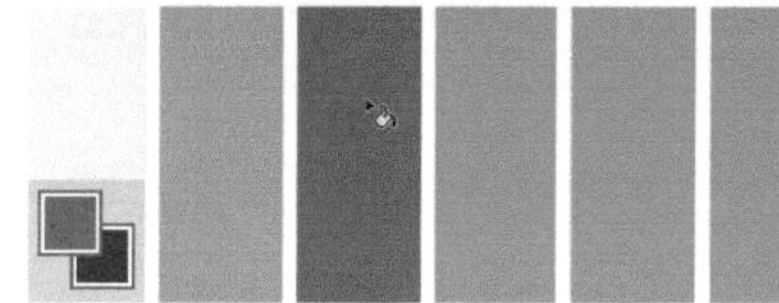

05 使用吸管工具吸取树叶下半部分的深红色，使用油漆桶工具，单击第 3 个色块填充所吸取的颜色。

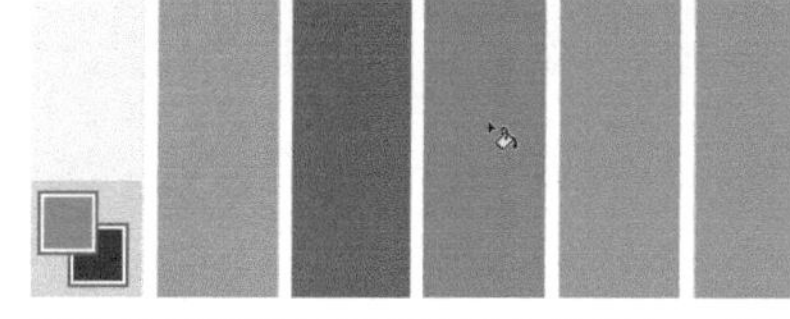

06 使用吸管工具吸取石头的颜色，使用油漆桶工具，单击第 4 个色块填充所吸取的颜色。

07 使用吸管工具吸取位于图片左上角的水流和阴影的颜色，使用油漆桶工具，为剩下的色块填充所吸取的颜色。通过这种方法制作配色卡片，有助于提高配色能力，而且在工作与生活中也可以使用该色卡辅助配色。

提示：自选练习

下面的两张图片是练习文件，它们位于素材文件夹。读者可以按照上述实例的方法制作配色卡片。

12 3D 材质吸管工具

工具箱 快捷键：I

3D 材质吸管工具是 Photoshop CS6 新增的功能，可以吸取 3D 材质纹理以及查看和编辑 3D 材质纹理。

属性栏

❶ 将属性栏中各项参数设定好后，可以存储为一个预设，方便下次调用。

❷ 材质拾色器：选择 Photoshop 自带预选材质。

❸ 载入所选材质：用来选择想要替换的 3D 材质。

❹ 目标材质：在所吸取的 3D 材质上单击左键，显示出当前材质类型。

实例：用 3D 材质吸管工具打造立体金属字体

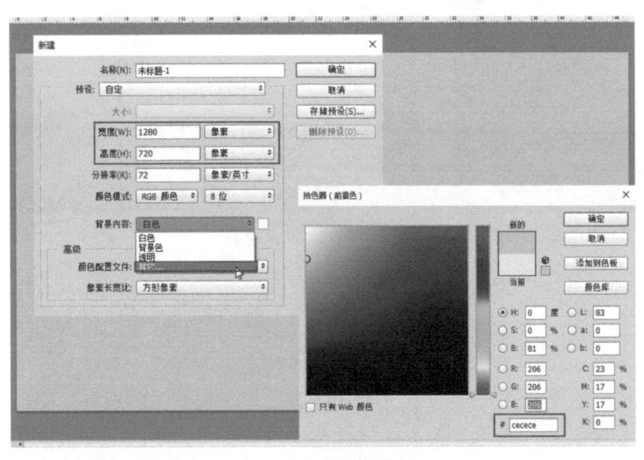

01 新建文档，设置页面大小为 1280 像素 ×720 像素，不需要太大，否则后期渲染可能会很慢。背景内容选择【其他】，为了衬托出金属字体的质感，将“背景”图层颜色填充灰色（#cecece）。

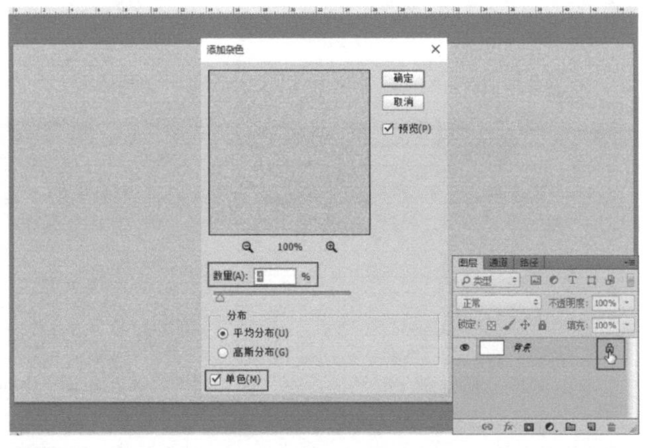

02 单击“背景”图层右侧的锁形按钮将“背景”图层解锁，并执行【滤镜】-【杂色】-【添加杂色】命令，为背景添加杂色增加些质感。杂色不宜添加太多，这里设置的数量是 4%，注意勾选上【单色】。

03 使用工具箱中的文字工具输入“Class606”，最好使用粗壮的字体增强效果，字号为 178 点。输入后鼠标左键单击文字工具属性栏中的 3D 按钮，将文字转换为 3D 文字。

04 载入 3D 文字后选中【3D】页面中 3D 文字模型，将凸出深度调整为 4.41 厘米。单击图层面板，选中已解锁的“背景”图层，执行【3D】-【从图层新建网络】-【明信片】命令。

05 选中如图所示的两个图层，执行【3D】-【合并 3D 图层】命令，这是要把所有的 3D 网格放在同一个场景里面，方便后续的操作。

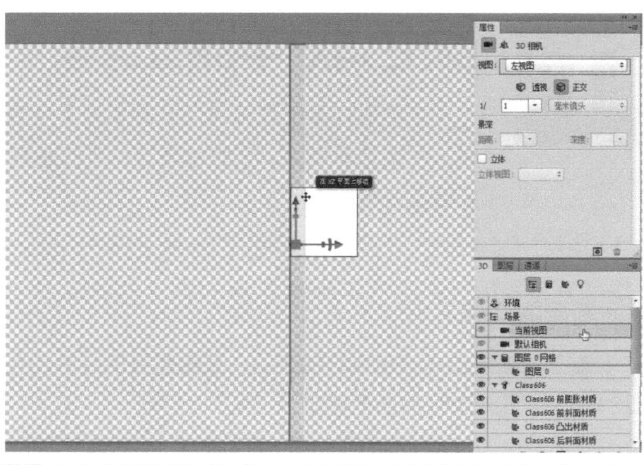

06 单击【当前视图】图层，在上面的属性面板的视图中选择【左视图】或【右视图】。单击已解锁的“背景”图层，会出现一个轴，鼠标左键按住 Z 轴三角将背景移动到文字的后方。

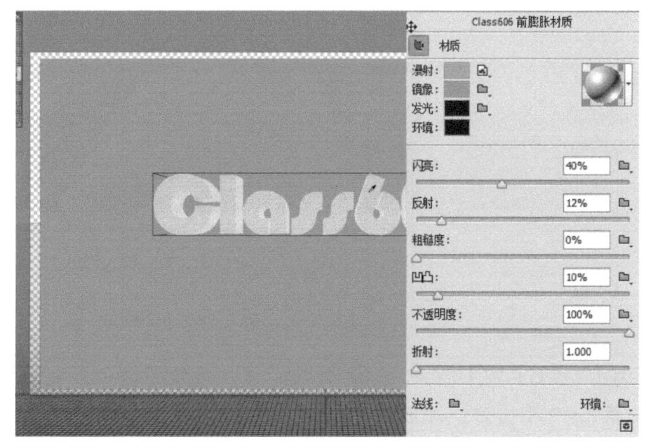

07 选择 3D 材质吸管工具，右键单击需要替换的 3D 材质，在弹出的菜单中单击材质预览图右侧的下拉按钮选择材质，将字体的前膨胀材质和凸出材质更改为【金属 - 黄金】。

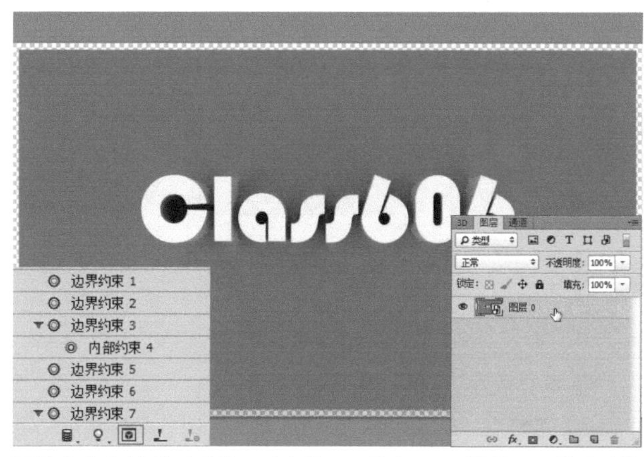

08 替换完材质以后就可以渲染了。单击 3D 页面最下方的渲染按钮进行渲染。用 Photoshop 进行渲染的时间非常长，需要耐心等待。渲染之后就可以将图层转换为智能对像进行后期加工。

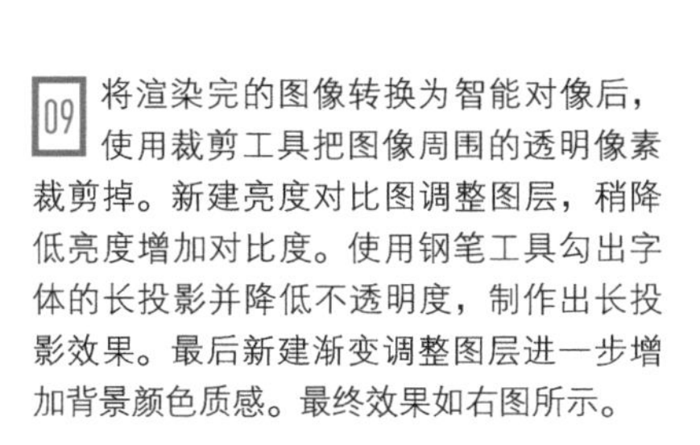

09 将渲染完的图像转换为智能对像后，使用裁剪工具把图像周围的透明像素裁剪掉。新建亮度对比图调整图层，稍降低亮度增加对比度。使用钢笔工具勾出字体的长投影并降低不透明度，制作出长投影效果。最后新建渐变调整图层进一步增加背景颜色质感。最终效果如右图所示。

提示：关于步骤 9

这一步的操作可以使案例效果更加完善，但由于涉及大量与 3D 材质吸管工具无关的功能，建议学习完其他相关功能后再完成这步操作。

13 颜色取样器工具

工具箱 快捷键：I

颜色取样器工具可以记录最多4个点的颜色数值，颜色数值显示在信息面板中。色彩校正时，可以根据颜色数值对图像的色彩进行调整。

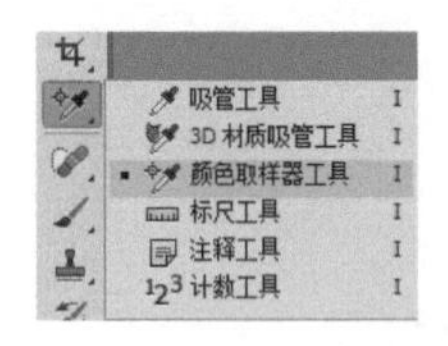

❶ 新建取样点

在工具箱中选择颜色取样器工具，单击想要取样的颜色，【信息】面板会自动弹出，并显示取样的颜色数值。

❷ 删除取样点

按住Alt键不放，使鼠标指针靠近取样点，当指针变为✂时，单击即可删除取样点。

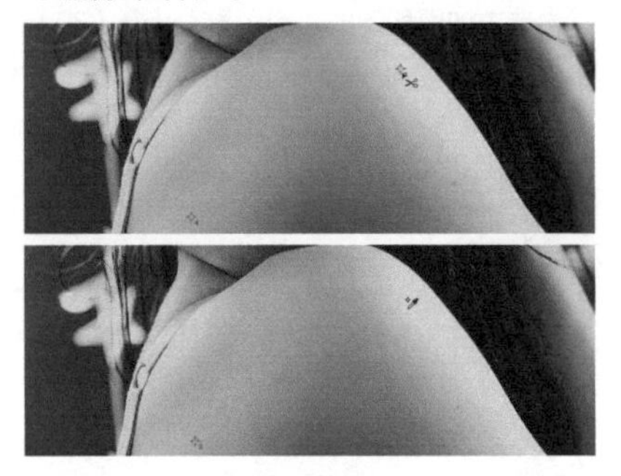

❸ 属性栏

取样大小：取样点 清除

❶ 取样大小：可设置的取样点大小包括：取样点、3×3平均、5×5平均、11×11平均、31×31平均、51×51平均和101×101平均，它们的单位是像素。默认设置为取样点。

取样点：设置为【取样点】时，取样颜色的范围为是一个像素，即单个像素的颜色数值。

3×3平均：设置为【3×3平均】时，取样颜色的范围为是3×3个像素，即3×3面积的像素范围内，所有像素平均的颜色数值。

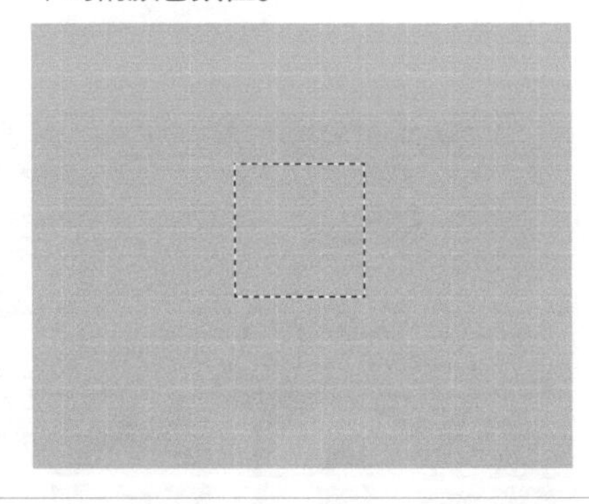

❷ 清除：可以清除图像中所有的取样点。使用方法是单击属性栏上的清除按钮。

提示：常见颜色的数值

右面是一些常见颜色的参考数值，它们是人们的经验总结，看起来会比较舒服。这些数值仅供参考，可根据自己的视觉感受微调。

蓝天的颜色数值C：60，M：23，Y：0，K：0

暖色调的蓝天颜色数值C：60，M：45，Y：0，K：0

冷色调的蓝天颜色数值C：60，M：15，Y：0，K：0

非洲人肤色颜色数值C：35，M：45，Y：50，K：30

亚洲人肤色颜色数值C：15，M43，Y：53，K：0

实例：根据颜色数值精确调出天空蓝

通过颜色取样器工具记录颜色数值，根据记录的数值对图片进行更为精确的色彩调整处理。

01 在 Photoshop 中打开“纠正偏色 .jpg”文件，会发现图片中天空的颜色发灰，看起来很不舒服。

02 使用颜色取样器工具对图片中天空的深色和浅色的地方分别建立两个取样点。分析数值会发现青色（C）的数值比较小，所以蓝色不是很饱满，在 CMYK 模式中，青色是蓝色的主要成分。

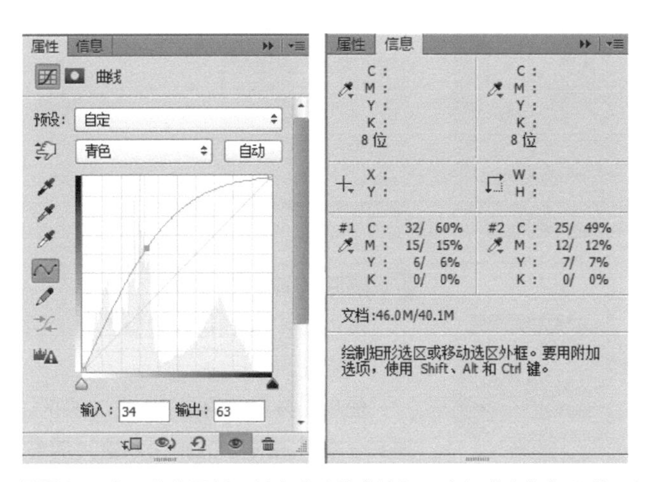

03 打开【调整】面板，单击【曲线】按钮，选择【青色】通道，向上拖曳曲线，观察信息面板，“/”符号后面的数值为调整后的数值，这时青色（C）数值变大。

04 选择【曲线】调整层的蒙版，使用矩形选框工具框选天空以下的部分，填充黑色，使水面和石头恢复到初始状态，防止它们偏色。

05 按 Ctrl+D 组合键取消选区。

14 标尺工具

工具箱 快捷键：I

标尺工具可以用来测量图像中物体的长度和倾斜角度。

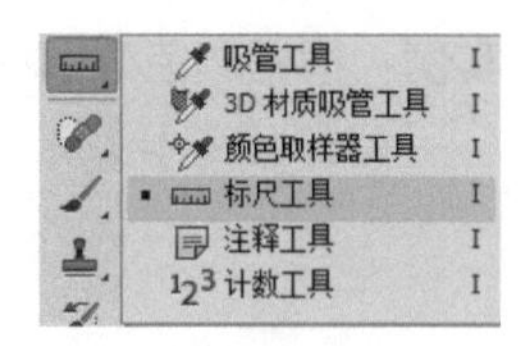

❶ 测量长度

在工具箱中选择标尺工具，在测量起始位置单击并拖曳测量线至测量的终点位置，松开鼠标即可测量出两点之间的长度，测量的数据会显示在属性栏和信息面板上。如果需要再测量其他地方只要重新绘制一条测量线，第一条就会消失。

❷ 测量角度

选择标尺工具，先绘制一条测量线，然后按住 Alt 键不放，使鼠标指针靠近第一次绘制的测量线的起点或终点；当鼠标指针变为∡，就可以再绘制一条测量线，所测得两条线段之间角度的数据会显示在属性栏和信息面板上。

❸ 查看数据信息

测量的数据显示在属性栏或信息面板中。X/Y 表示起始位置的 xy 坐标，W 表示终点相对于起点在 X 轴水平移动的距离，H 表示终点相对于起点在 Y 轴垂直移动的距离，A 表示相对于两条轴测量线之间的角度，L1 表示第一条测量线的长度，L2 表示第二条测量线的长度。第一条测量线为基准轴。

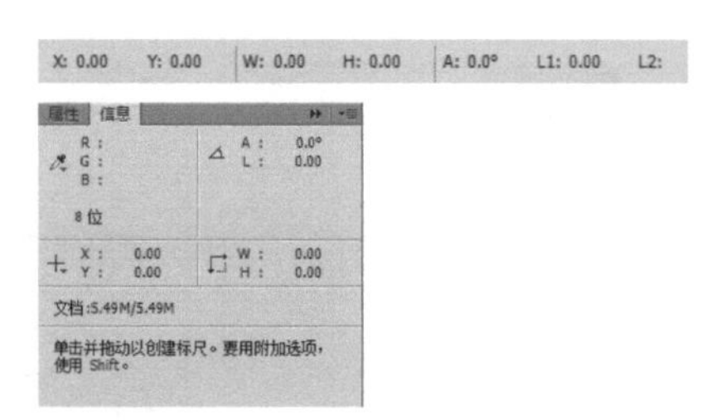

❹ 拉直图层（属性栏中）

以第一条测量线作为基准轴，对图层的内容进行旋转。例如，沿斜塔的边缘绘制测量线，单击拉直图层按钮，旋转图片。

❺ 清除（属性栏中）

单击清除按钮可以清除图片上的所有测量线。

使用工具箱中的任意一个工具时，都要注意其属性栏的相关设置，属性栏在菜单的下方。

实例：纠正倾斜的海面

通过标尺工具中的【拉直图层】命令迅速纠正倾斜的海平面。

01 在 Photoshop 中打开“纠正倾斜照片.jpg”文件，可以看到图片中的海面是倾斜的。

02 使用标尺工具沿着海面绘制一条测量线。

03 单击属性栏的拉直图层按钮，使海面变水平。

04 使用工具箱中的裁剪工具去除图片四周的透明区域。

15 注释工具

工具箱 快捷键：I

注释工具可以在图片中添加注释信息，用于修图时参考。

❶ 添加注释

在工具箱中选择注释工具，在想要添加注释的地方单击，单击之后会弹出【注释】面板，在面板中输入注释信息即可。

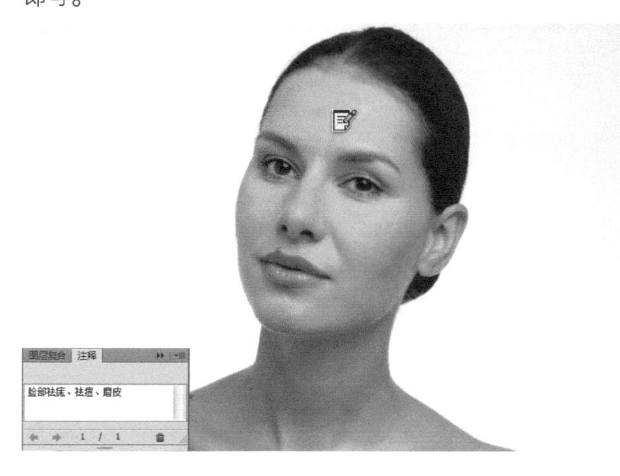

❷ 注释面板

设置注释信息，面板空白部分可以输入信息，并可以切换注释和删除注释。面板左下角的按钮可以切换注释，面板右下角的按钮可以删除当前注释。代表当前选中的注释，代表未选中的注释。

❸ 属性栏

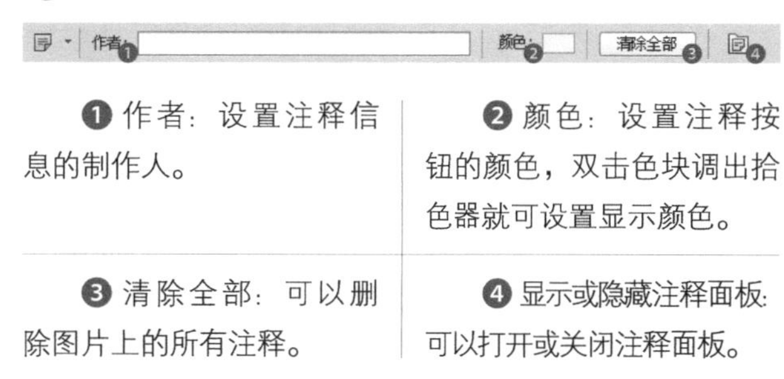

❶ 作者：设置注释信息的制作人。	❷ 颜色：设置注释按钮的颜色，双击色块调出拾色器就可设置显示颜色。
❸ 清除全部：可以删除图片上的所有注释。	❹ 显示或隐藏注释面板：可以打开或关闭注释面板。

实例：为图片添加修改意见

01 在 Photoshop 中打开“添加修改意见 - 练习 .tiff”文件，选择图层 1，设置前景色为 R：153，G：108，B：51。

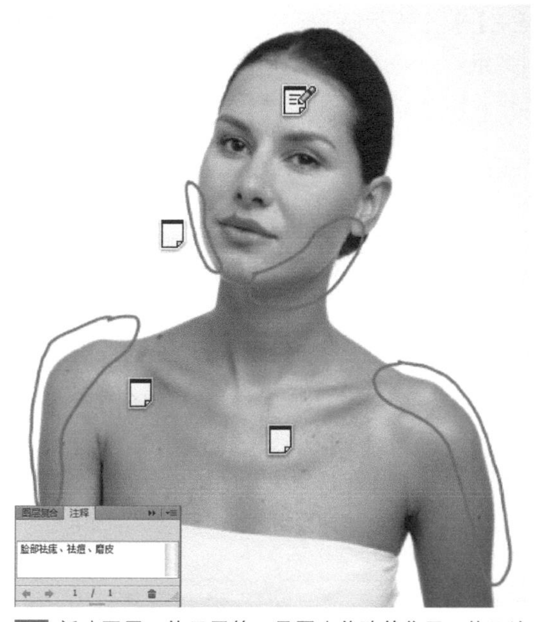

02 新建图层，使用画笔工具圈出修改的位置，使用注释工具在圈出位置的周围添加修改意见。添加注释信息常用于多人合作的设计项目。

16 计数工具

工具箱 快捷键：Shift + I

计数工具用于统计画面中一些重复的元素，是一款不错的统计及标示工具。

❶ 标记标签的增减

打开素材“计数工具 -02.tif”，在工具箱中选择计数工具，单击图片中的两只“小狗”便能产生两个标记和标签，标记是“小圆点”，标签是“数字”。如果按着 Alt 键单击小圆点，该标记和标签便会同时消失。

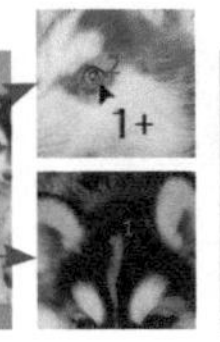

❷ 标记标签的移动

单击小圆点进行拖动，便可以在任意方向同时移动标记和标签，如果在单击小圆点拖动的同时按着 Shift 键，标记和标签便只会做水平方向、垂直方向、斜 45° 方向的移动。

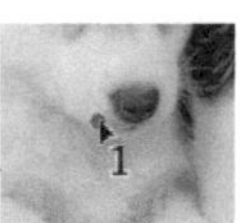

❸ 属性栏

1₂3 计数：7(5) ❶ 计数组 2 ❷ ❸ ❹清除 ❺ 标记大小：10 ❻标签大小：20

❶ 创建新的计数组和重命名计数组：单击 按钮，便能创建一个新的计数组，用【计数组 1】统计所有“黑白狗”的数量，同样用【计数组 2】来统计“棕白狗”的数量，单击计数组里的重命名也可以对该计数组进行名称的修改。

❷ 切换计数组的可见性：首先选中要隐藏的【计数组 2】，然后单击“眼睛”图标便可以隐藏该计数组内的所有标记和标签，但计数组不会被隐藏，再次单击“眼睛”图标便可以显示该计数组内的所有标记和标签。

❸ 删除当前所选计数组：首先选中要删除的【计数组 2】，然后单击 按钮便可以删除该计数组，并且该计数组内的所有标记和标签也会被删除。当只有一个计数组时，该计数组和组内的所有标签和标记是不能被删除的。

❹ 清除 清除：首先选中要清除的【计数组 1】，单击 清除 按钮便可以清除【计数组 1】内的所有标签和标记，而【计数组 1】本身不会被清除，该计数组可以进行重新统计。

❺ 计数组颜色：重新单击图片中的所有“黑白狗”，将之创建为【计数组 1】然后单击 按钮，在【拾色器】里选取需要的颜色，便可以同时改变该计数组的标签和标记的颜色。

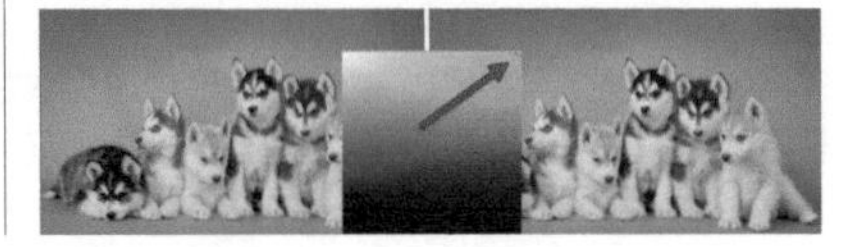

❻ 标记大小和标签大小：标记大小是指“小圆点”面积的大小，标签大小是指“数字”形状的大小，可以分别给【标记大小】和【标签大小】输入不同的数值来控制标记和标签的大小。

实例：用计数工具统计图片中不同物体的数量

01 打开“计数工具－练习素材04.tif”文件，把标记大小调为10，标签大小调为30，颜色调为红色。

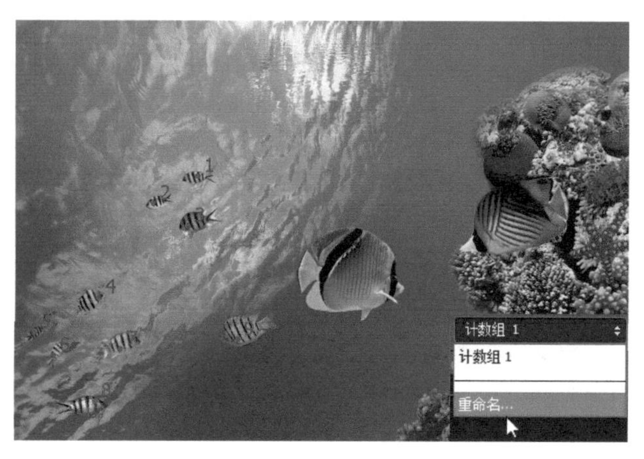

02 单击图中的所有小鱼，单击【计数组1】，单击【重命名】，命名为“小鱼”。

03 单击新建按钮，创建一个新的计数组，并将其命名为“大鱼”，然后颜色调为。

04 然后单击图中的所有大鱼即可，这样便能统计完图中不同大小的鱼的数量。

提示：自选练习

下面是两张练习文件，它们在素材文件夹中。读者可以按照上述案例的方法完成下图中的不同物体的数量统计。

17 修复工具组

工具箱　快捷键：J

修复工具组能够修复图像中的污点或多余的元素，包含污点修复画笔工具、修复画笔工具、修补工具、内容感知移动工具和红眼工具。使用时应根据不同的修复需求及特点，选择不同的修复工具。

打开修复工具组

在工具箱中找到污点修复画笔工具，用鼠标右键单击，会弹出修复工具组面板。

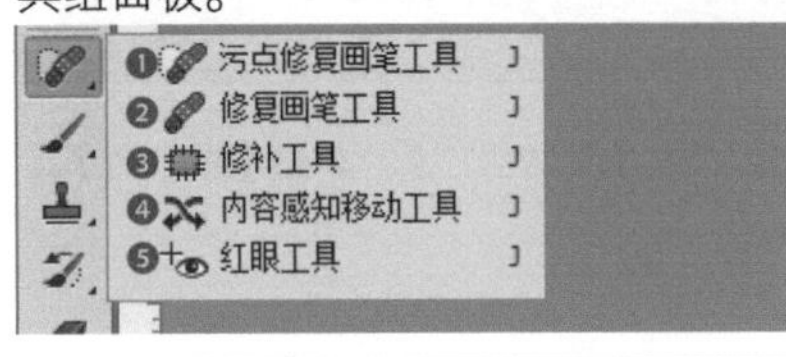

❶ 污点修复画笔工具：自动修复小面积的污点和标记。特点：无需取样、自动修复、智能。

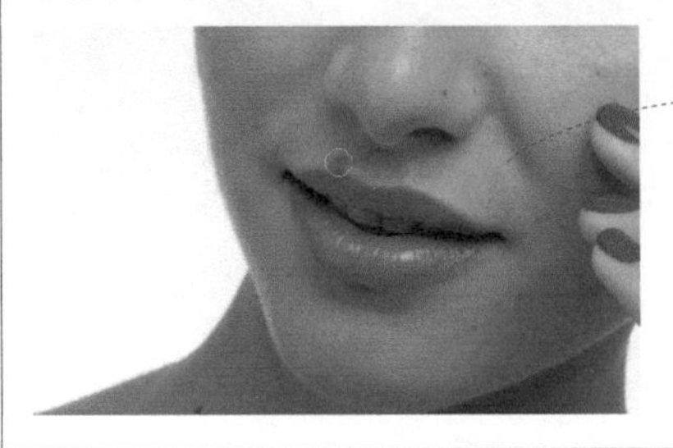

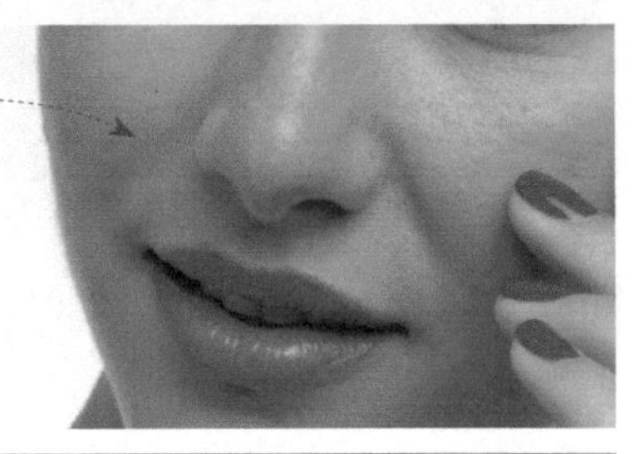

❷ 修复画笔工具：修复较稀疏、小面积的污点，使用来自图像其他部分的像素修复瑕疵。特点：根据取样点修复、有针对性、适合小范围的修复。

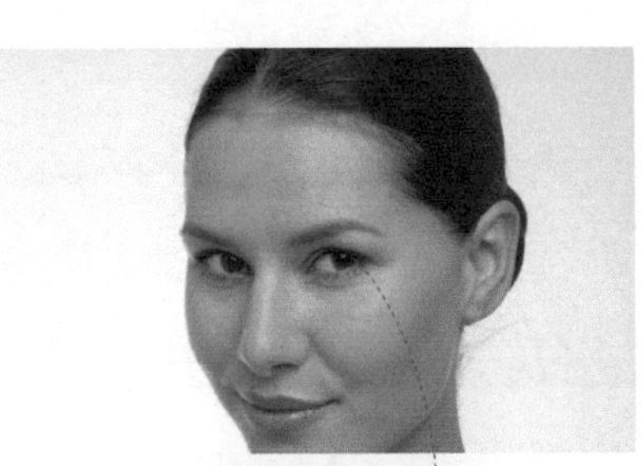

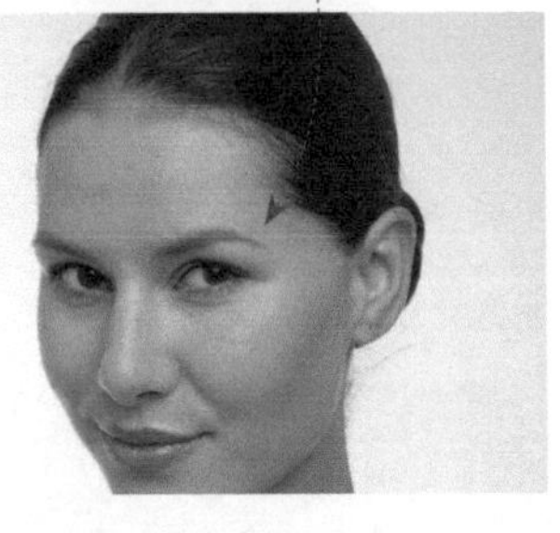

❸ 修补工具：修补较大面积区域的污点，使用来自图像其他部分的图案或像素替换选定区域。特点：定位修补。

❹ 内容感知移动工具：选择和移动图像的一部分，并自动填充移动后空出的区域。特点：图像重新组合后，它能够使改动的图像智能地与周围融合。

❺ 红眼工具：去除图像中的红眼、移去白色或绿色反光。特点：可自动消除、直接框选红眼区域。

18 修复画笔工具

工具箱 快捷键：J

修复画笔工具能用完整、高质量的区域去弥补不完整、低质量的区域，适合小范围修复。修复前需要先按 Alt 键并单击进行取样，用修复画笔工具单击目标区域即可进行修复。

属性栏

❶ 将【修复画笔工具】属性栏中各项参数设定好后，通过该选项可以存储一个预设，方便下次调用。

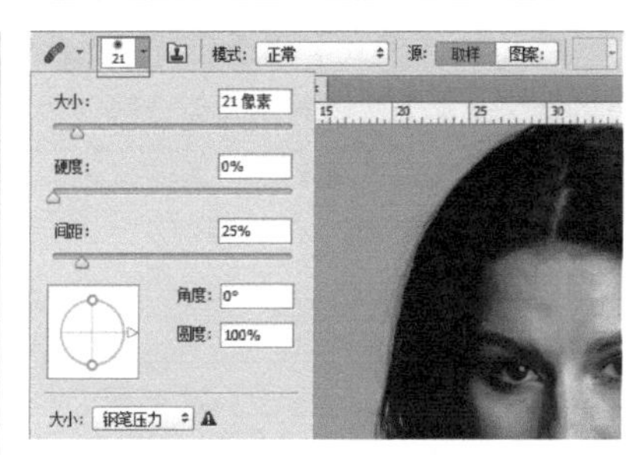

❷ 单击框选处的下拉按钮，可编辑修复画笔工具的各项参数，如画笔的大小、硬度、间距等。

❸【仿制源】能将取样点处的图像复制到目标位置，可设置多个不同的样本源、显示样本源的叠加。

❹【模式】在修复时用于控制取样点与图像的混合模式，可根据需要选择，一般选择【正常】即可。

❺【源】选择取样方式。选择【取样】，修复的来源从图中的取样点提取；选择【图案】，修复的来源则会从设定的图案中提取，并对目标区域进行修复。

❻ 勾选【对齐】会对图像连续取样，取样点跟着鼠标指针走，如不勾选则每次使用修复画笔工具都从最初的取样点开始。

实例：用修复画笔工具祛除面部的痘痘

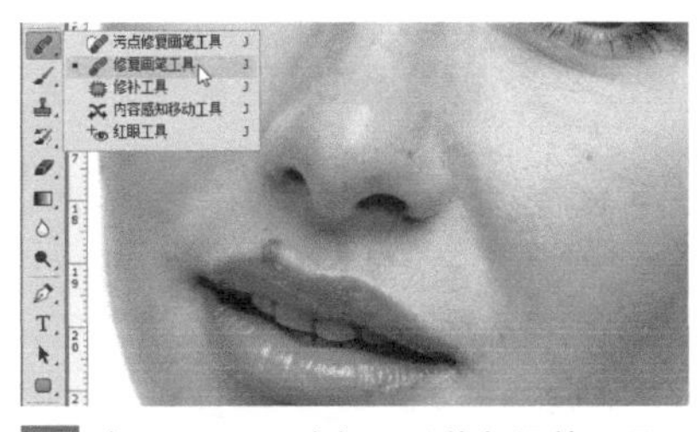

01 在 Photoshop 中打开“修复画笔工具 – 原图 .jpg”文件，在工具箱中找到污点修复画笔工具，并单击。

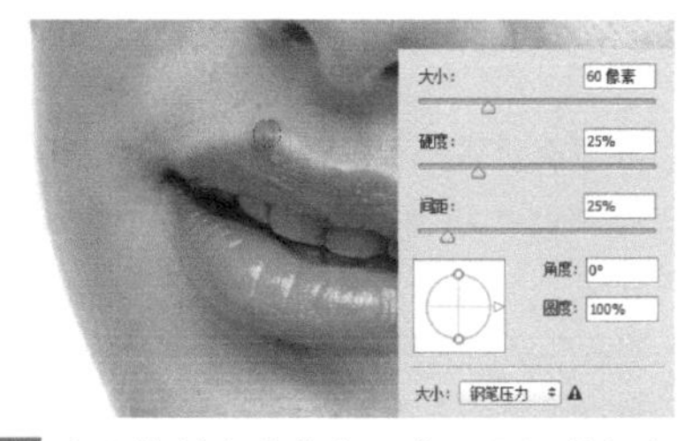

02 在属性栏中将修复画笔工具调整好合适的大小、硬度等参数，大小一般调节至比痘痘稍大即可。

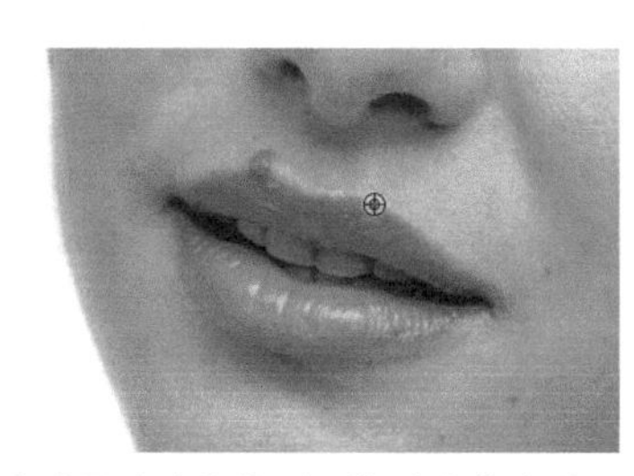

03 在嘴唇对称处找到一块对称的皮肤，按 Alt 键并单击进行取样。

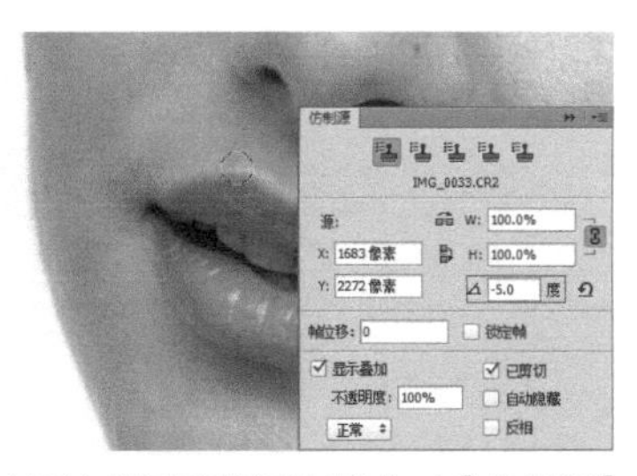

04 在图中找到要修复的区域，在【仿制源】面板中调整取样点的角度并与需要修复的图像重叠，然后在痘痘区域单击。

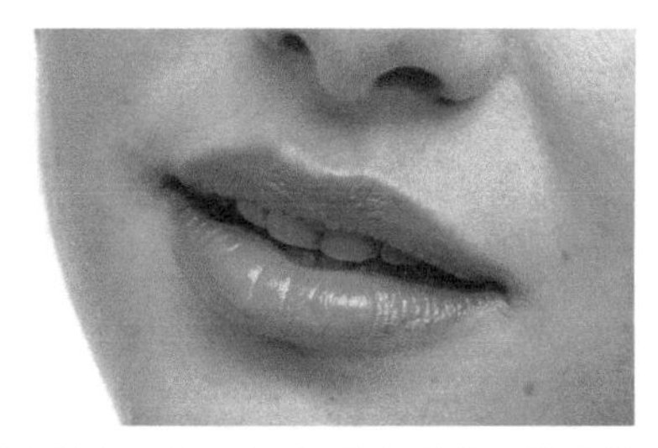

05 单击痘痘区域后，软件将使用前面的取样对其进行修复，痘痘消失。

提示：仿制源调整角度的技巧

在调整取样点的角度的时候，可以先选中【仿制源】面板中角度数值，然后将取样后的画笔放在需要修复的图像上，按 Shift+ ↑（↓）组合键来调整角度。

19 修补工具

工具箱 快捷键：J

修补工具可以用其他区域的像素来替换选中区域，特点是需要建立选区来确定修补范围，适合小范围修补。操作时选中需要修补的区域拖向用来替换的区域。

属性栏

❶ 将【修补工具】属性栏中各项参数设定好后，通过该选项可以存储为一个预设，方便下次调用。

❷【选区模式】用于创建修补工具的选区。4 个按钮分别为新选区、添加到选区、使选区减去、与选区交叉。

❸【修补】属性有正常、内容识别两项，可用来设置修补方式。两个选项的修复效果区别不大，可不作特别关注。

❹ 选择【源】选项，将选区拖至要用来修补的区域后，会用最后拖移处的区域来修补拖动前的选区。

修补后，之前的区域被修补成了周围正常的海域。

选择【目标】选项，则会将选中区域的图像复制到目标区域。

❺【使用图案】选项中，可在图案面板中选择一个图案，单击该按钮，可以使用图案修补选区内的图像。

提示：创建选区的快捷键

在原有选区范围上，同时按 Shift 键和鼠标左键拖动绘制选区，可添加选区范围；

在原有选区范围上，同时按 Alt 键和鼠标左键拖动绘制选区，可减去多余的选区；

在原有选区范围上，按 Shift+Alt 组合键，同时按鼠标左键拖动绘制选区，可绘制相交的选区。

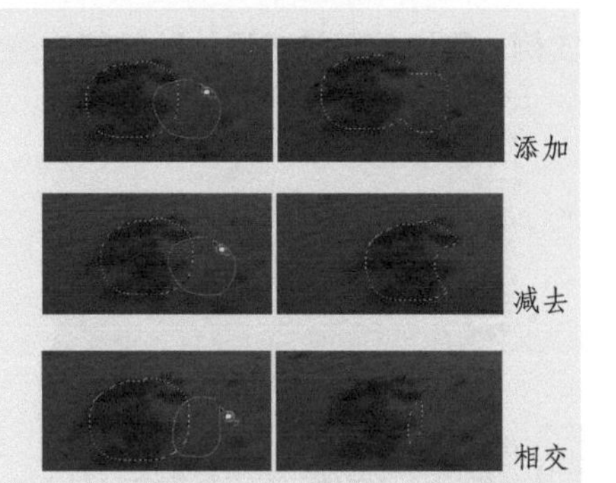

添加

减去

相交

实例：用修补工具消除图片中的水印

01 在 Photoshop 中打开图片“修补工具案例 .tif”，在工具箱中找到修补工具，并单击。

02 在图中用修补工具框选出水印区域，并向周围的正常区域拖移。

03 拖移选区后，水印被去除。

20 内容感知移动工具

工具箱 快捷键：J

内容感知移动工具可以移动或复制局部对象。当移动图像后，它能够使改动的图像智能地修复并与周围融合。直接框选需调整的区域，移动到目标区域即可移动或复制对象。

属性栏

❶ 将【内容感知移动工具】属性栏中各项参数设定好后，通过该选项可以存储为一个预设，方便下次调用。

❷ 创建选区的模式：4个按钮分别为新选区、添加到选区、从选区减去、与选区交叉。

❸ 模式：【移动】命令可将框选的对象移动到目标区域，【扩展】命令可将框选对象复制到目标区域。

❹ 适应：有5个等级可选择，但效果区别不明显。

❺ 对所有图层取样：勾选【对所有图层取样】复选框，取样点将对所有可见图层进行取样。

提示：图层取样技巧

移动图像时建议复制一个图层并在此图层上操作，这样不破坏原图，并且方便修改。

实例：用内容感知移动工具改变照片的构图

01 在Photoshop中打开图片“内容感知移动工具.tif”，在工具箱中的修复工具组中找到内容感知移动工具并单击。

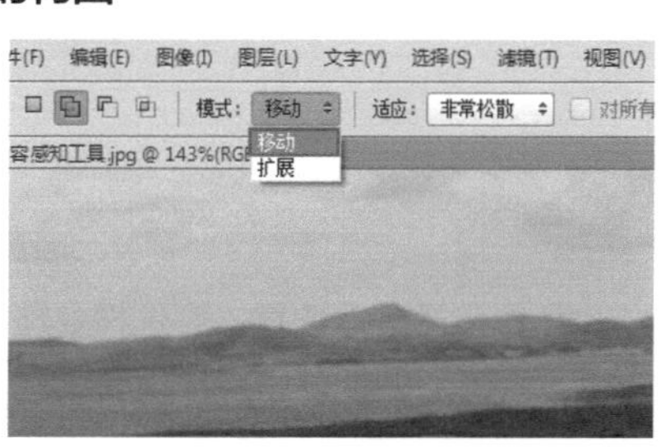

02 在【内容感知移动工具】属性栏的【模式】中选择【移动】命令（选择【扩展】命令将会复制对象）。

03 画面中的白马太偏右侧，因此在画面中拖动鼠标指针创建选区，将白马框选。

04 将选中的白马往左侧移动来调整照片的构图。将鼠标指针放在选区内，单击并向画面左侧拖移鼠标指针即可。

05 将白马拖曳到满意的位置后，松开鼠标，Photoshop便会将白马移动到目标位置，自动计算并修复周围图像，如右图所示。

21 画笔工具

工具箱 快捷键：B

画笔工具可以用来绘画，另外，可以在网上下载很多笔刷来装饰画面。

❶ 绘画

在工具箱中选择画笔工具，在工具箱下方设置前景色和背景色，按住鼠标左键拖动鼠标即可进行绘画。

❷ 画直线

按住 Shift 键不放，左键单击拖曳鼠标，可以绘制垂直或水平的直线。

❸ 绘画中的混合模式

在画笔属性栏中的【模式】下拉菜单中选择【颜色】，设置前景色进行绘画。

❹ 属性栏

模式：正常 不透明度：100% 流量：100%

❶ 工具预设选取器：在预设选区器可以选择预设的参数对图像进行裁剪。

❷ 画笔预设选取器：可选择各种笔刷。在弹出的菜单中选择调整画笔直径大小以及画笔软硬度。

❸ 画笔面板：可以设置绘画工具和修饰工具的笔尖种类、大小、硬度，并创建自己需要的特殊画笔。

❹ 模式：在下拉列表中可选择不同的混合模式，可根据需要从中选取一种混合模式。绘画的混合模式与图层的混合模式类似。

❺ 不透明度：可以设置画笔的不透明度。取值越大画笔的颜色就越实。在进行绘画时只要不松开鼠标左键即被视为只有一次喷绘，所以松开鼠标左键之前，无论在同一个区域绘画多少次，不透明度都不会超出设置级别。

❻ 流量：是指画笔颜色的喷出浓度。不透明度是指整体颜色的浓度。流量设置为100%，那么在进行绘画时，松开鼠标左键之前，在同一个区域绘画，它的颜色会逐渐变成100%流量时候的情况。

❼ 启用喷枪模式：流量的数值与喷枪模式有关，使用喷枪模式进行绘画时，在流量数值调小的情况下，将画笔停留在一个位置按住鼠标左键，颜色量会从设定的流量数值不断增加直至100%。

❽ 绘图板压力按钮：在使用数位板绘画时，打开此模式，不透明度和大小的设置将由数位板进行控制。

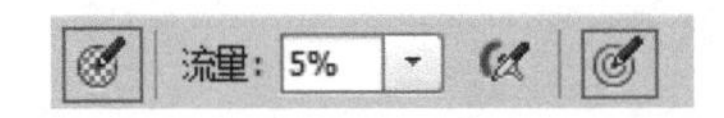

提示：画笔小技巧

按“【”或“】”键可将画笔调小或调大。按 Shift+【组合键或 Shift+】组合键可减小或增大画笔硬度。按数字键 1 画笔不透明度可调为 10%；按 75 不透明度可调为 75%；按 0，不透明度会恢复到 100%。

实例：用画笔工具制作光晕

01 在 Photoshop 中打开素材“画笔工具－原图.jpg”文件，在工具箱中选择画笔工具。

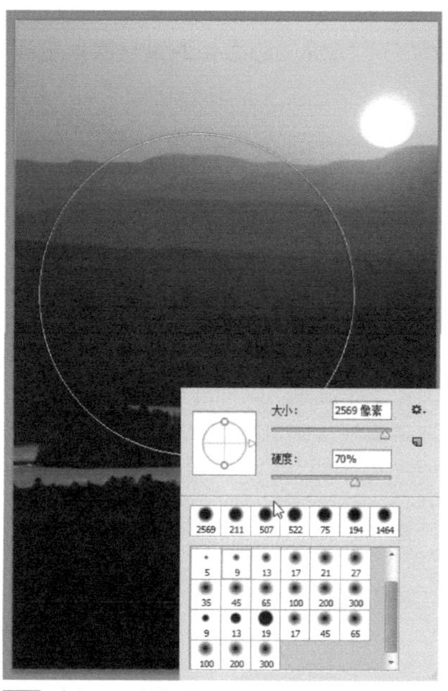

02 选择圆形笔刷，调整画笔大小到 2569 像素，硬度调整为 70%。

03 在工具箱下方选择前景色，光晕都是非常亮的，所以颜色最好选择明度最高的颜色。

04 将画笔的流量调整为 5% 左右即可。在画光晕的时候灵活调整画笔的大小和软硬度，这样画出来的光晕表现力才会强，画面才会有张力。

05 光晕的点缀需要耐心，绘画过程中需要不断调整画笔大小、软硬。在摄影作品中，后期可以通过画笔进行气氛渲染。

22 魔术橡皮擦工具  工具箱 快捷键：E

魔术橡皮擦工具可以自动分析图像的边缘，通过一次单击即可抹除色彩类似的区域。它的原理类似魔棒工具，而功能类似橡皮擦工具。

❶ 使用方法

在工具箱中选择魔术橡皮擦工具，单击想要擦除的颜色区域即可。

❷ 属性栏

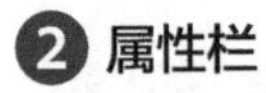

❶ 容差：设置可擦除的颜色值范围。容差值高，则擦除颜色值范围广；容差值低，则擦除颜色值范围窄。

❷ 消除锯齿：设置擦除区域的边缘是否平滑。勾选则边缘平滑，不勾选则边缘粗糙，参差不齐。

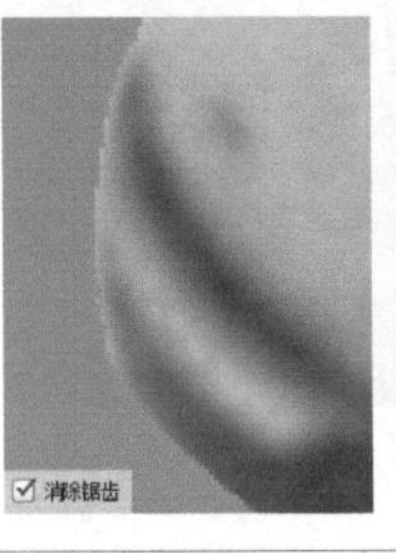

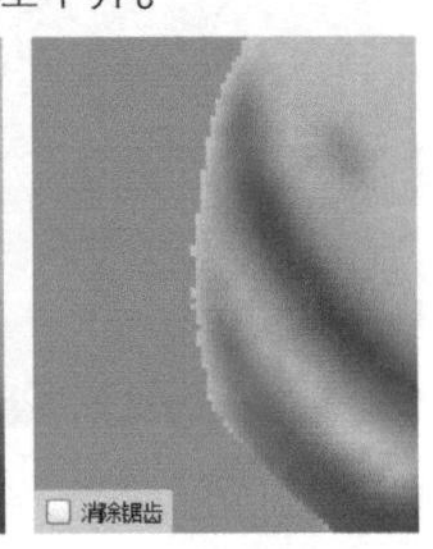

❸ 连续：设置是否擦除图像中所有相似的像素。勾选则只擦除与单击点像素邻近的像素，不勾选则擦除图像中所有相似的像素。

❹ 对所有图层取样：设置取样范围。勾选则对所有可见图层取样，但作用在当前选择图层的像素。不勾选则只对当前图层取样。

❺ 不透明度：设置擦除的强度。数值高可擦除大部分像素，数值低可擦除部分像素。

实例：给窗台添盆花

通过魔术橡皮擦工具去除纯色背景，进行快速抠图。

01 在Photoshop中打开素材图片“花朵.jpg”，使用魔术橡皮擦工具去除背景，设置【容差】为60，勾选【消除锯齿】。在空白区域单击去除背景。

02 使用矩形选框工具建立选区，把花盆框选上，按Ctrl+C组合键复制图像。

03 在Photoshop中打开素材图片“窗台.jpg”，按Ctrl+V组合键粘贴上步中复制的花盆图像，按Ctrl+T组合键对其进行缩小和调整其位置。

23 油漆桶工具

工具箱 快捷键：G

油漆桶工具可以填充前景色或图案。如果创建了选区，填充的区域为所选区域；如果没有创建选区，则填充与鼠标单击处颜色相近的区域。

属性栏

前景 ❶ 模式：正常 不透明度：100% 容差：32 ☑消除锯齿 ☑连续的 ☐所有图层❷

❶ 填充内容：它可以填充两种内容，分别为前景和图案。前景即为填充前景色，图案即为填充图案。图案右侧的按钮，单击它会出现下拉菜单，可从中选择填充的图案样式。

❷ 所有图层：勾选则基于当前所有可见图层颜色取样，但只对当前图层进行填充，不会对其他图层有任何影响。不勾选则仅对当前图层颜色取样。

实例：用油漆桶工具填充色块

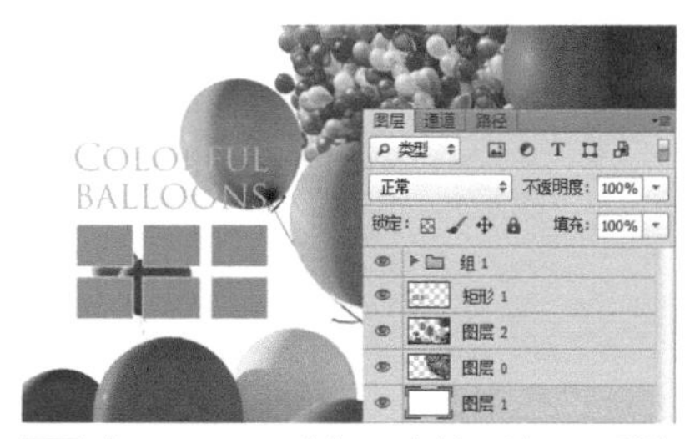

01 在 Photoshop 中打开素材图片“五彩缤纷的气球.tif”，选择图层 1。

02 使用吸管工具吸取天蓝色气球的颜色。

03 选择油漆桶工具，单击图像空白处，填充前景色。

04 选择“矩形 1”图层，使用吸管工具吸取左下角气球的颜色。

05 使用油漆桶工具单击第一个灰色块，即填充上吸取的颜色。

提示：参数设置

此案例中油漆桶工具的参数，设置【填充内容】为前景色，【不透明度】为 100%，【容差】为 32，勾选【消除锯齿】和【连续】，不勾选【所有图层】。

06 重复步骤 04 和步骤 05 的操作，将其他的灰色块，用油漆桶工具填充颜色，就会达到左图的效果。

24 渐变工具

工具箱　快捷键：G

渐变工具可用在整个图层或当前图层的选区内填充渐变颜色，不能用于位图或索引颜色图像。

❶ 属性栏

❶ 渐变条：显示当前的渐变颜色，单击右侧的按钮会出现一个下拉菜单，菜单中有一些预设渐变，第一个渐变为当前的背景色和前景色。如果单击渐变条，则会弹出渐变编辑器，渐变编辑器可以编辑渐变的颜色、实色渐变和杂色渐变等。

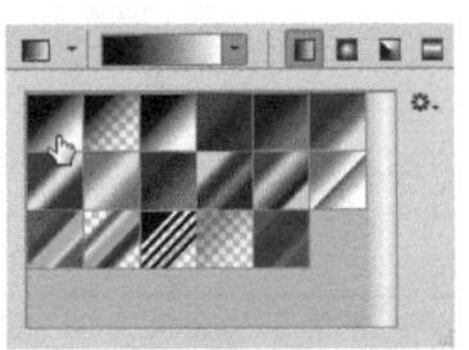

❷ 渐变模式：

线性渐变，以直线方式从起点渐变到终点；径向渐变，以圆形方式从起点渐变到终点；角度渐变，围绕起点以逆时针扫描方式渐变；对称渐变，使用均衡的线性渐变在起点的任一侧渐变；菱形渐变，以菱形方式从起点向外渐变，终点定义菱形的一个角。

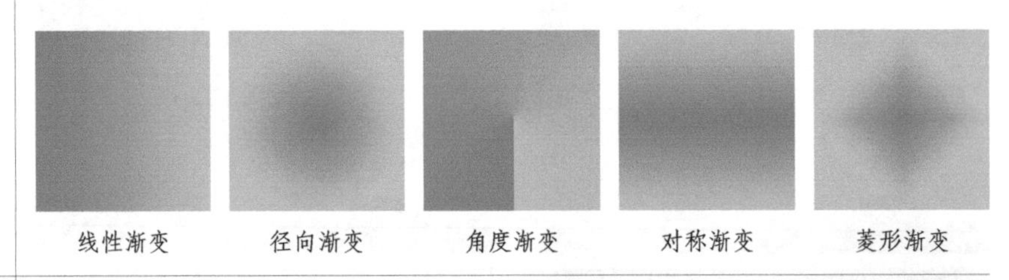

线性渐变　径向渐变　角度渐变　对称渐变　菱形渐变

❸ 反向：勾选则得到反方向的渐变效果，不勾选则为设置的颜色顺序的渐变效果。

❹ 透明区域：勾选则可以创建包含透明像素的渐变，不勾选则只可以创建实色渐变。

❷ 杂色渐变

杂色渐变：选择【渐变编辑器】-【渐变类型】-【杂色】。它包含了在指定颜色范围内随机分布的颜色。杂色渐变可以使颜色变化效果更加丰富。

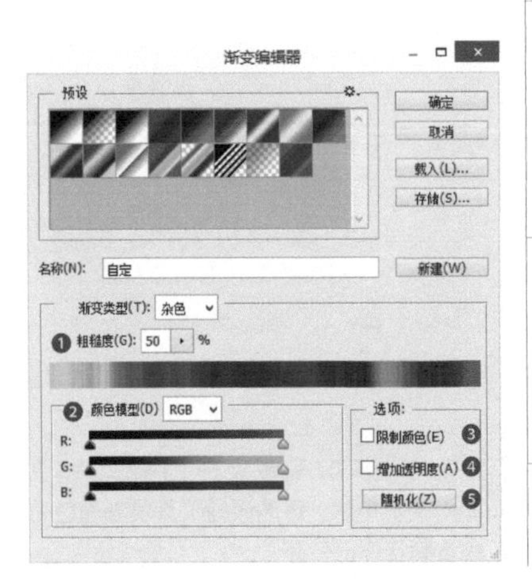

❶ 粗糙度：数值越低，颜色的数量越少但颜色过渡越柔和。数值越高，颜色的数量越多，但颜色过渡越生硬。

❷ 颜色模型：设置颜色的色彩模式，包括 RGB、HSB 和 LAB。

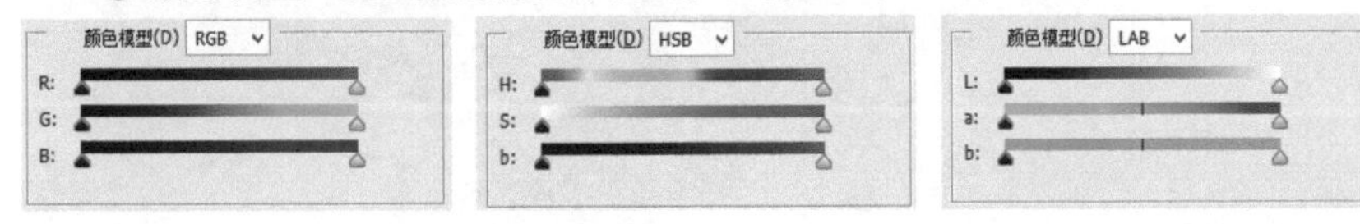

❸ 限制颜色：它可以防止颜色过度饱和，将颜色限制在可以打印的范围内。勾选则限制颜色，不勾选则不限制颜色。

❹ 增加透明度：它可以向渐变中添加透明像素。勾选则向渐变中添加透明像素，不勾选则不会向渐变中添加透明像素。

❺ 随机化：单击【随机化】按钮，会在设置的颜色范围内随机改变渐变颜色。每单击一次，改变一次渐变颜色。

实例 1：制作锥型石膏体

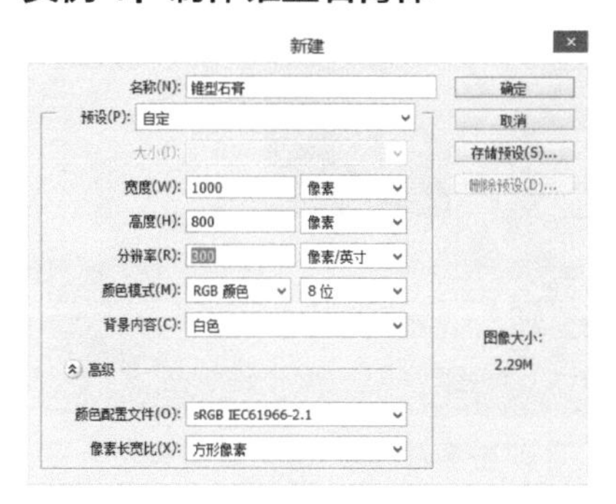

01 新建文件，设置【名称】为锥型石膏，【宽度】为 1000 像素，【高度】为 800 像素，【分辨率】为 300 像素 / 英寸。

02 做背景。设置【前景色】为 R：204、G：204、B：204，【背景色】为 R：77、G：77、B：77。使用渐变工具，选择径向渐变，鼠标指针从右上向左下拖曳。

03 做椎体的路径。使用多边形工具绘制三角形路径，按 Ctrl+T 组合键拉长三角形。

04 使用椭圆工具绘制椭圆形路径，设置路径操作为合并形状。

05 使用路径选择工具选中三角形路径和椭圆路径，设置路径操作为合并形状组件，使两个路径组成一个扇形路径。

06 新建图层，使用矩形选框工具画出一个比扇形路径更大的选区。

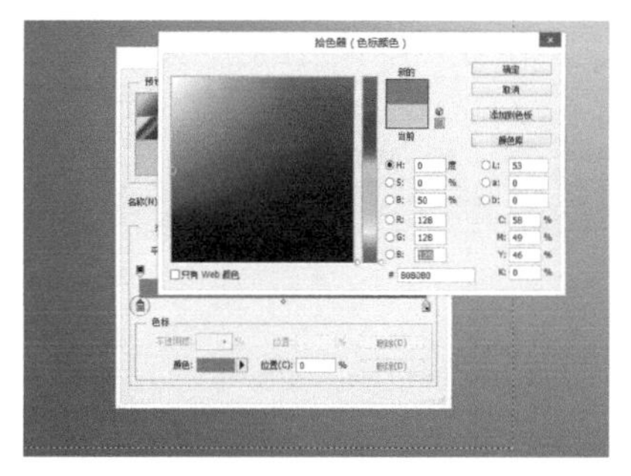

07 选择渐变工具，单击属性栏上的渐变条，选择黑 - 白渐变，双击最左边的色标，设置颜色为 R：128、G：128、B：128，用此颜色作为阴影颜色。

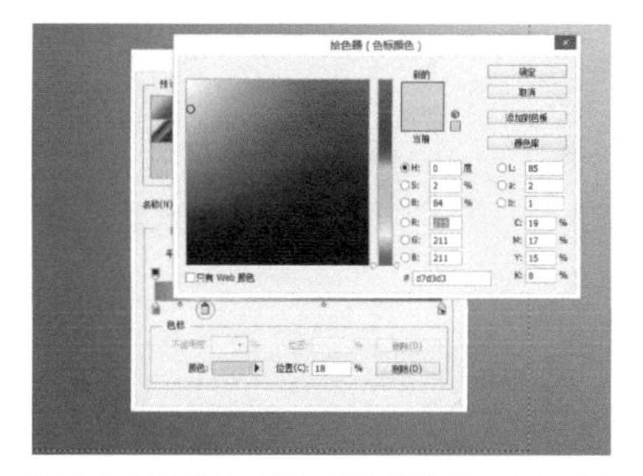

08 在渐变编辑器上单击渐变条下面，添加色标，双击色标，设置颜色为 R：215、G：211、B：211，【位置】为 18%，用此颜色作为反光面的颜色。

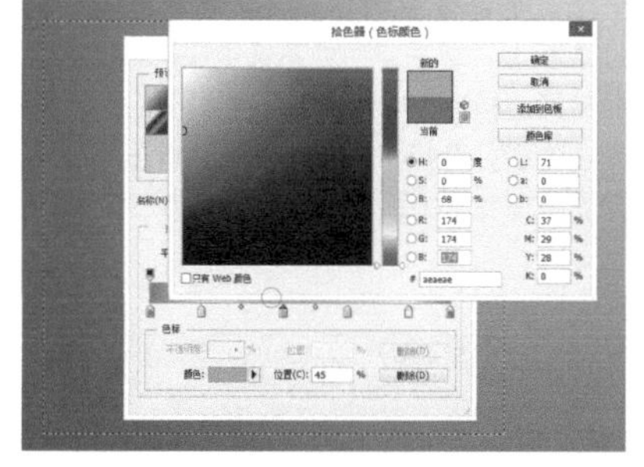

09 在渐变编辑器中渐变条的下方单击，添加色标。双击色标，设置颜色为 R：174、G：174、B：174，【位置】为 45%，用此颜色作为明暗交界的颜色。

提示：色标与不透明色标

渐变编辑器上的渐变条上下都有图标，它们是色标，用来控制颜色和颜色的位置。单击色标可以将其选中，双击色标或单击【颜色】选项右侧的颜色块可以设置颜色，渐变条最左侧的色标代表渐变的起点颜色，最右侧的色标代表渐变的终点颜色。拖动色标或设置【位置】选项可以改变渐变色的混合位置，拖动两个渐变色标之间的菱形图标，可以调整该点两侧颜色的混合位置。渐变条下面的色标为普通色标，上面的色标为不透明度色标，可使色标所在位置的渐变颜色呈现透明效果。

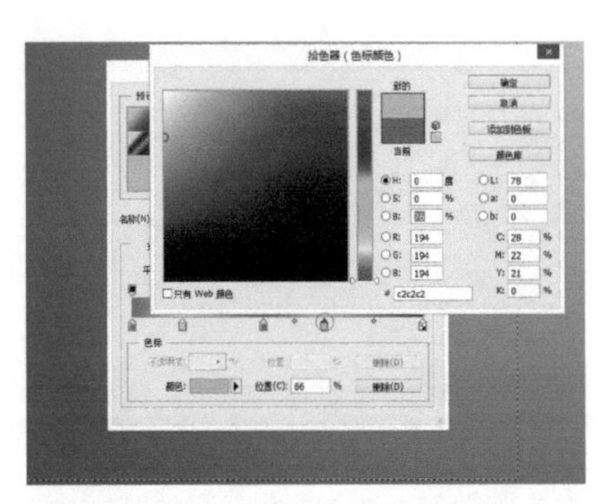

10 在渐变编辑器上单击渐变条下面，添加色标，双击色标，设置颜色为 R：194、G：194、B：194，【位置】为 66%，用此颜色作为过渡面颜色。

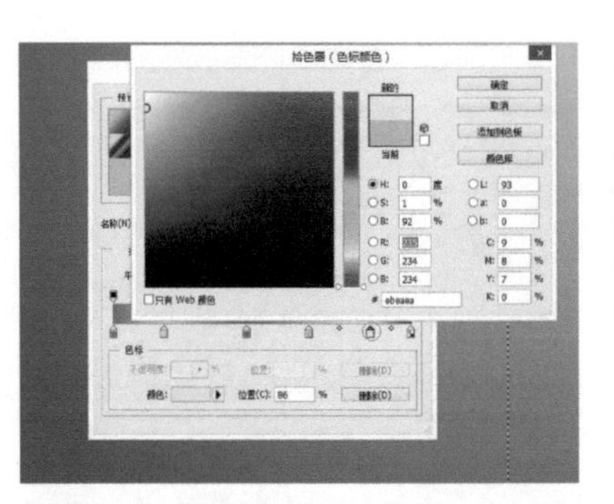

11 在渐变编辑器上单击渐变条下面，添加色标，双击色标，设置颜色为 R：235、G：234、B：234，【位置】为 86%，用此颜色作为受光面颜色。

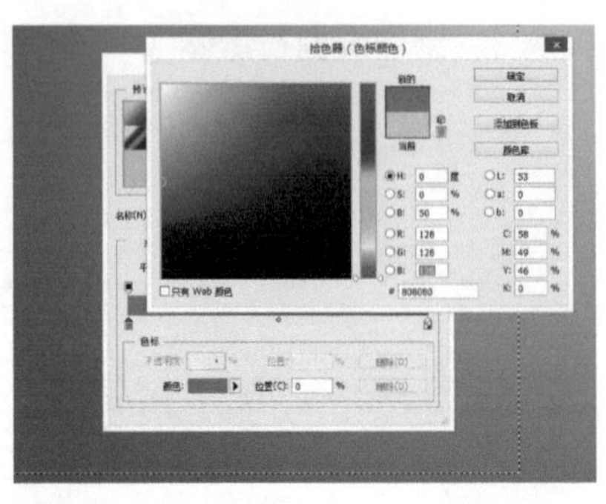

12 双击最右边的色标，设置颜色为 R：128、G：128、B：128，用此颜色作为阴影颜色。

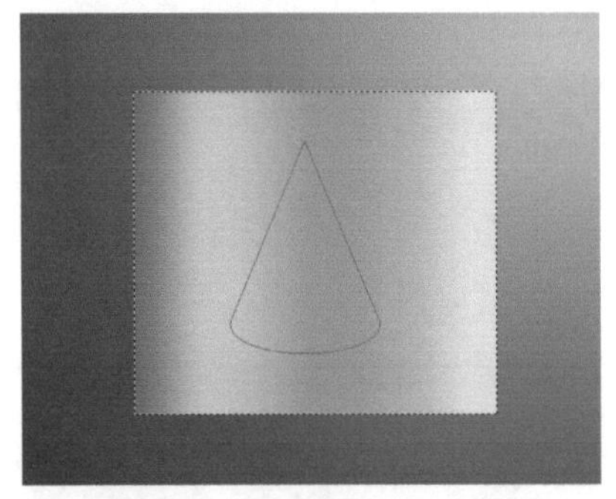

13 创建渐变。选择图层 1，使用渐变工具，选择线性渐变模式，按住 Shift 键，将鼠标指针从左向右拖曳。

14 方形渐变变为三角形。在【路径】面板上，单击空白处不选中任何路径，隐藏扇形路径。按 Ctrl+T 组合键进行自由变换，单击右键并选择【透视】命令，单击并从左向右拖曳右上的顶点，将方形变为三角形。

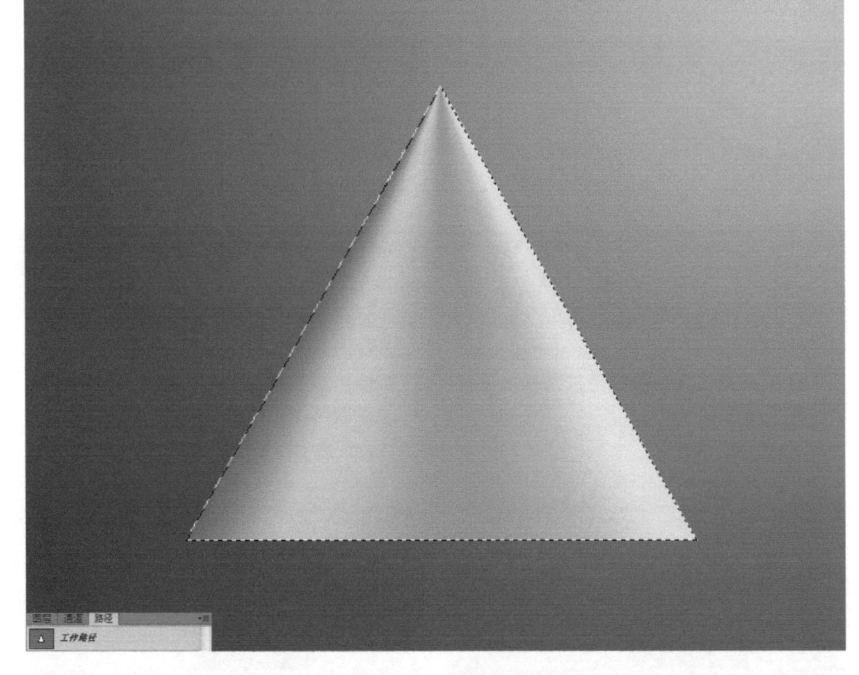

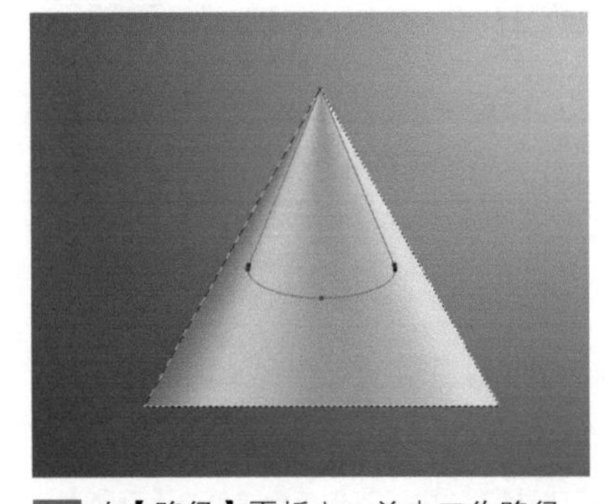

15 在【路径】面板上，单击工作路径，显示扇形路径。使用路径选择工具将路径的顶点与三角形选区的顶点对齐。注意对齐时，三角形选区的明暗交界线位置要在路径的中间。

16 按 Ctrl+Enter 组合键将路径转换为选区，单击【图层】面板下面的【添加蒙版】按钮，使用移动工具移动锥型的位置。

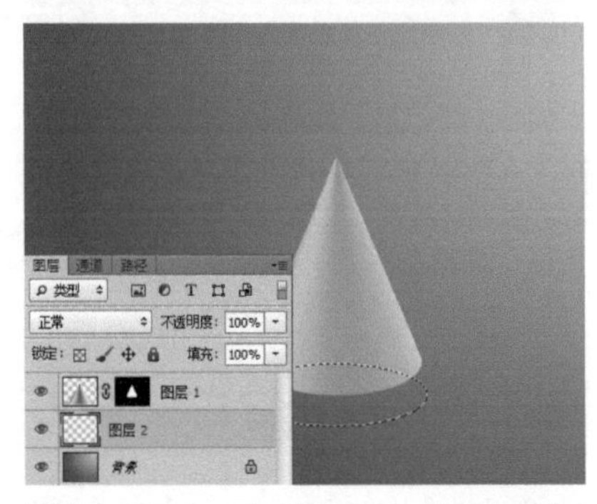

17 在图层 1 下新建图层 2，使用椭圆工具绘制椭圆路径，按 Ctrl+Enter 组合键将路径转换为选区。

18 在选区内填充黑色，按Ctrl+D组合键取消选区。

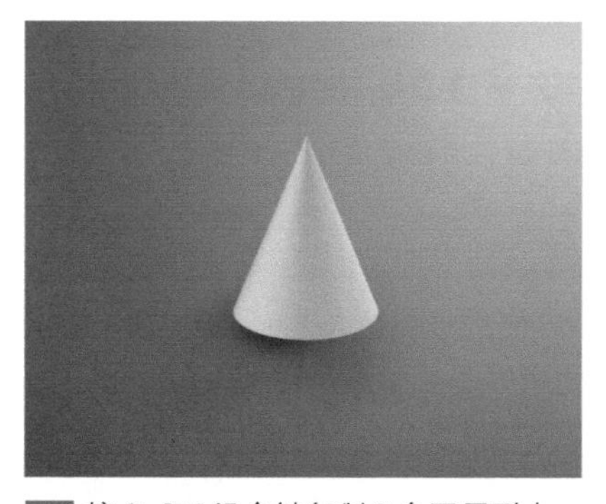

19 按Ctrl+J组合键复制3个图层副本，执行【滤镜】-【模糊】-【高斯模糊】命令，设置不同的半径，并按Ctrl+T组合键进行自由变换，按住Ctrl键分别拖曳4个角的锚点，调整阴影的形状并调整不透明度，使阴影看起来更逼真。

20 在图层1上面新建图层，在【路径】面板上，单击工作路径，按Ctrl+Enter组合键将路径转换为选区。选择画笔工具，设置【前景色】为黑色，【不透明度】为10%，对锥型的左侧进行涂抹，加深颜色。

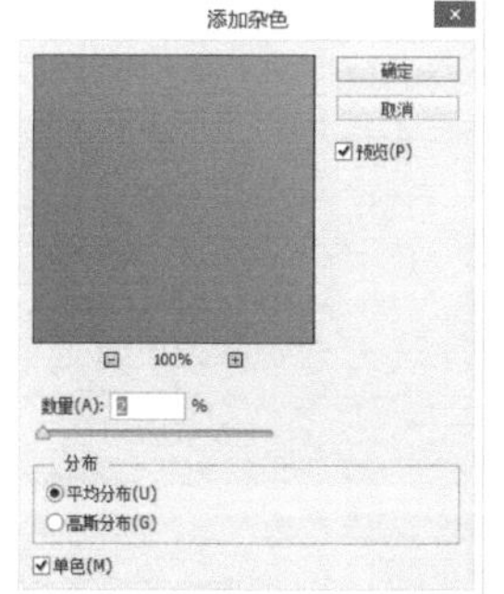

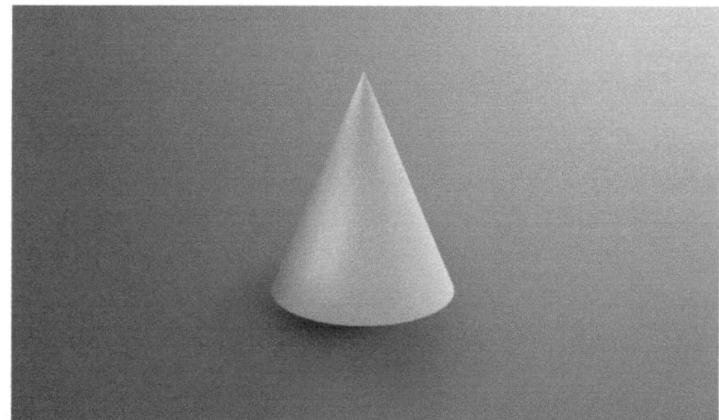

21 选择图层1和“背景”图层，执行【滤镜】-【杂色】-【添加杂色】命令，设置【数量】为2，【分布】为平均分布，勾选【单色】选项。

实例2：用渐变工具控制蒙版的显示效果

01 在Photoshop中打开素材图片“图片-2.jpg”。

02 置入素材图片“图片-1.jpg”，并调整位置。

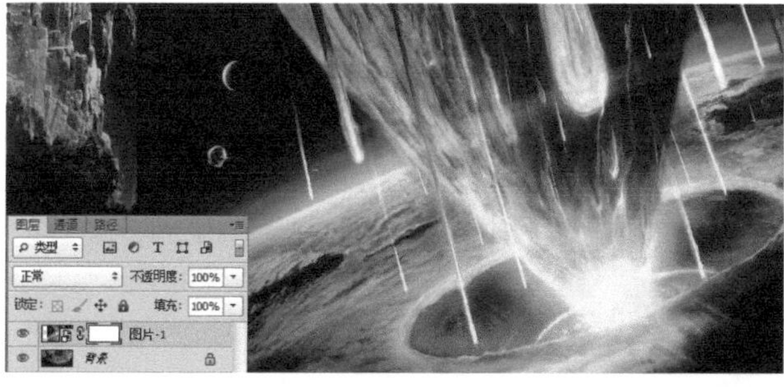

03 选择“图片-1”图层，单击【图层】面板最下面的添加蒙版，给该图层添加一个蒙版。设置【前景色】为黑色，【背景色】为白色。

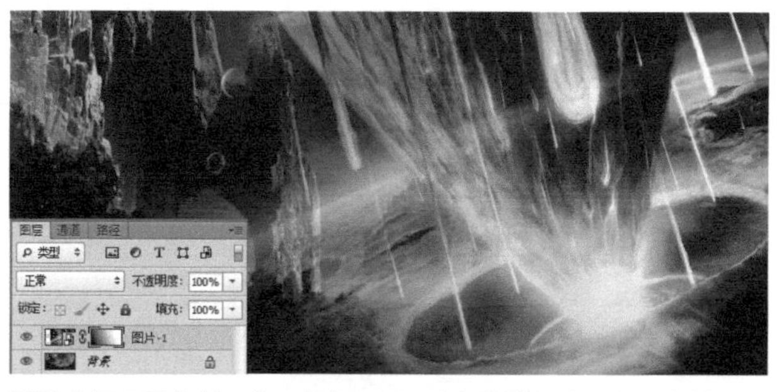

04 选择图层蒙版，使用渐变工具，选择线性渐变，鼠标指针从左下角向右上角拖曳。两张图片相互融合，且融合方式是逐渐进行。

25 海绵工具

工具箱 快捷键：Shift + O

海绵工具可以用来为图片增加饱和度或降低饱和度。

属性栏

❶ 切换画笔面板：单击 可以打开画笔和画笔预设的面板，画笔面板里有不同形状的画笔也能进行画笔的形状、大小、硬度、间距的调整；通过画笔预设面板能直观地看清楚画笔的形状，也能调整画笔的大小，根据需要进行选择。

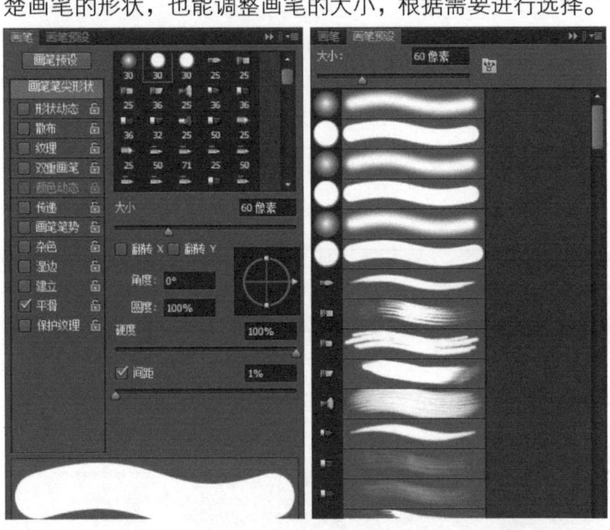

❷ 模式：包括加色（增加饱和度）和去色（降低饱和度）两种模式。打开素材“海绵工具 -01.tif”文件，单击模式里的【加色】，在画笔预设里选择 ，将流量调为 30%，均匀地涂完整个图片，图片整体的色彩饱和度会提高；流量和画笔预设不变，在模式里单击【去色】，然后均匀地涂完整个图片，图片整体色彩饱和度便会降低。

❸ 流量：是指画笔涂抹时候修改的强度，该值越高，修改的强度就越大；该值越低，修改的强度就越小。选择加色，把流量调整到 60%，把图片均匀地涂一遍。

❹ 喷枪：可以在某一局部持续产生效果，单击，选择加色，选择图片中的太阳的位置，单击太阳不要放开鼠标左键，该局部的颜色饱和度便会增加。

❺ 自然饱和度：当选择该项时，在进行加色操作时，可以避免颜色过于饱和而出现溢色；在加色和去色时使颜色更加均匀。

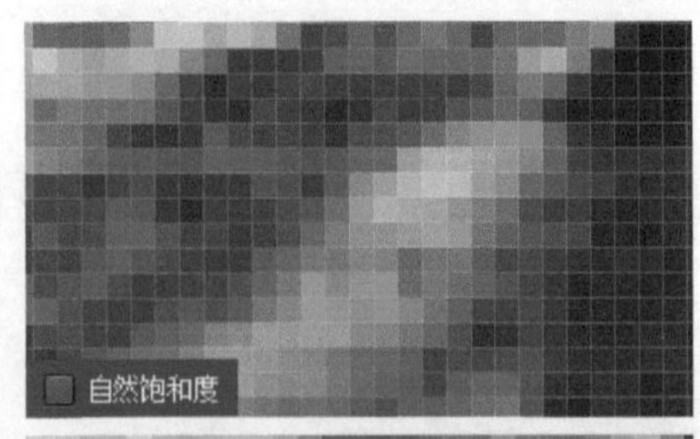

实例：用海绵工具快速修复颜色饱和度低的图片并增强其空间感

01 在 Photoshop 中打开“海绵工具 - 练习素材 01.tif”文件，把流量调为 15%，画笔大小调为 600 像素，画笔预设调为 ，模式调为加色。

02 把图片整体从上到下均匀地涂一遍。

03 流量调整为 20%，其他参数不变，把上下两部分分别均匀地涂一遍。

04 把流量调整为 5%，画笔大小调为 500 像素，其他参数不变，对中间的部分均匀地涂一遍即可。

提示：自选练习

下面是两张练习文件，可在素材文件夹中找到。它们的颜色饱和度偏低，读者可以用上述类似的方法提高它们的色彩饱和度。

26 减淡和加深工具

工具箱 快捷键：O

减淡工具可以使图像的颜色变亮，加深工具可以使图像的颜色变暗。它们主要是对图像的局部进行处理，而且一般使用时都是两个工具协同使用。它们的主要作用是使图像色彩更加丰富，层次感分明并且立体感更凸出。

原图

属性栏

范围：中间调 ❶ 曝光度：50% ❷ 保护色调❸ 基本功能

❶ 范围：设置修改的色调，包括阴影、中间调和高光。阴影：主要对图像中的较暗区域起作用。中间调：主要对图像的中间色调区域起作用。高光：主要对图像的较亮区域起作用。

减淡工具 – 阴影

减淡工具 – 中间调

减淡工具 – 高光

加深工具 – 阴影

加深工具 – 中间调

加深工具 – 高光

❷ 曝光度：设置每次涂抹调整的曝光度，也就是亮度。数值越高，整体的效果越明显，为防止曝光效果过度建议设置低数值。

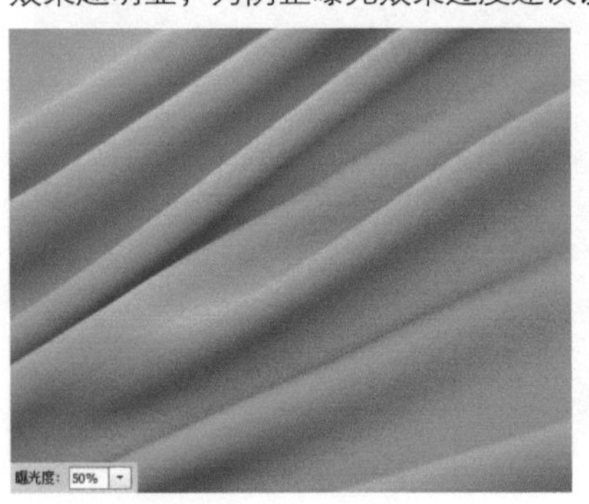

❸ 保护色调：保护图像的颜色不受影响，只改变亮暗。勾选即可启用该功能，默认为勾选状态。

提示：减淡和加深工具的区别

减淡和加深工具的属性是一样的，各属性的作用也是一样的，只是这两个工具的作用正好相反。这里参数部分以减淡工具的属性栏为例进行讲解。

实例：增强图像立体感

通过减淡工具和加深工具使人像效果更具有层次感和立体感。

01 打开“加深减淡实例.tif”，单击【图层】面板右下角的按钮，新建一个空白图层。

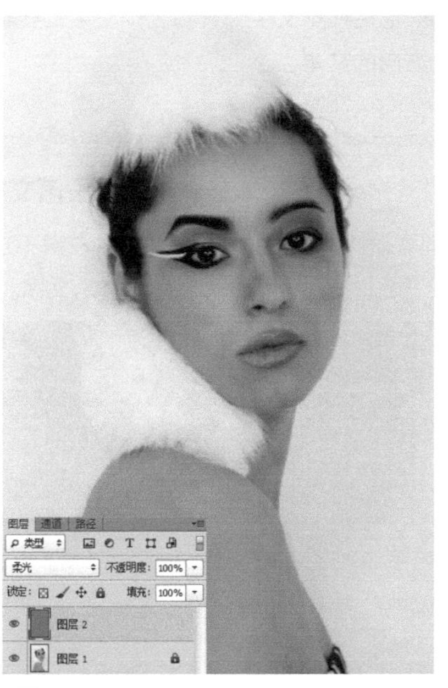

02 设置前景色为 H：0、S：0、B：50，按 Alt+Delete 组合键填充图层 2，设置图层 2 的混合模式为【柔光】。

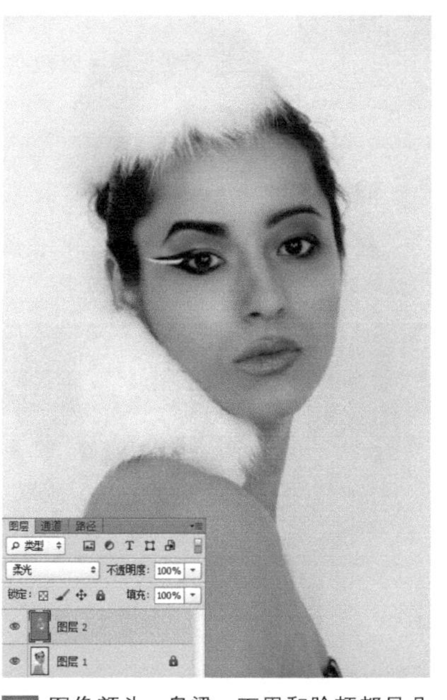

03 图像额头、鼻梁、下巴和脸颊都是凸出来，属于受光面，需要提高亮度。选择减淡工具，设置【范围】为高光，【曝光度】为 10%，对这些部位进行涂抹。

04 图像额头两侧和鼻翼两侧都属于背光面，需要降低亮度。选择加深工具，设置【范围】为阴影，【曝光度】为 10%，对这些部位进行涂抹。

05 人像的胳膊可以看成一个圆柱体，正对镜头的部分为受光面，两侧为背光面，依次重复步骤 03 和步骤 04。

提示：减淡和加深工具的使用要点

在使用减淡工具和加深工具时，一定要注意【曝光度】数值不要设置得过高，并且在图像涂抹时注意随时改变笔头的大小。

本案例在使用减淡工具和加深工具之前创建了一个 50% 灰的图层，是为了防止涂抹过度，导致整个案例需要从头开始做。在 50% 灰的图层应用减淡工具和加深工具即使涂抹过度或错误，也可以很轻易得复原，只需要使用画笔工具在该图层上涂抹 50% 灰的颜色即可，通过这种方法可以轻易修改最终效果。

27 文字工具

📍 工具箱　快捷键：T

文字工具用于输入文本，包括横排文字工具和竖排文字工具。横排文字工具可以输入水平方向的文本，竖排文字工具可以输入垂直方向的文本。

❶ 输入文字

在工具箱中选择文字工具，单击画布即可输入文字。

❷ 输入段落文字

按住左键不放拖曳鼠标，得到一个虚线框，松开鼠标后即可输入文字。

❸ 移动文字位置

输入完文字后，将鼠标指针放在文字外侧，则变为移动工具，即可移动文字位置。

❹ 设置另一个新的文字起点

在文字工具的状态下，创建另一个新的文字起点，只需要按Shift键，单击画布空白处即可。

❺ 取消文字工具的状态

按Esc键，可以取消文字工具的状态，或者选择工具箱中的任意工具。

❻ 属性栏

Berlin Sans F...　Bold　304.67点　锐利

❶ 切换文本取向：能够来回切换横排文本和竖排文本。

❷ 设置字体：可以设置不同的字体。

❸ 设置字体样式：可以设置加粗、倾斜、超粗等这几种字体样式，中文字体没有字体样式，部分英文字体有字体样式。

❹ 设置文字大小：可以设置字体的大小。

❺ 设置消除锯齿的方法：可以消除文字锯齿，使文字边缘平滑。它有4个选项，分别是锐利、犀利、浑厚和平滑，一般默认选择锐利。

❻ 设置对齐方式：设置文字的对齐方式。

左对齐文本

居中对齐文本

右对齐文本

❼ 设置文本颜色：可以为文字设置不同的颜色。

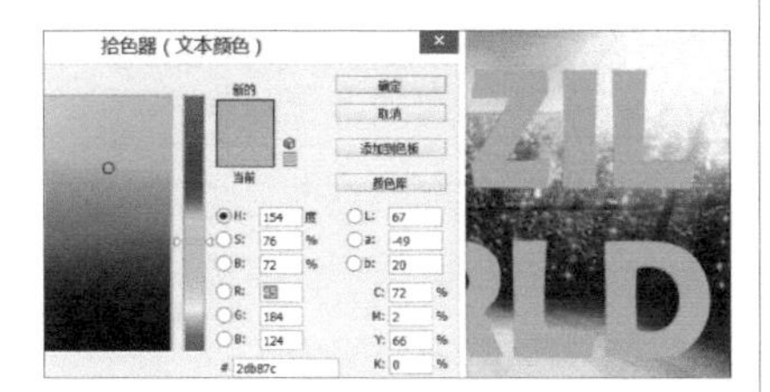

❽ 创建文字变形：可以将文字变换为不同的外形，例如扇形、拱形和鱼形等。

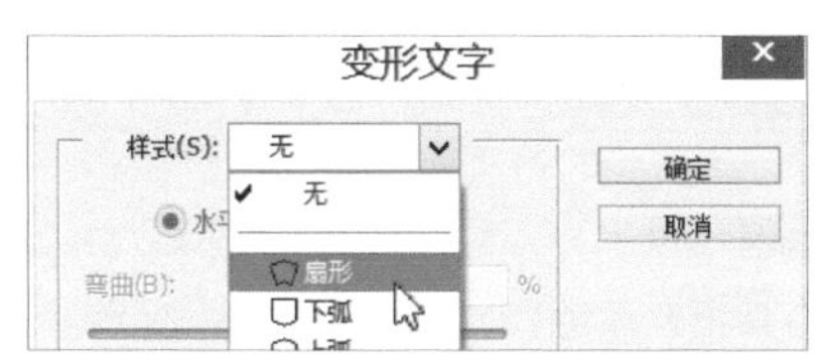

❾ 切换字符和段落面板：可以快速地打开字符和段落面板。

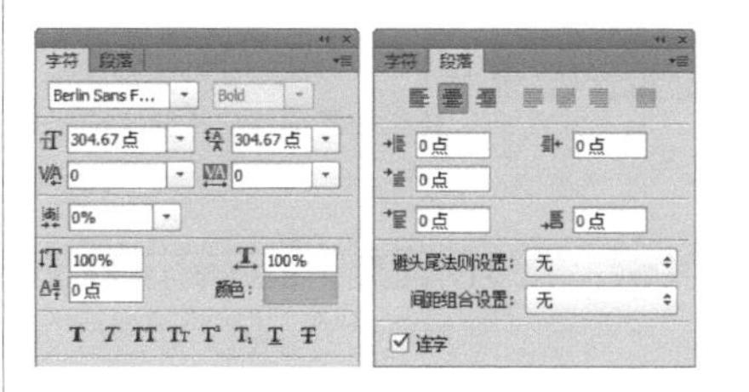

❿ 取消所有当前编辑：取消当前的操作，自动切换为移动工具。例如，当前操作是更改颜色，单击【取消所有当前编辑】按钮后，文字颜色变为之前的颜色。

⓫ 提交所有当前编辑：完成当前的操作，自动切换为移动工具。例如，当前操作是更改颜色，单击【提交所有当前编辑】按钮后，文字颜色变为当前的颜色。

⓬ 更新此文本关联的 3D：将文字转换为 3D 文字效果，自动切换为 3D 功能面板。

实例：用文字工具制作世界杯海报

通过文字工具输入文字内容，设置字体、字号和颜色等参数制作文字主题的世界杯海报。

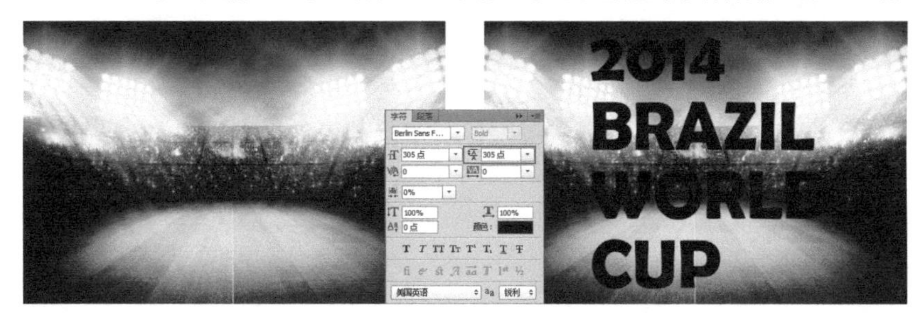

01 在 Photoshop 中打开素材文件“文字工具 - 背景 .jpg”，在工具箱中选择文字工具，输入文字内容，设置字体为“Berlin Sans FB Demi”，字号为 305 点，单击【切换字符和段落面板】按钮，在弹出的【字符】面板中设置【行距】为 305 点。

02 单击属性栏中的【居中对齐文本】按钮，把鼠标指针放在文字外侧，移动文字至画面居中的位置。

03 鼠标指针在插入文字的状态下，按 Ctrl+A 组合键全选文字，单击【设置文本颜色】按钮，选择绿色。

04 按 Esc 键取消文字工具状态，按 Ctrl+J 组合键，复制文字层，改变文字颜色为黄色，并移位。

05 同上一步操作，改文字颜色为白色，并移位。

28 文字蒙版工具

工具箱 快捷键：T

文字蒙版工具可以创建文字选区，包括横排文字蒙版工具和竖排文字蒙版工具。横排文字蒙版工具可以创建水平方向的文字选区，竖排文字蒙版工具可以创建垂直方向的文字选区。

实例：通过创建文字选区制作海报大标题

通过文字蒙版工具创建文字选区，并为其填充颜色，制作出海报的大标题。

01 打开素材图片“文字蒙版工具.tif”。

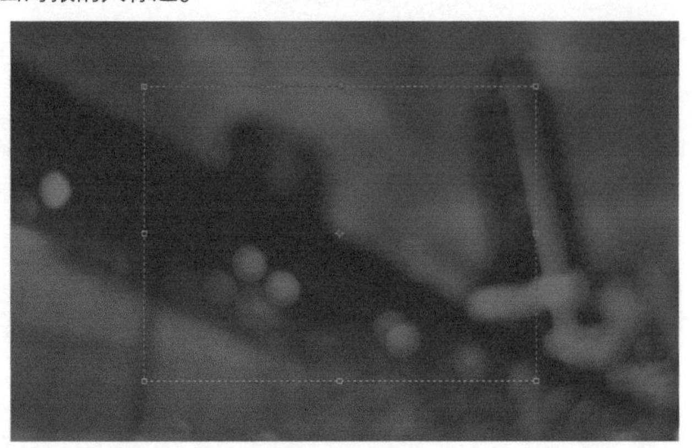

02 使用横排文字蒙版工具在图像中拖曳出一个文本定界框。图片会变为红色，说明此时图片为蒙版状态。

03 在文本定界框中输入“Urban Landscape”，在【字符】面板中设置字体为DINCond-Black，字号为400，行距为300。

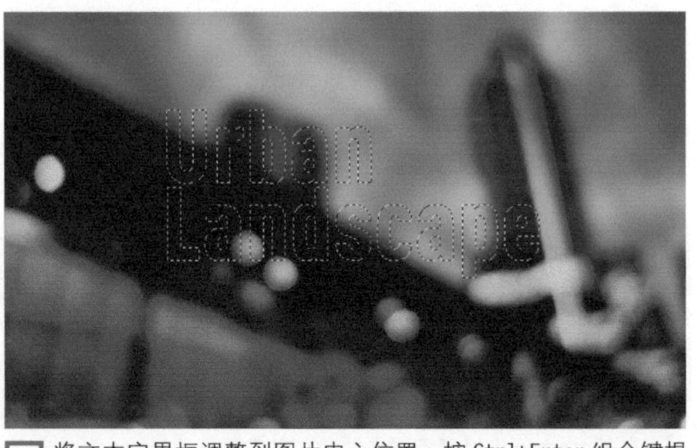

04 将文本定界框调整到图片中心位置，按Ctrl+Enter组合键提交当前编辑，在图片中会创建出文字选区。

05 按Ctrl+Delete组合键填充背景色。

06 按Ctrl+D组合键取消选区。

第 2 章

菜单命令

本章主要讲解 Photoshop 常用的菜单命令，如自由变换、画布大小、批处理、历史记录等，每个菜单命令均可独立学习，命令讲解尽可能包含了其作用、核心参数、练习素材、典型案例、视频教学，通过本章的学习，读者可以迅速掌握 Photoshop 常用的菜单命令。

01 编辑 - 自由变换

属性栏　快捷键：Ctrl+T

对于图像中的元素或图层，通过【自由变换】命令中的自由旋转、比例和倾斜工具来变换对象，如缩放、旋转、变形等多样化变换模式，可达到各种形变的需求和目的。

属性

选中要进行变换的对象，执行【菜单栏】-【编辑】-【自由变换】命令，即可见到自由变换工具的属性界面。

❶ 参考点位置：预设参考点的位置，通过设置该参考点来对对象进行变换。

❷ 输入数值设置参考点的水平位置和垂直位置。

❸ 设置水平缩放的比例。

❹ 保持原来的长宽比进行变换。

❺ 设置垂直缩放的比例。

❻ 调整对象的旋转角度输入。

❼ 切换【自由变换】和【变形模式】。

实例 1：用【缩放】模式给模特增加身高

01 在 Photoshop 中打开文件“服装模特 .JPEG”。

02 单击“背景”图层的锁形按钮，解除图层锁定状态。

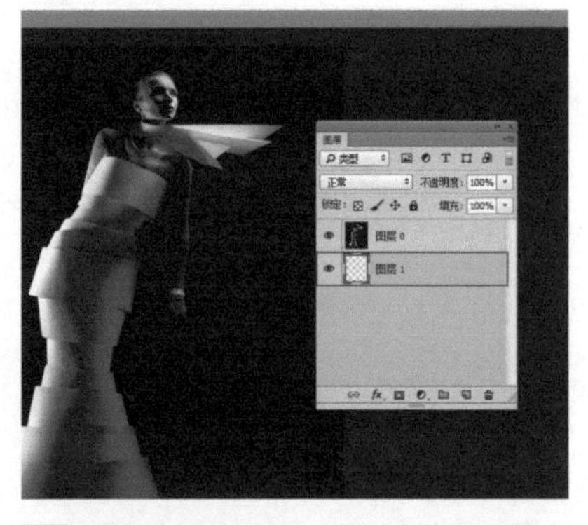

03 新建空白图层，并将新建的图层拖至最下层作为底图。

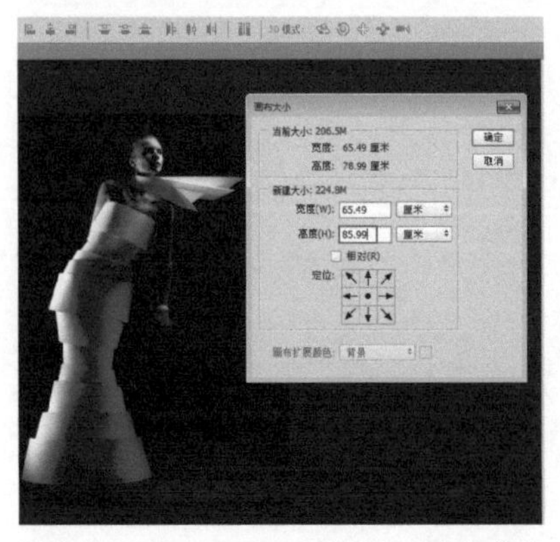

04 按下 Ctrl+Alt+C 组合键，改变图像的尺寸，增加图像的高度。

05 在画布扩大后，将图像移至底图的上方，选用选区工具框选住模特的下半身，并按 Ctrl+T 组合键，将控制框向下拖曳。

06 拖曳到合适长度，按 Enter 键确定，并按 Ctrl+D 组合键取消选区，可见模特的身高已明显增高。

实例 2：用【透视】模式给产品做展示贴图

01 在 Photoshop 中打开文件“平板电脑 .JPEG”。

02 执行【文件】-【置入嵌入的智能对象】命令，将文件“界面 .JPEG”置入到图像中。

03 选择“界面”图层，按 Ctrl+T 组合键，并单击右键，在列表中选择【透视】。

04 通过调节控制框的 8 个控制点，来使该图像适合于平板电脑的界面。

05 在透视方向大致调整好时，可单击右键，在列表中选择【缩放】，继续调整该图像的宽度。

06 通过逐步的微调，待该图像适合于平板电脑的界面时，按 Enter 键确定。

07 为了取得更自然的效果，可在该图像上创建反光效果。在该图层上创建一个选区。

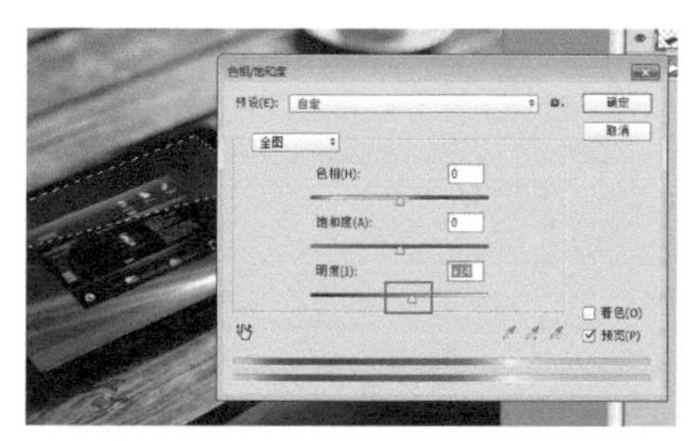

08 按 Ctrl+U 组合键，在【色相 / 饱和度】对话框中，调节该图像选区区域的明度。向右拖曳，提高明度。

09 待明度调节到合适的效果时，单击对话框右上角的【确定】按钮关闭对话框，并按 Ctrl+D 组合键取消选区，可见图像已经成功地贴在了平板电脑上。

实例 3：用【垂直翻转】模式给产品做倒影效果

01 打开文件“酒瓶.PSD”。

02 按 Ctrl 键并单击“酒瓶”图层的缩略图区域，将其转化为选区。

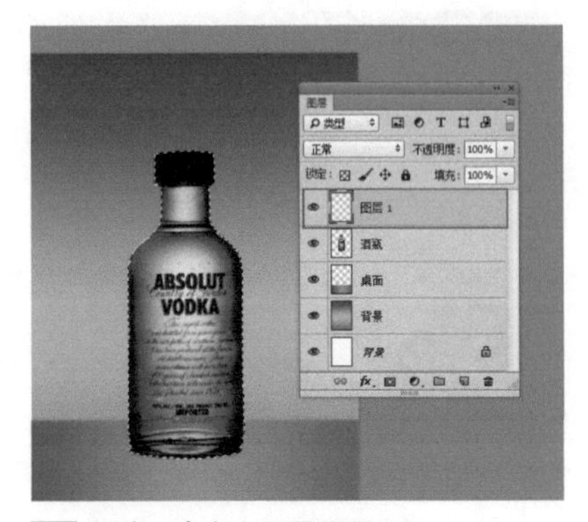

03 新建一个空白图层图层 1。

04 在选区内填充【背景色到透明渐变】，从瓶底拖向瓶口。

05 按 Ctrl 键并单击图层 1 的缩略图区域，将其转化为选区，关闭图层 1。

06 选择“酒瓶”图层，按 Ctrl+J 组合键将瓶底区域复制一层，将其命名为“倒影”。

07 按 Ctrl+T 组合键，并单击右键后在列表中选择【垂直翻转】。

08 翻转后，将其移动至瓶底的倒影区域。

09 拖动鼠标，将“倒映”图层移动到“酒瓶”的下方，并将透明度调为 50%，倒影效果制作完成。

02 定义图案　编辑菜单

在 Photoshop 中，可以通过【定义图案】命令拼贴出有图案的背景。

实例：制作一张英伦风背景图

01 在Photoshop中打开“巴洛克纹样.jpg”文件，如上图所示。

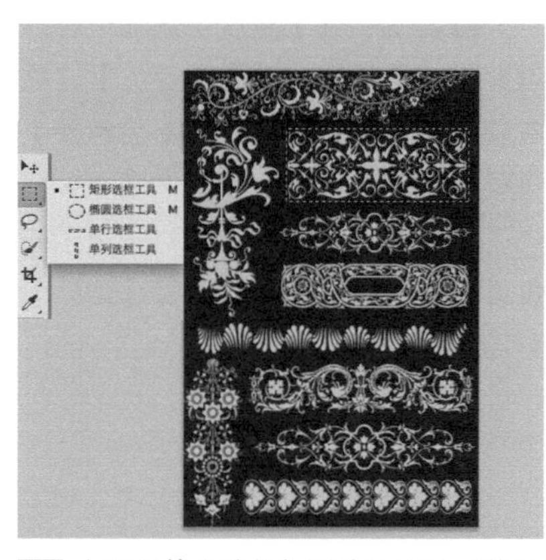

02 在工具箱中选择矩形边框工具拖曳需要定义为图案的部分。

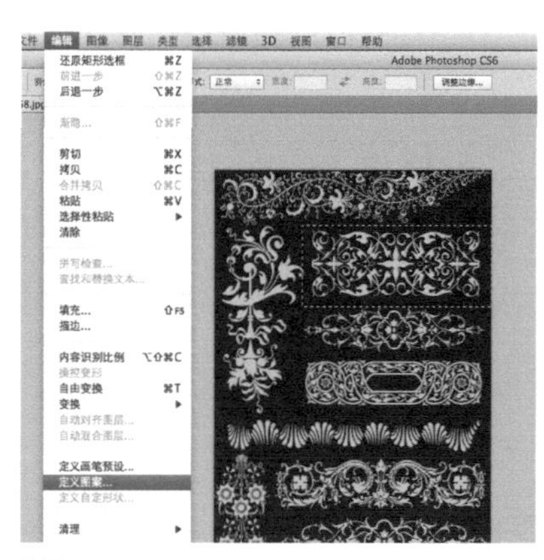

03 执行【编辑】-【定义图案】命令，如上图所示。

04 在弹出的对话框中，命名"十字纹样"，单击【确定】按钮。

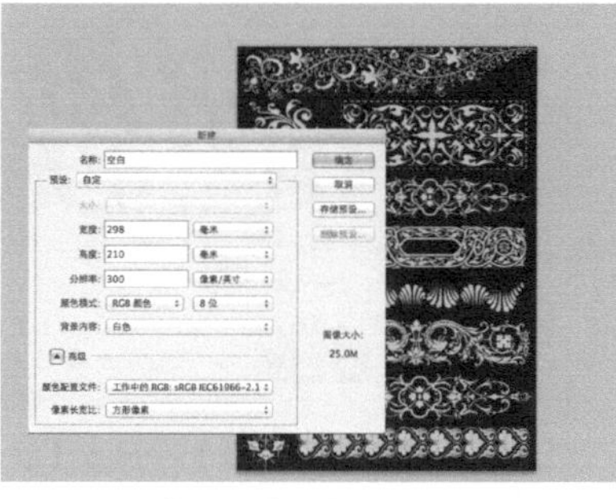

05 选择【文件】-【新建】，将新建文件命名为“空白”，单击【确定】按钮。

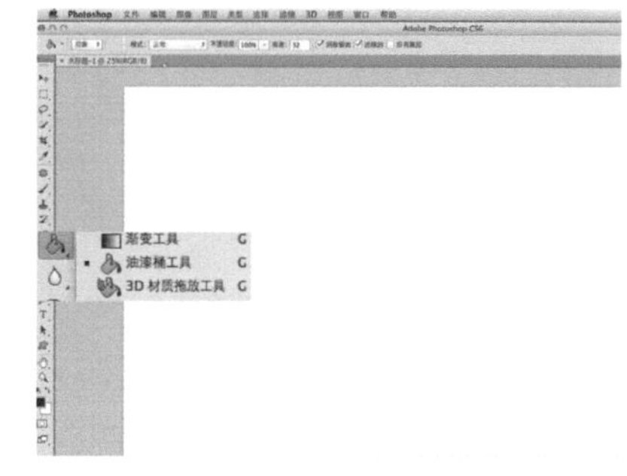

06 单击工具箱中的油漆桶工具。

07 选择【属性栏】-【图案】，单击右边的三角形按钮，选择自定义的"十字纹样”图案。

提示：查找定义图案的另一种方法

还可以通过执行【编辑】-【填充】-【内容】-【图案】命令的方法查找定义图案。

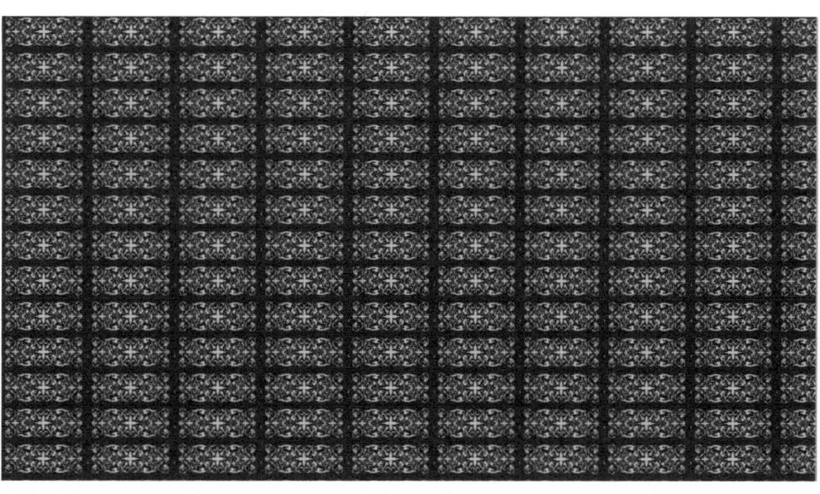

08 单击“空白”画布，即可得到一张英伦风格背景图。

03 描边

编辑菜单 快捷键：Alt+E+S

【描边】命令可以对选区和路径进行描边处理。

参数

选择【编辑】-【描边】，弹出【描边】对话框。

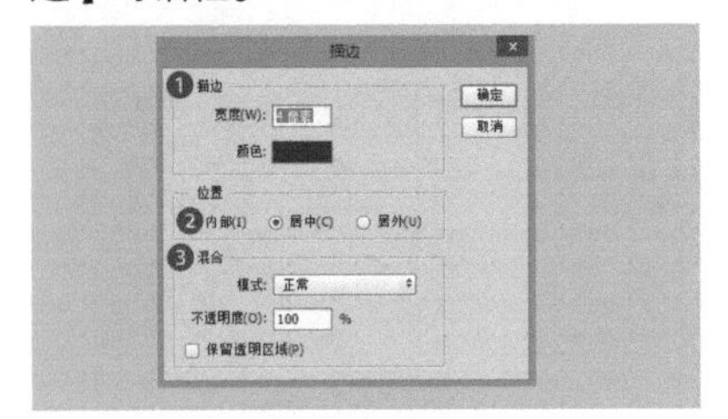

❶ 描边：在【宽度】选项中可以设置描边的粗细；单击【颜色】选项右侧的颜色块，可以打开【拾色器】设置描边颜色。

❷ 位置：设置描边相对于选区的位置，包括【内部】【居中】【居外】3个选项。

❸ 混合：【混合模式】可以设置描边颜色的混合效果；【不透明度】可以设置描边颜色的不透明效果；【保留透明区域】选项，勾选后，只对包含像素的区域进行描边处理。

实例1：选区描边

对图像的选区进行描边处理。

01 在Photoshop中打开素材图片“amplify.jpg”，用快速选择工具选择图片中的文字部分。

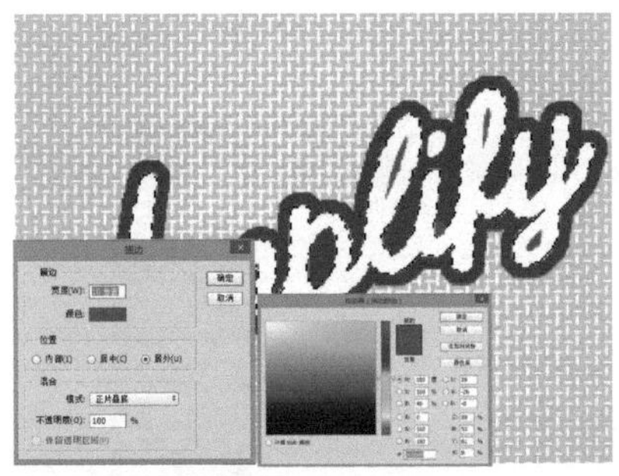

02 选择【编辑】-【描边】，设置【宽度】为10像素，【颜色】为R：0、G：120、B：120，【位置】为居外，【模式】为正片叠底，【不透明度】为100%，单击【确定】按钮。

03 按Ctrl+D组合键，取消选区。

实例2：路径描边

对用钢笔工具画的云的路径进行描边处理。

01 在Photoshop中打开素材图片“底色.jpg”，单击【图层】面板右下角的【创建新图层】按钮，创建图层1。

02 选中图层1，单击钢笔工具画一朵云，单击画笔工具设置【大小】为50像素，【硬度】为100%，选择笔刷为硬边圆。

03 设【前景色】为R：255、G：255、B：255。按Enter键填色，按Delete键取消路径。

实例 3：图层样式描边

在【图层样式】里的【描边】，可用于带有透明图层内容的描边处理，其描边样式主要包括大小、位置、填充类型。与【编辑】里的【描边】相比更方便修改且表现效果多。

01 打开素材文件“HAPPY HALLOWEEN.psd”。选中“HAPPY HALLOWEEN”图层。

02 鼠标右键单击“HAPPY HALLOWEEN”图层，在弹出的列表中单击【混合选项】。

03 在弹出的【图层样式】对话框中双击【描边】选项，设置【大小】为 10 像素，设置【填充类型】为【颜色】，在【拾色器】中设置颜色 R 为 244、G 为 125、B 为 150，单击【确定】按钮。

提示：图层样式的图案描边和渐变描边

图层样式描边除了可以做纯色描边外，还可以做渐变描边和图案描边。

例如，图案描边：选择【填充类型】为【图案】，可以选择默认的图案，也可以载入图案，选定后单击【确定】按钮。

渐变描边：选择【填充类型】为【渐变】，单击渐变条弹出渐变面板，设置左滑块颜色为 R226、G134、B134，设置右滑块颜色为 R246、G185、B124，单击【确定】按钮。

提示：【图层样式】里的描边功能在图层上显示的关键点

【图层样式】里的【描边】在空图层上可以进行操作，但不显示效果。在有内容的透明图层上操作后才能看到效果。图层样式描边更方便修改，便于控制。

04 填充

编辑菜单　快捷键：Shift+F5

执行【填充】命令可以在当前图层或选区内填充颜色、渐变色或图案，在填充时还可以设置【不透明度】和【混合模式】，但文字层和隐藏图层不能进行填充。

参数

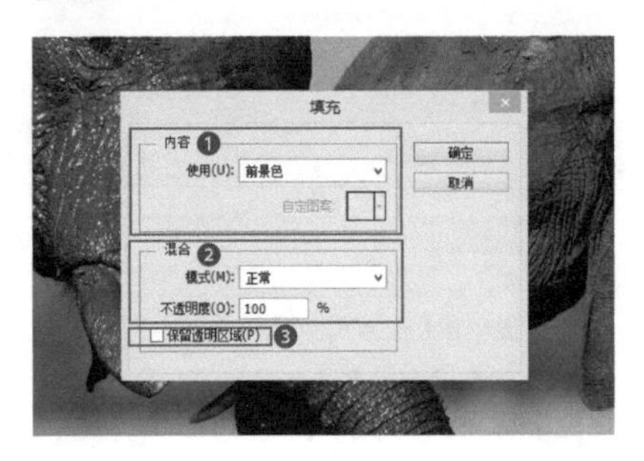

❶ 内容：可以在【使用】选项下拉列表中选择【前景色】【背景色】或【图案】作为填充内容。

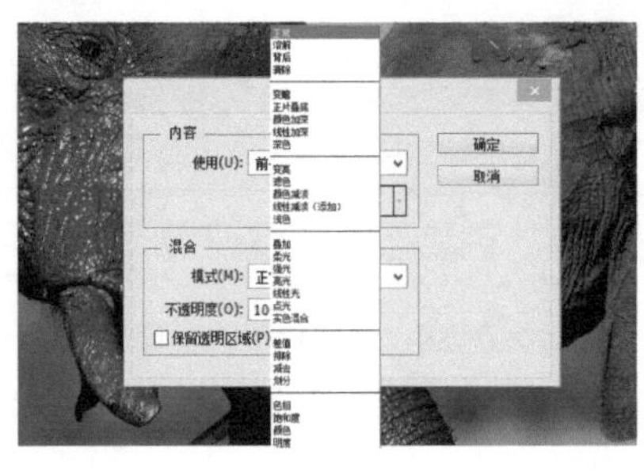

❷ 混合：用来设置填充内容的【模式】和【不透明度】。

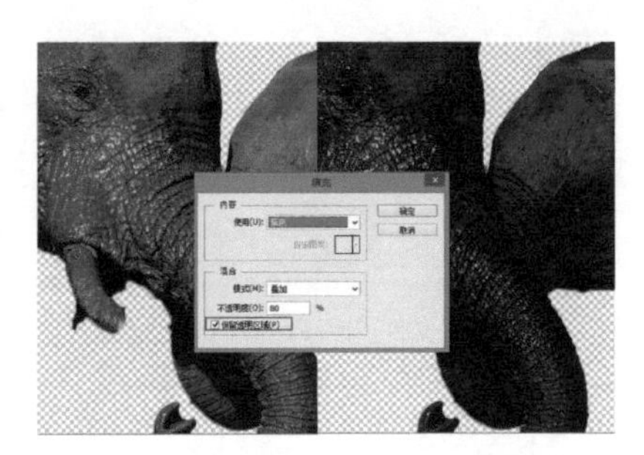

❸ 保留透明区域：勾选该项后，只对图层中包含像素的区域进行填充，不会影响透明区域。

实例：制作纪念照片

通过填充图案，制作纪念照片。

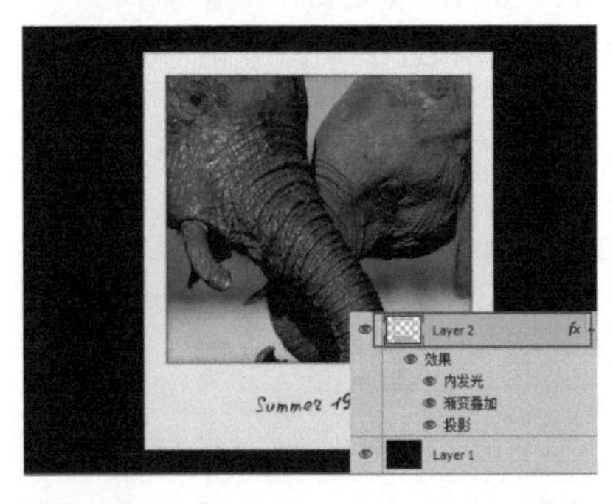

01 打开素材文件“照片.psd”，选择“Layer2”图层。

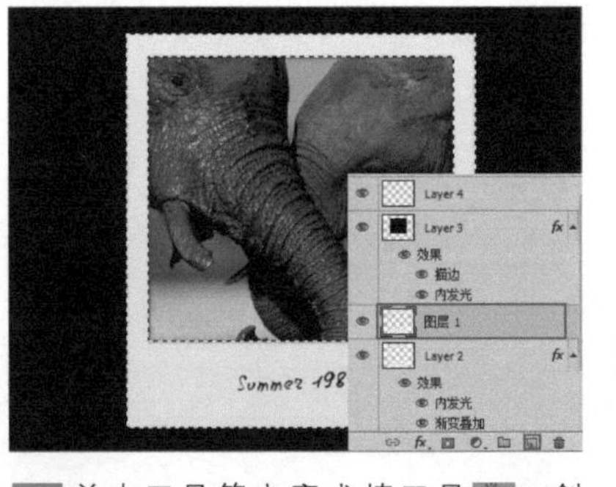

02 单击工具箱中魔术棒工具，创建照片边框选区。在图层面板中单击右下角创建新图层按钮，新建图层1。

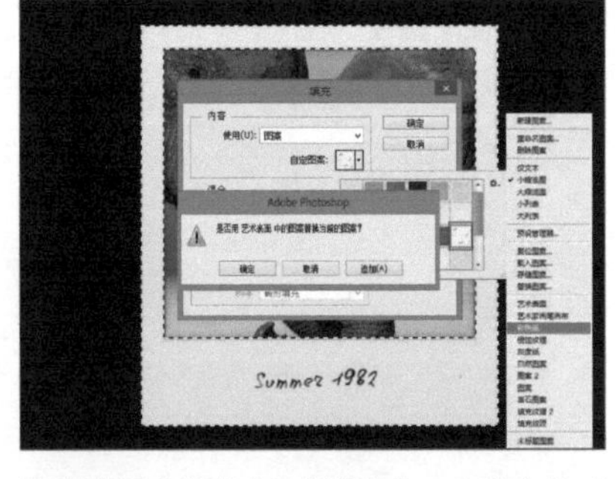

03 选择【编辑】-【填充】，在弹出的对话框中单击【自定图案】右侧的小三角，在弹出的下拉列表中单击按钮，则出现一个长列表，选择列表中的彩色纸，会弹出提示对话框，单击【追加】按钮，彩色纸会追加到【自定图案】中去。

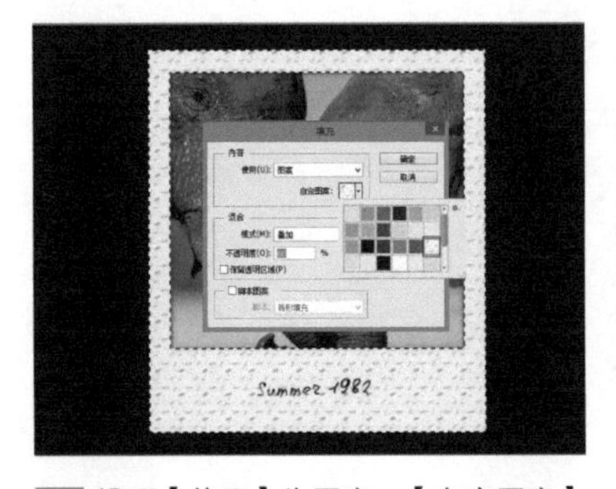

04 设置【使用】为图案，【自定图案】为树叶图案纸，【模式】为叠加，【不透明度】为80%。单击【确定】按钮。

05 按Ctrl+D组合键取消选区，则纪念照片制作完成。至此案例完成。

提示：快捷键

按Alt+Delete组合键可以快速填充【前景色】，按Ctrl+Delete组合键可以快速填充【背景色】。按Shift+F5组合键可以调出【填充】对话框。

05 内容识别比例

编辑菜单　快捷键：Shift+Ctrl+Alt+C

使用【内容识别比例】命令可以重点保护对象在缩放图片的过程中不会产生严重的变形，该功能常用于以人物为主的照片。内容识别比例不能用于锁定的“背景”图层。

属性

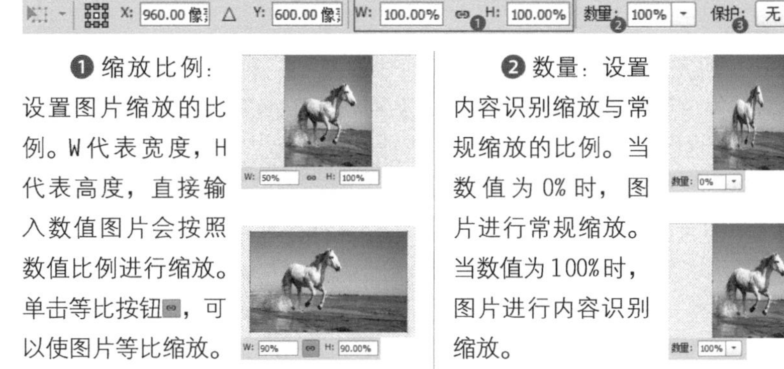

❶ 缩放比例：设置图片缩放的比例。W代表宽度，H代表高度，直接输入数值图片会按照数值比例进行缩放。单击等比按钮，可以使图片等比缩放。

❷ 数量：设置内容识别缩放与常规缩放的比例。当数值为0%时，图片进行常规缩放。当数值为100%时，图片进行内容识别缩放。

❸ 保护：选择一个Alpha通道，通道中的白色部分对应的图像不会变形。Alpha通道创建方法：(1)建立选区，(2)执行【选择】-【储存选区】命令。

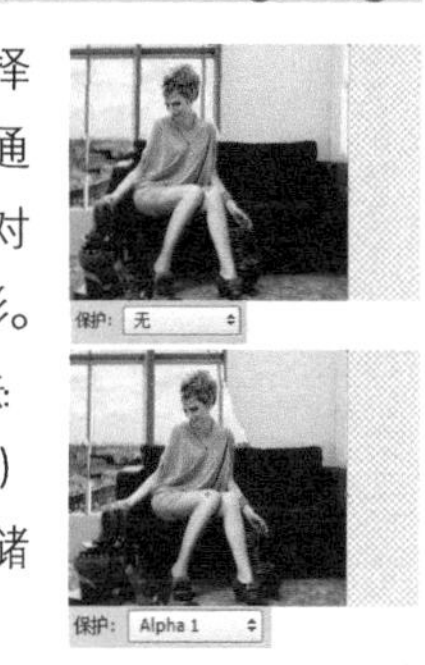

❹ 保护肤色：缩放时Photoshop自动分析图像，会最大程度避免皮肤颜色区域产生变形。按钮为时代表已经启动保护肤色。

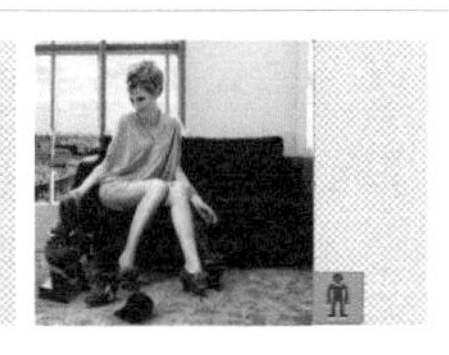

❺ 取消变换：取消当前的操作，也可使用Esc键。

❻ 提交变换：提交当前的操作，也可使用Enter键。

实例：增大海景面积

通过内容识别比例将海景面积增大，扩展视野范围，但不破坏图片内容的主体部分。

01 在Photoshop中打开“内容识别比例.jpg”文件，按Alt键并双击“背景”图层，使其变为普通图层。

02 选择【编辑】-【画布大小】，在弹出的对话框中设置【宽度】为80.01厘米，【定位】为左边中心位置。图片右侧出现透明区域，画布变宽。

03 使用套索工具粗略地围绕白马身形进行勾勒，绘制出选区。执行【选择】-【存储选区】命令，将选区储存为“Alpha1”通道。

04 按Ctrl+D组合键取消选区，按Shift+Ctrl+Alt+C组合键执行【内容识别比例】命令，设置【数量】为100，【保护】为Alpha1。拉长图片宽度时，图片中的白马没有变形，海平面的视野变大。

渐隐

编辑菜单　快捷键：Shift+Ctrl+F

当使用各种工具和命令对图像进行处理后，可以通过执行【渐隐】命令来减弱或加强效果。

参数

❶ 不透明度：设置【不透明度】的大小可以更改编辑图像时上一步操作的不透明度。例如，对图片填充黑色，当【不透明度】为 100% 时，图片完全显示填充后效果；当【不透明度】为 0% 时，不显示填充效果。【不透明度】数值越大，对上一步操作的更改越弱。

❷ 模式：【模式】中的不同混合效果可改变滤镜等项目的混合模式。

提示：使用【渐隐】需要注意的地方

在使用【渐隐】命令时，【模式】下拉列表中的【颜色减淡】【颜色加深】【变亮】【变暗】【差值】和【排除】混合模式对 Lab 图像无效。

实例：调整动态模糊图片

通过改变【渐隐】命令里的【不透明度】和【模式】，减弱图片的【动感模糊】。

01 打开素材图片“渐隐.jpg”。

02 执行【滤镜】-【模糊】-【动态模糊】命令，设置【角度】为 0 度，【距离】为 10 像素，单击【确定】按钮，则图片进行动态模糊处理。

03 按 Shift+Ctrl+F 组合键，打开【渐隐】对话框，设置【不透明度】为 50%，【模式】为叠加，单击【确定】按钮，则减弱图片的动态模糊程度。

提示：【渐隐】的作用

应用【渐隐】命令类似于在一个单独的图层上应用滤镜效果，然后再使用图层【不透明度】和【混合模式】调整。【渐隐】命令主要是减弱和增加一些效果。

07 清理

编辑菜单

【清理】命令可以清除编辑图像时，Photoshop 保存的大量的中间数据。它可以释放【还原】命令、【历史记录】面板、剪贴板和视频高速缓存占用的内存，加快系统的处理速度。

参数

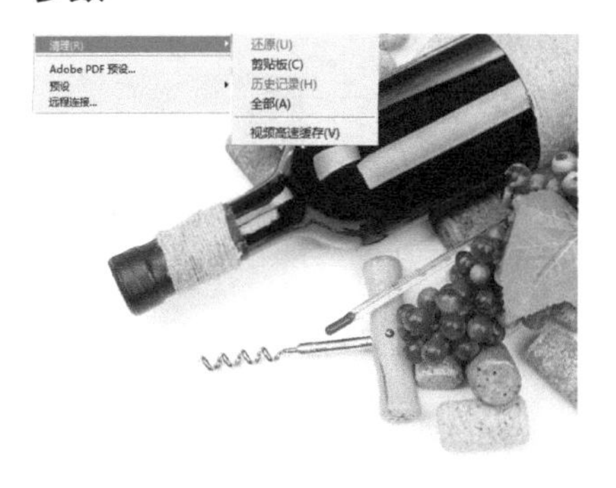

执行【编辑】-【清理】命令，在下拉菜单中，可以释放由【还原】命令、【历史记录】面板、剪贴板和视频高速缓存占用的内存。清理之后，项目的名称会显示为灰色。单击【全部】，可清理上面所有项目。

提示：【清理】命令需要注意的地方

在【编辑】-【清理】菜单中的【历史记录】和【全部】命令，会清理在 Photoshop 中打开的所有文档。如果只想清理当前文档，可以单击【历史记录】面板右上角的小三角，在弹出的下拉列表中单击【清除历史记录】。

实例：通过单击【全部】释放操作内存

通过单击【全部】，释放操作占用内存，加快系统处理速度。

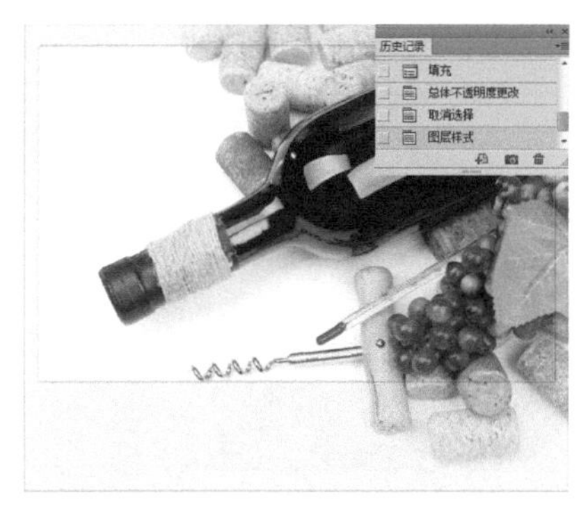

01 在 Photoshop 中打开素材图片“酒瓶.jpg”，对图片进行一系列操作。

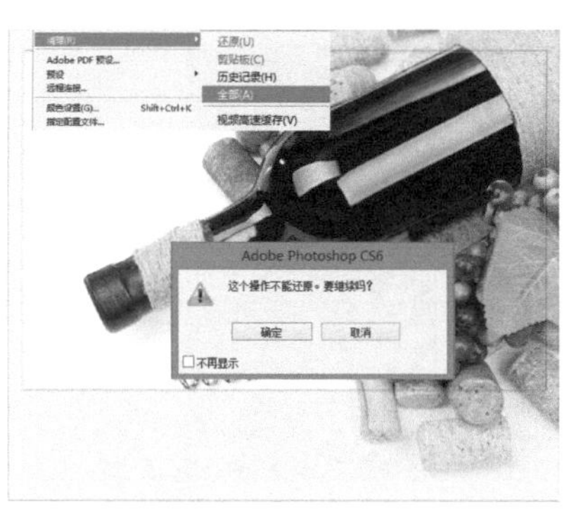

02 执行【编辑】-【清理】-【全部】命令，则会弹出一个提示对话框，单击【确定】按钮。

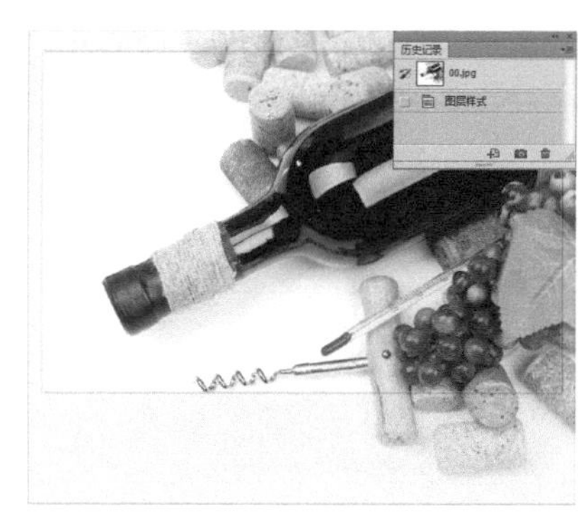

03 在 Photoshop 中打开的所有文档都被清理。

08 图像 – 裁剪

菜单栏　快捷键：P

【裁剪】命令用于裁剪图像的大小，调整图像的构图。

实例：为海报的制作裁剪出合适的图像

01 在 Photoshop 中打开文件“摩登女郎.JPEG”。

02 选择工具箱中的选区工具，在图像中框选出要保留的区域。

03 框选完成，执行【图像】-【裁剪】命令。

04 图像裁剪完成。

05 按 Ctrl+D 组合键取消选区。

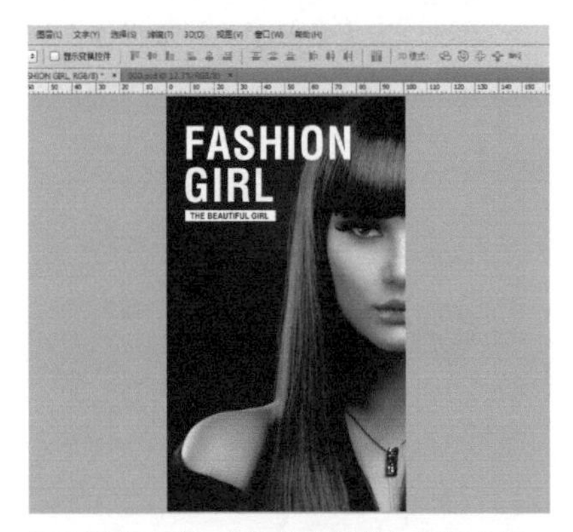

06 选择文字工具，为海报输入标题文字，放置在合适位置。

07 输入海报的正文信息。

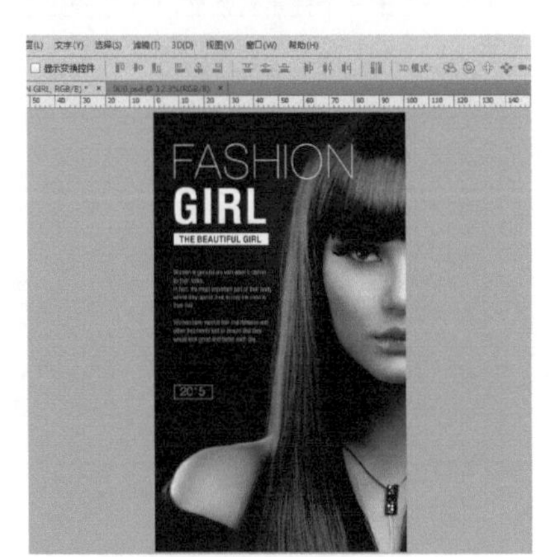

08 调整海报的细节，完善信息。

提示：不同形状选区的裁剪方式

如果图像上创建的是圆形选区或多边形选区，则裁剪后的图像仍为矩形，保留区域的大小，依据创建选区形状的最边缘处。

09 图像旋转

📍 图像菜单

【图像旋转】命令可以旋转或翻转整个图像。

参数

执行【图像】-【图像旋转】命令，下拉菜单中包含【180 度】【顺时针 90 度】【逆时针 90 度】【任意角度】【水平翻转画布】和【垂直翻转画布】命令。

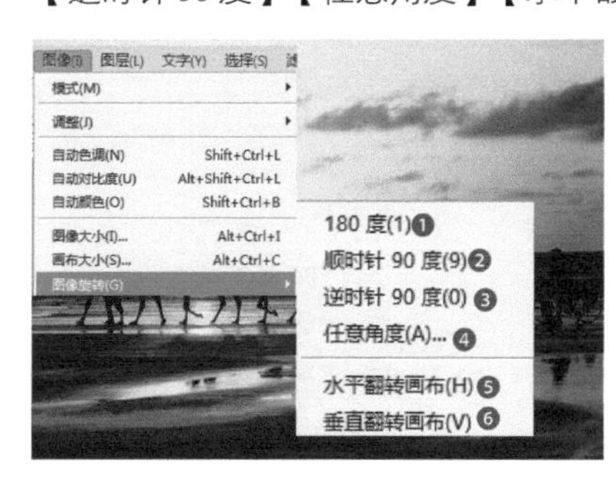

❶180 度：将置入的图片旋转 180 度。

❷ 顺时针 90 度：将置入的图片顺时针旋转 90 度。

❸ 逆时针 90 度：将置入的图片逆时针旋转 90 度。

❹ 任意角度：执行【图像】-【旋转】-【任意角度】命令，可打开【旋转画布】对话框，输入角度值后，可按照设定的角度和方向旋转画布。例如，设置【角度】为 45，选择【度顺时针】，单击【确定】按钮，则画布顺时针旋转 45 度。

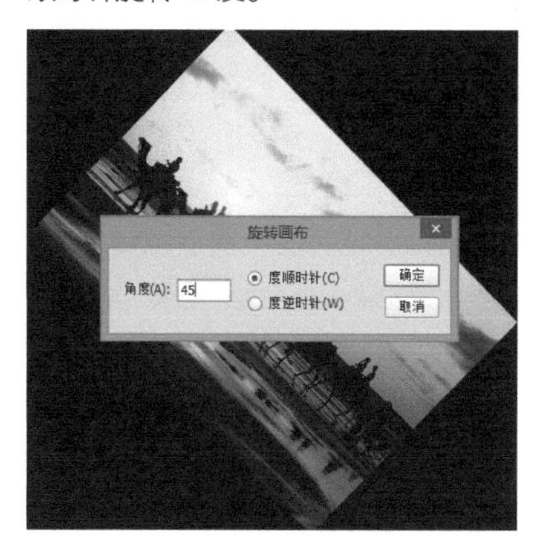

❺ 水平翻转画布：将置入的图片水平翻转。

❻ 垂直翻转画布：将置入的图片垂直翻转。

提示：图像旋转和变换选区的区别

【图像旋转】命令用于旋转整幅图像，如果要旋转单个图层中的图像，需执行【编辑】-【变换】菜单中的命令；如果要旋转选区，需执行【选择】-【变换选区】命令。

10 编辑 – 变换

编辑 快捷键：ctrl+z

在 Photoshop 中，【变换】命令可以对整个图层、多个图层、图层蒙版、选区、路径、矢量形状、矢量蒙版和 Alpha 通道进行变换处理，例如移动 、旋转和缩放等。

执行【编辑】-【变换】命令，下拉菜单中包含了各种变换命令，如右侧图片所示，包括再次、缩放、旋转、斜切、扭曲、透视、变形、旋转 180 度、顺时针旋转 90 度、逆时针旋转 90 度、水平翻转等。它们可以对图层、路径、矢量形状，以及选中的图像进行变换操作。

变换
自动对齐图层...
自动混合图层...
定义画笔预设(B)...
定义图案...
定义自定形状...
清理(R)
Adobe PDF 预设...
预设
远程连接...
颜色设置(G)... Shift+Ctrl+K

再次(A) Shift+Ctrl+T
缩放(S)
旋转(R)
斜切(K)
扭曲(D)
透视(P)
变形(W)
旋转 180 度(1)
顺时针旋转 90 度(9)
逆时针旋转 90 度(0)
水平翻转(H)

在 PS 中打开一张需要编辑变换的图片，并将图层解锁。

❶缩放

单击移动工具并且选中该图片后，单击【编辑】-【变换】-【缩放】就可以调节。将“全面进化”这四个字放大。

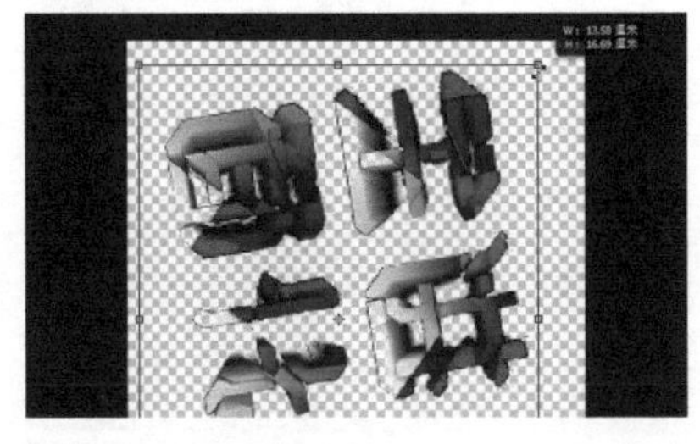

❷旋转

单击【编辑】-【变换】-【旋转】，拖动选中框的任意一角进行旋转，把文字调正。

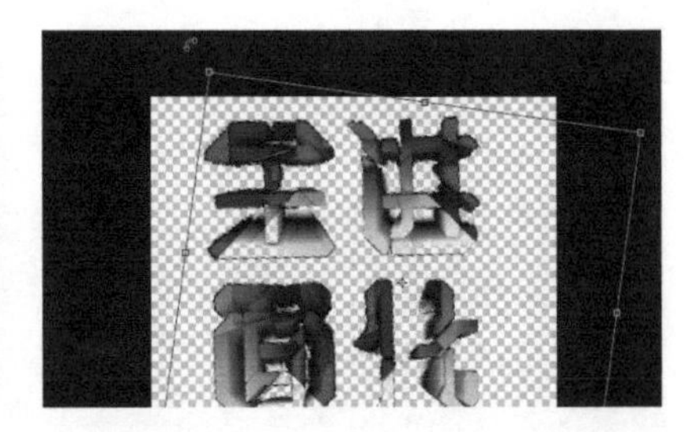

❸斜切

单击【编辑】-【变换】-【斜切】，拖动选中框的任意一角进行斜切。

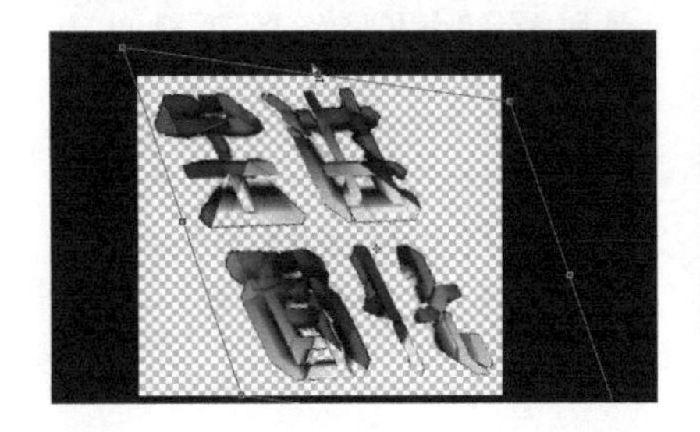

❹扭曲

单击【编辑】-【变换】-【扭曲】，拖动选中框的任意一角进行扭曲，反复将字调节成合适大小。

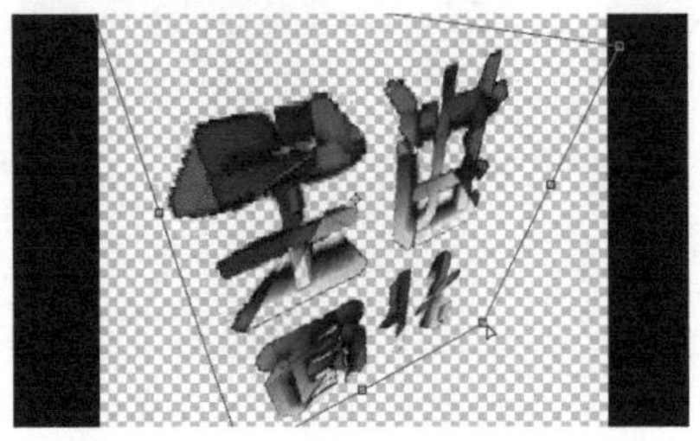

❺透视

单击【编辑】-【变换】-【透视】，拖动选中框的任意一角调整透视。

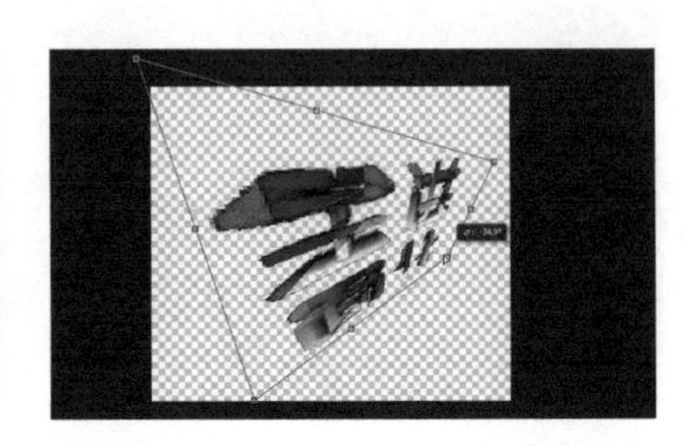

❻ 变形

单击【编辑】-【变换】-【变形】，拖动选中框内的任意一点进行变形。将鼠标指针移动到对象的控制手柄上，可拖动以进行任意调节。

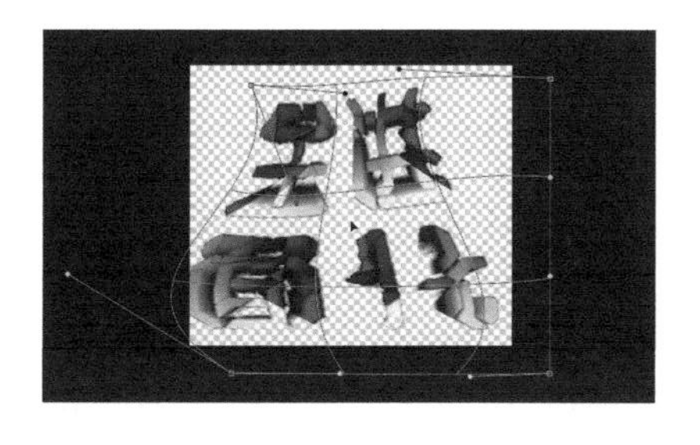

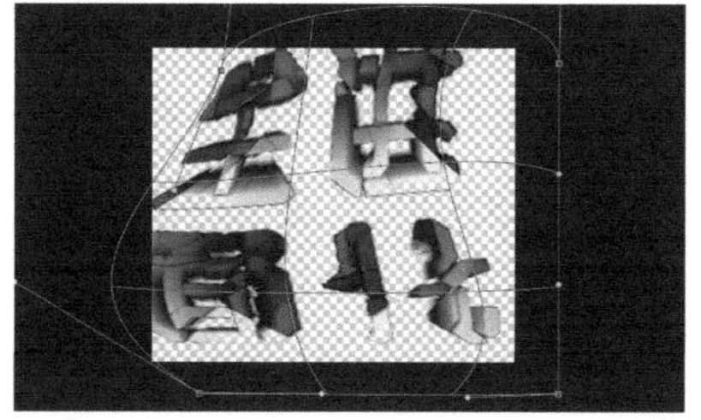

在 PS 中新打开一张图片，并解锁该图层。

❼ 旋转 180 度

单击【编辑】-【变换】-【旋转 180 度】，即可变成图中旋转 180 度的效果。

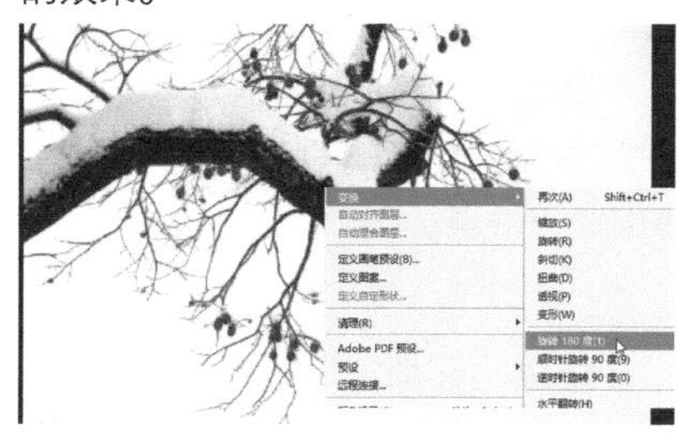

❽ 顺时针旋转 90 度

单击【编辑】-【变换】-【顺时针旋转 90 度】，即可变成图中顺时针旋转 90 度的效果。

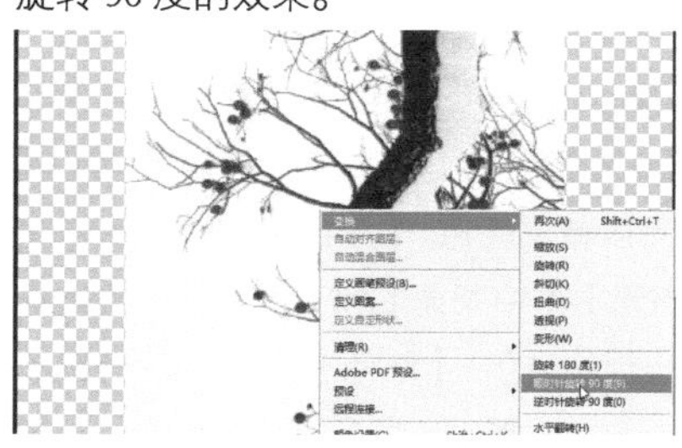

❾ 逆时针旋转 90 度

单击【编辑】-【变换】-【逆时针旋转 90 度】，即可变成图中逆时针旋转 90 度的效果。

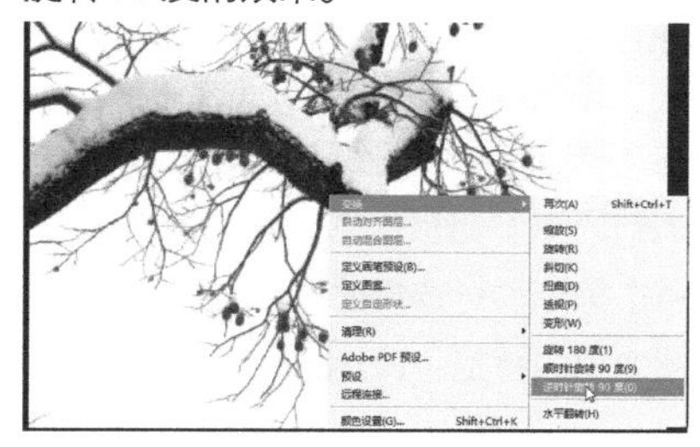

❿ 水平翻转

单击【编辑】-【变换】-【水平翻转】，即可变成图中水平翻转的效果。

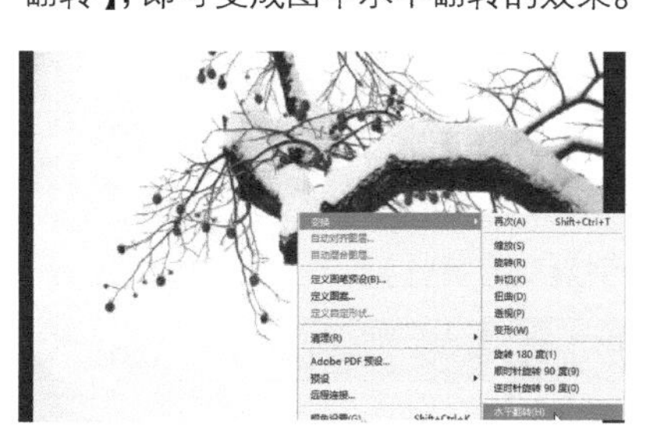

⓫ 垂直翻转

单击【编辑】-【变换】-【垂直翻转】，即可变成图中垂直翻转的效果。

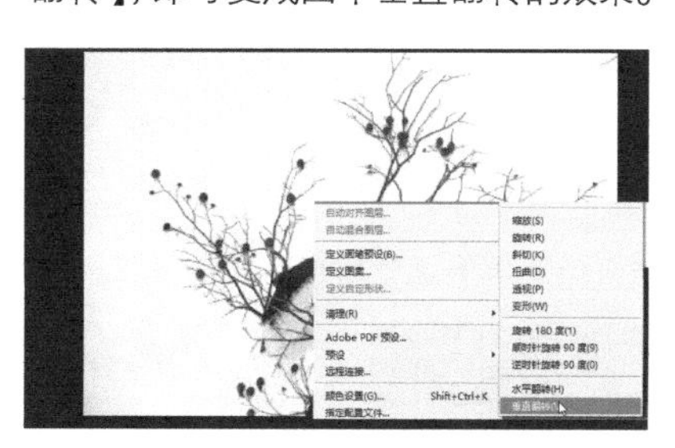

提示：变换和自由变换的区别

执行【自由变换】命令可以显示定界框，拖曳控制点即可对图像进行缩放、旋转、倾斜、扭曲和透视等操作。

变换则是将这些细分，可以单独执行变形、绽放、旋转、斜切、透视等效果，还可以快速地旋转 90 度、180 度，它们是单一命令。

区别在于执行自由变换的操作可以直接进行缩放旋转，但倾斜、扭曲、透视等操作需单击右键进行，而变换的所有操作是在编辑变换的菜单栏下进行。

11 色彩范围 菜单栏 > 选择

【色彩范围】命令可以根据图像的颜色范围创建选区，且选区的精确度比魔棒工具更高。

面板

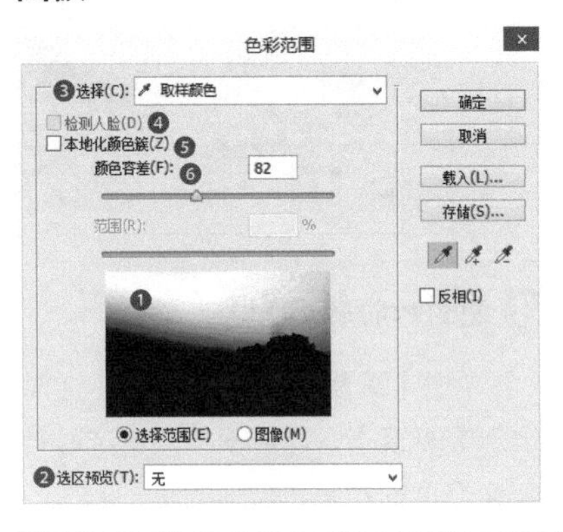

❶ 选区预览图：在预览图下方包含两个选项，勾选【选择范围】，预览区域的图像中，白色代表了被选择的区域，黑色代表了未被选择的区域，灰色代表了被部分选择的区域。勾选【图像】，则预览区内会显示彩色图像。

❷ 选区预览：设置文档窗口中选区的预览方式。【无】则不在窗口显示选区。【灰度】可以按照选区在灰度通道中的外观来显示选区。【黑色杂边】可在未选择的区域上覆盖一层黑色。【白色杂边】可在未选择的区域上覆盖一层白色。【快速蒙版】可显示选区在快速蒙版状态下的效果。

❸ 选择：单击出现下拉菜单，选择【取样颜色】，当鼠标指针变为时，在文档窗口中的图像上或在【选区预览图】上单击，可对颜色进行取样。单击【添加到取样】按钮，在预览区或图像上单击可以减去颜色。【红色】【黄色】和【绿色】等选项可选择图像中的特定颜色。【高光】【中间调】和【阴影】等可选择图像中的特定色调。【溢色】可选择图像中出现的溢色。【肤色】可选择皮肤颜色。

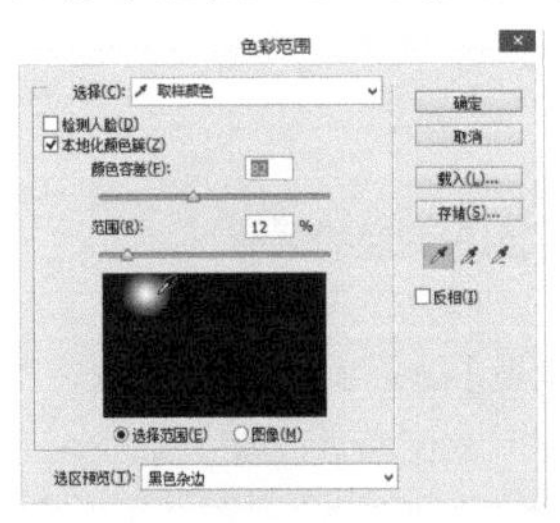

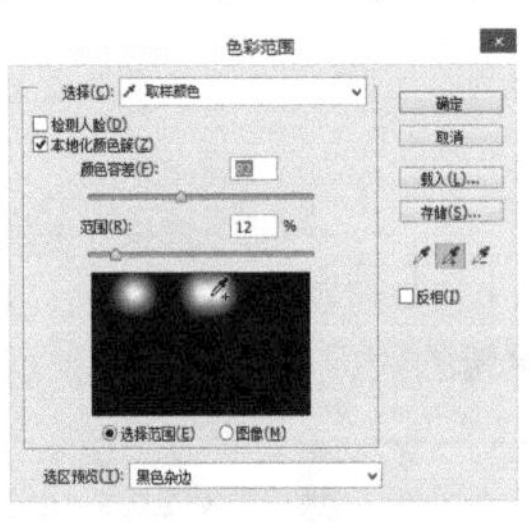

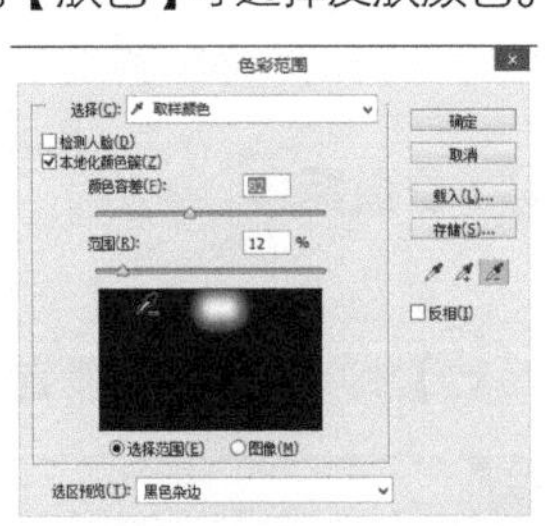

❹ 检测人脸：选择人像或人物皮肤时，勾选【检测人脸】可以更加准确地选择肤色。

❺ 本地化颜色簇：选择像素为中心向外扩散，拖动【范围】滑块可以控制扩散的范围，且做出的选区会比较干净。

❻ 颜色容差：数值越高包含颜色越多，数值越低包含颜色越少。

实例：清晨变黄昏

通过色彩范围命令进行快速抠图，并结合色彩平衡调整层使图片所展现的景象由清晨变为黄昏。

01 在Photoshop中打开素材图片“图片-1.jpg”，按Alt键双击“背景”图层使其变为普通图层。

02 单击【选择】-【色彩范围】，设置【选择】为取样颜色，【颜色容差】为82，单击图像上深蓝色的地方，使其在预览图上显示白色。

03 单击按钮，在预览图上对天空的其他地方单击，使天空整体变为白色，即天空被全部选中。

04 执行【选择】-【修改】-【扩展】命令，设置【扩展量】为3，按Delete键删除选区内的图像。这里设置扩展的原因是靠近天空的树边缘，会有一层天空的蓝色像素，需要去除。

05 置入素材图片“图片-2.jpg”，按住Shift键不放，对图像进行等比例放大，并调整位置。

06 在【图层】面板中，将【图层0】移动到最上面。

07 打开【调整】面板，单击【色彩平衡】按钮，设置【色调】为中间调，【青色】为73，【洋红】为-17，勾选【保留明度】。

08 案例的最终效果如右图所示。

12 反向

选择菜单　快捷键：Ctrl+Shift+I

【反向】命令可以反选选区。

❶ 反向命令

【反向】命令可以使当前选区反选，如当前选中的内容是背景，执行【反向】命令即可选中人物。

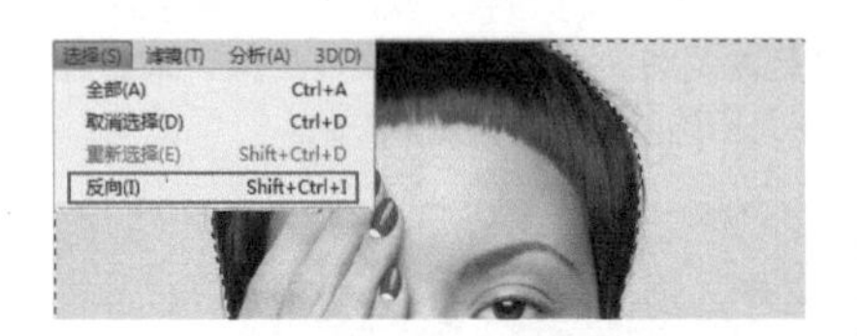

❷ 快速选择

在执行【反向】命令之前需要先创建选区，常用的创建选区工具有：快速选择工具、套索工具、钢笔工具，均可以在工具栏里找到。

提示：羽化

当原选区存在羽化时，执行反向选择命令后羽化依然存在。

实例：运用反向命令更换图片背景

01 打开"短发女孩.psd"文件，注意练习时可选择背景相对简单的图片，方便下一步使用快速选择工具抠图。

02 单击工具箱选择快速选择工具，选中颜色较为单调的背景作为选区，即选中如上图中虚线框中的区域。

03 按快捷键 Shift+Ctrl+I，执行【反向】命令，即可选中人物。

04 按快捷键 Ctrl+J，复制当前选中的短发女孩生成新的图层，将其命名为"短发女孩"图层。

05 打开新的素材图片"蓝色的彼方.tif"，将新素材图片放置在"短发女孩"图层的下方。

提示：快速选择工具

此案例中使用的快速选择工具并不适合用于精细的商业抠图，快速选择工具所抠的图片边缘不够平滑，可能出现毛边。

13 创建剪贴蒙版

菜单栏 > 图层　快捷键：Alt+Ctrl+G

剪贴蒙版就是上下相邻的图层，将上方图层内容塞到下方图层非透明区域里，来限制显示范围。它可以控制多个图层的可见内容，而图层蒙版和矢量蒙版只能控制一个图层。

实例：制作画笔擦出图片的效果

利用剪贴蒙版可以制作出画笔擦除上方内容，露出下方图片的效果。

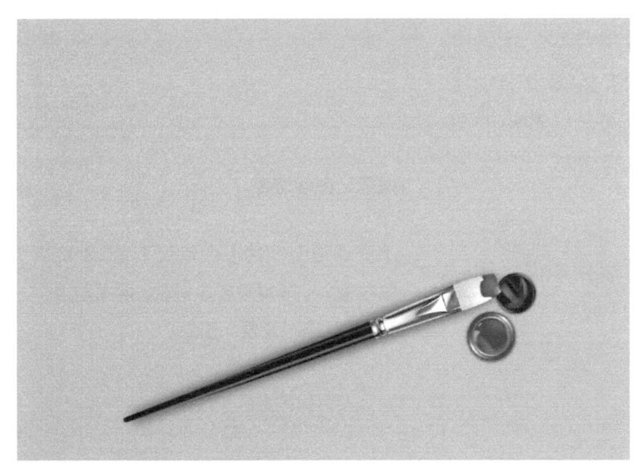

01 打开“背景.psd”文件。

02 置入素材图片“基底图层.png”，按Ctrl+T组合键对图像进行放大并调整其位置。

03 置入素材图片“剪贴图片.jpg”，调整其位置。

04 选择“剪贴照片”图层，执行【图层】-【创建剪贴蒙版】命令或按Alt+Ctrl+G组合键，将该图层和它相邻的下面的图层创建为一个剪贴蒙版。

提示：创建剪贴蒙版的几种操作方式

创建剪贴蒙版除了在图层菜单里找【创建剪贴蒙版】命令和使用快捷键Alt+Ctrl+G，还可以在【图层】面板中，将鼠标指针放在分隔两个图层的线上，按住Alt键不放，当鼠标指针变为↓□时，单击即可创建剪贴蒙版。释放剪贴蒙版除了在图层菜单里找【创建剪贴蒙版】，还可以在【图层】面板中，将鼠标指针放在分隔两个图层的线上，按住Alt键不放，当鼠标指针变为↘□时，单击即可释放剪贴蒙版。剪贴蒙版上下图层中，图层名称带下划线的图层叫作“基底图层”，而图层的缩览图前面有↓图标且稍向后缩进的图层叫作“内容图层”。

14 自动混合图层

编辑菜单

当拍摄场景较大，而现有拍摄设备无法完成全景拍摄时，可拍摄连续且较小的场景，然后使用Photoshop合成全景图。【自动混合图层】命令可拼合图像，从而在最终复合图像中获得平滑的过渡效果，它可以根据需要对每个图层添加图层蒙版，以遮盖过度曝光或曝光不足的差异。

混合方法

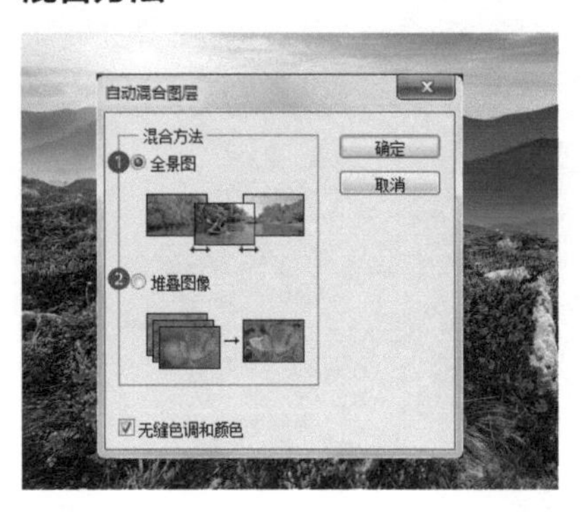

❶ 全景图：通过混合同一场景中具有不同照明条件的多幅图像来创建复合图像。除了组合同一场景中的图像外，还可以将图像缝合成一个全景图。

❷ 堆叠图像：可以用来混合同一场景中具有不同焦点区域的多幅图像，以获取具有扩展景深的复合图像。

提示：图像选择

【自动混合图层】仅适用于RGB或灰度图像，不适用于智能对象、视频图层、3D图层或“背景”图层。

实例：用自动混合制作全景图

01 打开“秀丽江山1.psd”文件与“秀丽江山2.psd”文件，将要组合的图像拷贝或置入到同一文档中。 每个图像都将位于单独的图层中。其中“秀丽江山2.psd”文件里的图像曝光不足。

02 选中图层1与图层2，手动对齐图层，使图层1、图层2内容大致对齐，以便于下一步操作。

03 在图层仍处于选定状态时，执行【编辑】-【自动混合图层】命令。

04 在弹出的【自动混合】对话框中选择【堆叠图像】，同时勾选【无缝色调和颜色】，Photoshop将自动对图像的颜色和色调进行混合。

05 单击【确定】按钮。如图可见图层1、图层2颜色过渡自然。

15 矢量蒙版

菜单栏 > 图层

矢量蒙版是由钢笔、自定形状等矢量工具创建的蒙版。它的优点是边缘清晰，无论放大或缩小都有光滑的轮廓。注意“背景”图层无法创建矢量蒙版。

实例：制作酷炫文字

01 在 Photoshop 中打开“酷炫文字效果 - 完成效果 .tif”文件。

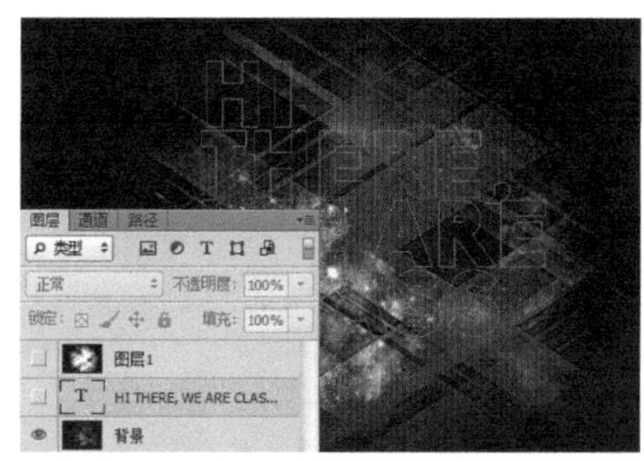

02 选择文字图层，单击右键，在下拉列表中选择【创建为工作路径】，单击 ◉（指示图层可行性按钮），隐藏文字图层。

03 选择图层 1，单击 ◉（指示图层可行性按钮），显示该图层。

04 选择【图层】-【矢量蒙版】-【当前路径】，图像基于当前路径创建矢量蒙版，路径区域以内的图像会显示，而路径区域以外的图像会被隐藏。

05 设置图层 1 的【图层样式】为投影，【混合模式】为正片叠底，【不透明度】为 75%，【角度】为 21 度，【距离】为 20 像素，【扩展】为 0%，【大小】为 25 像素。

链接状态

蒙版与图像处于链接状态，即图像缩略图和矢量蒙版之间有一个 8 按钮，此时进行任何变换操作，蒙版都与图像一同变换。执行【图层】-【矢量蒙版】-【链接】命令或直接单击 8 按钮，即可单独编辑图像或蒙版。

提示：矢量蒙版的几种操作方式

除了以当前路径创建矢量蒙版，还可以按住 Ctrl 键不放并单击【图层】面板最下方的 ◘ 按钮。如果要创建一个显示全部图像内容的矢量蒙版，执行【图层】-【矢量蒙版】-【显示全部】命令。如果要创建一个隐藏全部图像内容的矢量蒙版，执行【图层】-【矢量蒙版】-【隐藏全部】命令。

如果要停用矢量蒙版，执行【图层】-【矢量蒙版】-【停用】命令，停用会使矢量蒙版上面显示红色的叉。如果要删除矢量蒙版，执行【图层】-【矢量蒙版】-【删除】命令，即可删除矢量蒙版。

如果要将矢量蒙版转换为图层蒙版，执行【图层】-【栅格化】-【矢量蒙版】命令即可。注意此操作不可逆。

16 纯色

图层菜单 > 新建填充图层

【纯色】命令可以创建带蒙版的纯色图层，可以设置不同的混合模式和不透明度。

实例 1：制作怀旧老照片

通过填充纯色和添加其他滤镜使得照片呈现出旧照片效果。

01 在 Photoshop 中打开“怀旧照片 - 原图.tif”，按 Ctrl+J 组合键复制“背景”图层。

02 执行【滤镜】-【镜头校正】命令，选择自定选项卡，设置【晕影】选项中的【数量】为 -41，【中点】为 +42，为图像添加暗角效果。

03 执行【滤镜】-【杂色】-【添加杂色】命令，设置【数量】为 40，勾选【高斯分布】和【单色】，为图像上添加杂色。

04 执行【图层】-【新建填充图层】-【纯色】命令，在弹出的【新建图层】面板上单击【确定】按钮。弹出【拾色器】面板，设置 R：132、G：113、B：62，填充棕色。

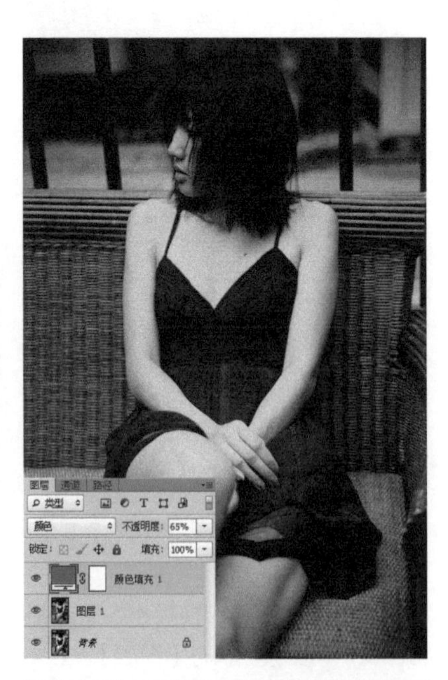

05 设置【颜色填充 1】图层的【混合模式】为颜色，【不透明度】为 65%，使得图像与纯色进行混合。至此案例完成。这里的【不透明度】还可以设置为其他的数值，不同的数值可以产生不同的效果。

实例 2：更换天空颜色

通过填充纯色和设置混合模式更换天空的颜色。

01 在 Photoshop 中打开“建筑风景 -2.tif”文件，按 Ctrl+J 组合键复制“背景”图层。

提示：纯色调整层的使用方法

纯色图层上会生成一个图层蒙版，蒙版上加入黑色就会使被蒙的图变透明，灰色可使被蒙的图变为半透明，白色的不改变图层的图像。

02 执行【图层】-【新建填充图层】-【纯色】命令，在弹出的【新建图层】面板上单击【确定】按钮。弹出【拾色器】面板，设置 R: 76、G: 90、B: 157，填充蓝色。

03 设置【颜色填充 1】图层的【混合模式】为颜色减淡，使图像与纯色进行混合，天空的颜色发生改变。

04 选择图层蒙版，设置【前景色】为黑色，使用画笔工具在建筑物上进行涂抹，使得建筑物不受纯色图层的影响。

提示：用画笔涂抹建筑物的关键点

在纯色图层的蒙版上对建筑物涂抹黑色时，要注意画笔的笔头要随时变化。对建筑物边缘进行涂抹时要注意不要将涂抹区域超出建筑物的范围或小于建筑物的范围，使其刚好紧贴建筑物边缘，这样做可以使最终效果比较自然。

17 渐变

图层菜单 > 新建填充图层

【渐变】命令可以创建带蒙版的渐变图层，还可以设置不同的混合模式和不透明度。

原图

面板

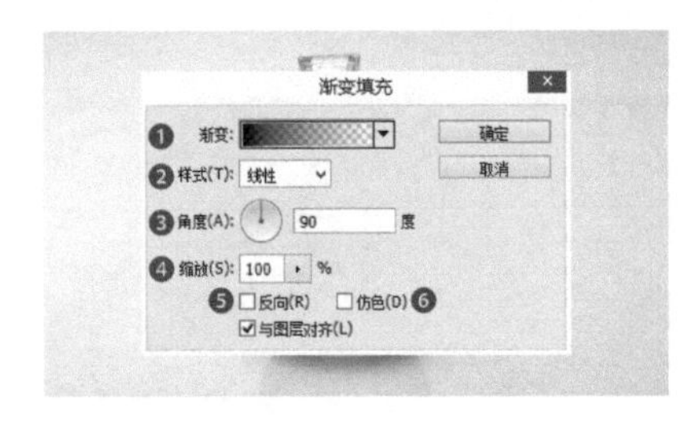

❶ 渐变：单击渐变条可弹出渐变编辑器，即可对渐变颜色进行设置。	❷ 样式：设置渐变类型，包括线性、径向、角度、对称和菱形。
❸ 角度：设置渐变的角度。	❹ 缩放：设置渐变的大小。
❺ 反向：反转渐变的方向。	❻ 仿色：减少带宽，使渐变效果更加平滑。

实例：制作深色渐变背景

通过新建渐变图层在香水瓶上添加深色渐变的背景。

01 在Photoshop中打开“香水瓶.tif”文件，按Ctrl+J组合键复制“背景”图层。

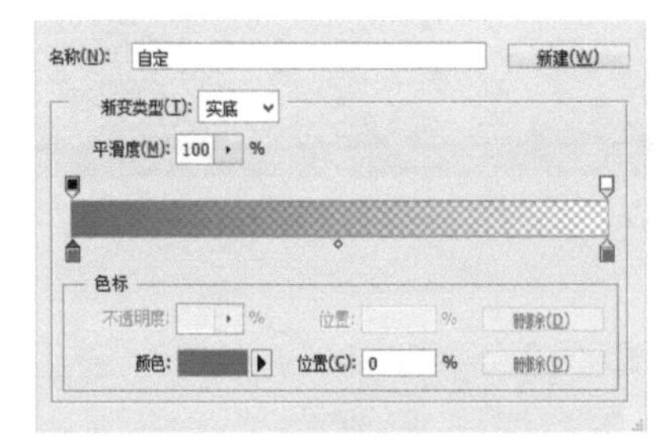

02 执行【图层】-【新建填充图层】-【渐变】命令，在弹出的【新建图层】面板上单击【确定】按钮。弹出【渐变填充】面板，单击渐变条最左侧的色标设置颜色为R：140、G：130、B：126。

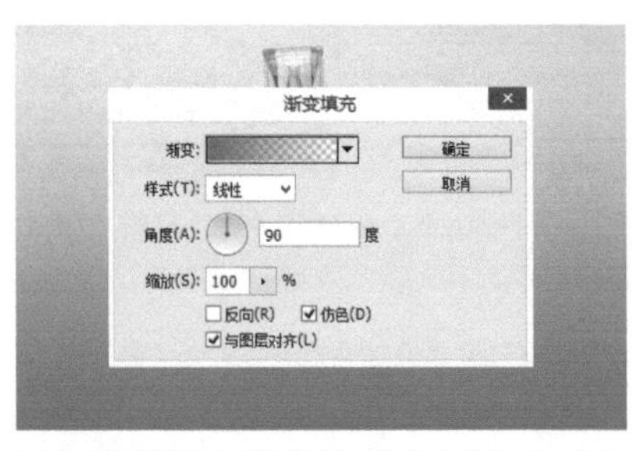

03 设置【样式】为线性，【角度】为90，【缩放】为100，勾选【仿色】选项，使图像上出现深色渐变。

提示：用画笔涂抹香水瓶的关键点

在纯色图层的蒙版上对香水瓶涂抹黑色时，要注意画笔的笔头要随时变化。对香水瓶边缘进行涂抹时要注意不要将涂抹区域超出香水瓶的范围或小于香水瓶的范围，使其刚好紧贴香水瓶边缘，这样做可以使最终效果比较自然。

04 选择图层蒙版，设置【前景色】为黑色，使用画笔工具在香水瓶上进行涂抹，使得香水瓶不受渐变图层的影响。

18 图案

图层菜单 > 新建填充图层

【图案】命令可以创建带蒙版的图案图层，还可以设置不同的混合模式和不透明度。

面板

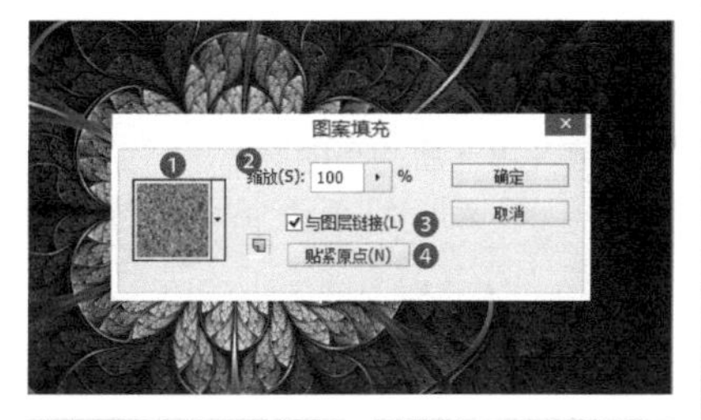

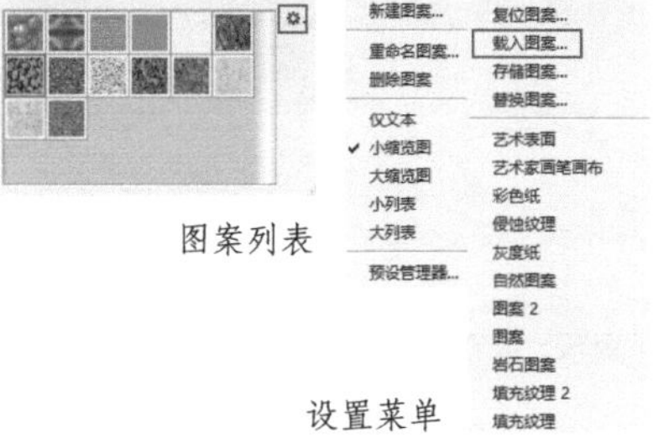

图案列表

设置菜单

❶ 图案：设置填充的图案，单击可弹出下拉菜单选择图案。单击下拉菜单右上角的设置按钮，执行【载入图案】命令可以添加图案。

❷ 缩放：可以对填充的图案进行缩放，数值越大图案也就越大。如下图所示。

❸ 与图层链接：勾选该选项，在移动图案时，蒙版与图案一起移动；不勾选该选项，在移动图案时，蒙版移动，但图案不移动。

❹ 贴紧原点：使图案的原点与文档的原点相同。

实例：制作书籍封面

通过新建图案图层在立体书的表面添加图案。

01 在Photoshop中打开“图案.jpg”文件，执行【编辑】-【定义图案】命令，使该图像储存为图案。

02 打开文件“立体书.tif”。

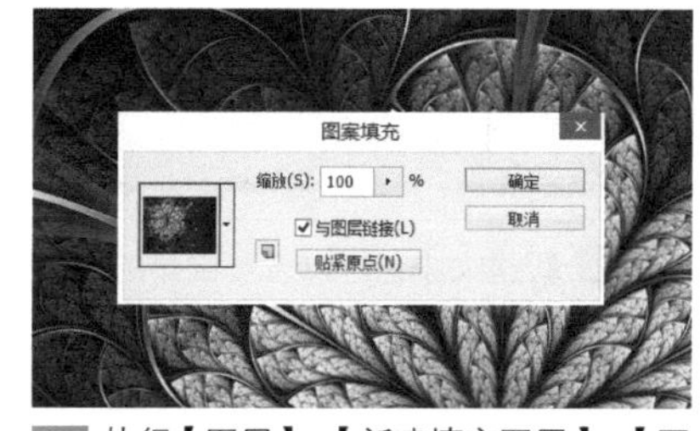

03 执行【图层】-【新建填充图层】-【图案】命令，在弹出的【新建图层】面板上单击【确定】按钮。弹出【图案填充】面板，选择之前存储的图案，设置【缩放】为100，勾选【与图层链接】选项。

04 隐藏图案图层，使用钢笔工具勾选封面的形状，勾选时不要留白边。按Ctrl+Enter组合键将路径转换为选区。

05 显示图案图层，选择图层蒙版，按Ctrl+Shift+I组合键反向选择选区，填充黑色。

06 按Ctrl+D组合键取消选区，设置图案图层的【混合模式】为正片叠底，使得图案与书籍结合产生明暗面。

19 画布大小

图像菜单 快捷键：Alt+Ctrl+C

【画布大小】命令可以调整整个文档画布的尺寸。

参数

执行【图像】-【画布大小】命令，弹出【画布大小】对话框。

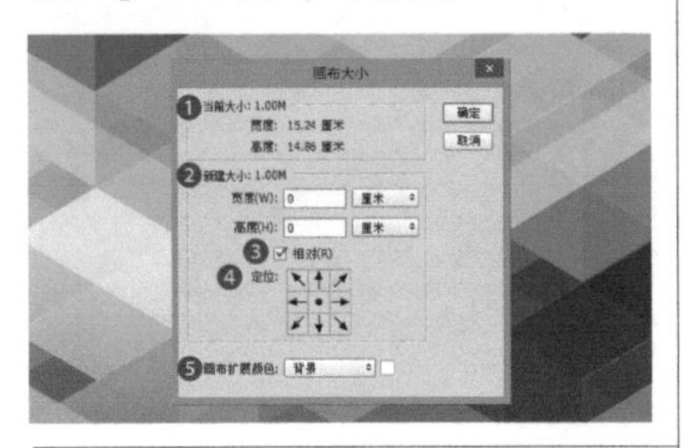

❶ 当前大小：显示了图像宽度和高度的实际尺寸和文档的实际大小。

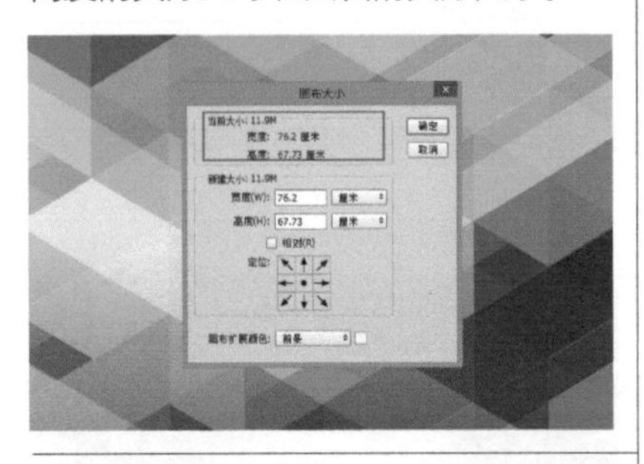

❷ 新建大小：可以设置画布的【宽度】和【高度】。当输入的数值大于原来尺寸时会增加画布，当输入数值小于原来尺寸时会减小画布。

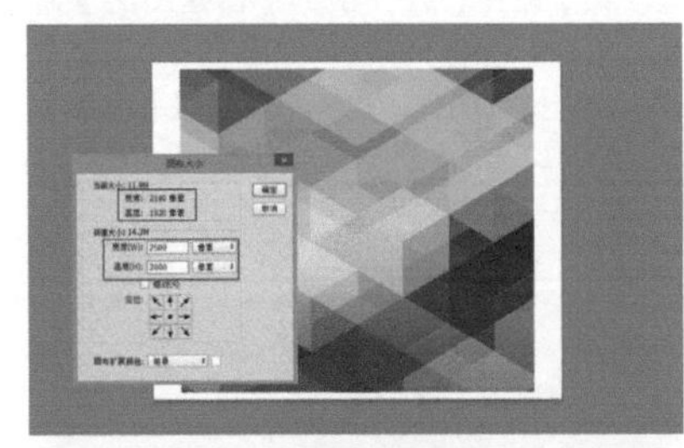

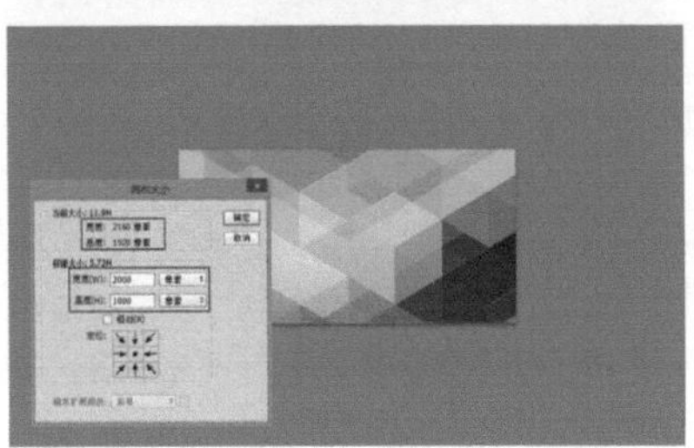

❸ 相对：勾选该选项，【宽度】和【高度】选项中的数值将在原来画布大小的基础上增加。例如，当前画布【宽度】为2160像素，【高度】为1920像素。设置新建画布【宽度】为1000像素，【高度】为1000像素。勾选【相对】选项，点击【确定】按钮后创建的新画布【宽度】为3160像素，【高度】为2920像素。

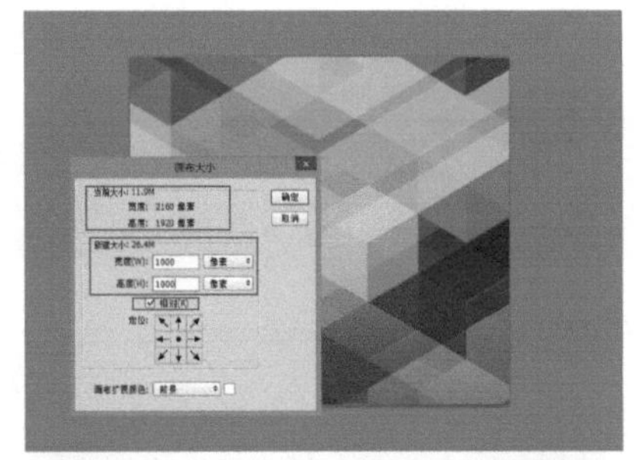

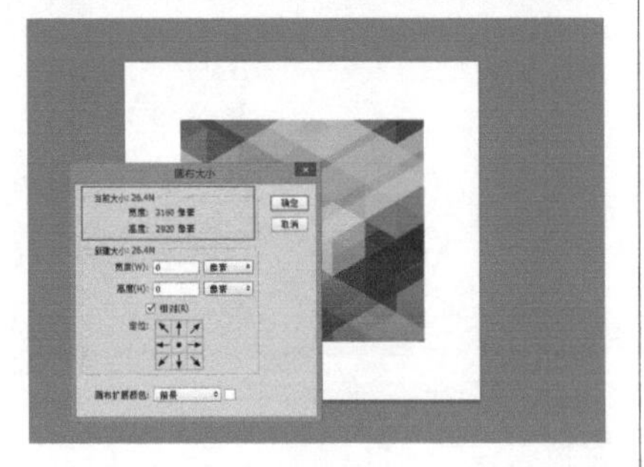

❹ 定位：单击不同的方格，可以指示当前图像在新画布上的位置。

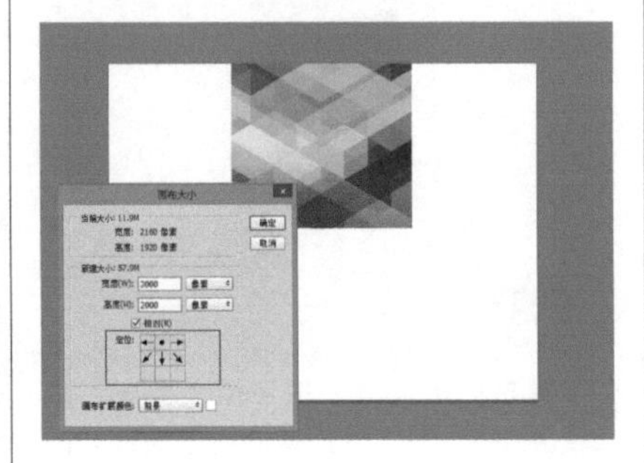

❺ 画布扩展颜色：在下拉列表中可以选择填充新画布的颜色。

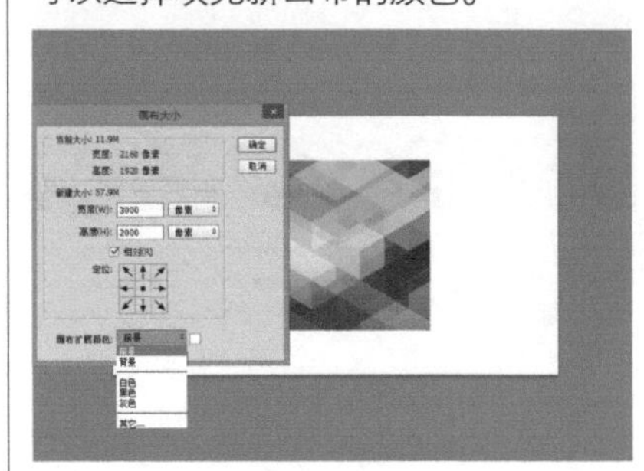

提示：画布扩展颜色

如果图像的背景是透明的，则【画布扩展颜色】选项不可用，添加的画布也是透明的。

提示：减小画布

减小画布会裁剪图像。例如，置入一张宽度为2160像素，高度为1920像素的图片，在【新建大小】中设置【宽度】为2000像素，【高度】为1000像素，单击【确定】按钮，会弹出一个提示对话框，询问是否剪切。单击【继续】按钮，则减小画布完成。

20 自动色调

图像菜单 快捷键：Shift+Ctrl+L

【自动色调】命令可以自动校正图像色调。

实例：快速校正图像色调

利用【自动色调】命令快速校正图像的色调。

01 在 Photoshop 中打开“花朵 .tif”文件。

02 执行【图像】-【自动色调】命令，使图像的色调变为正常色调。

21 自动对比度

图像菜单 快捷键：Alt+Shift+Ctrl+L

【自动对比度】命令可以自动调整图像的对比度，可以使图像的亮部更亮，暗部更暗，使图片更加清晰、更有视觉冲击力。

实例：快速强化图像对比度

利用【自动对比度】命令快速增强图像的对比度。

01 在 Photoshop 中打开“自动对比度 .jpg”文件。

02 执行【图像】-【自动对比度】命令，使图像的对比度增强。

22 自动颜色

图像菜单 快捷键：Shift+Ctrl+B

【自动颜色】命令可以自动校正偏色图片。

实例：快速校正偏色图片

利用【自动颜色】命令快速校正偏色的图像。

01 在 Photoshop 中打开“自动颜色 .JPG”文件。

02 执行【图像】-【自动颜色】命令，使偏色图像校正为正常颜色图像。

23 查找和替换文本

编辑菜单

在一篇短文中查找要修改的内容比较简单，但如果内容很多，就会不容易找到，而且也不一定能找全，这时候使用【查找和替换文本】命令则非常方便，它能查找并统一替换文字内容。

面板

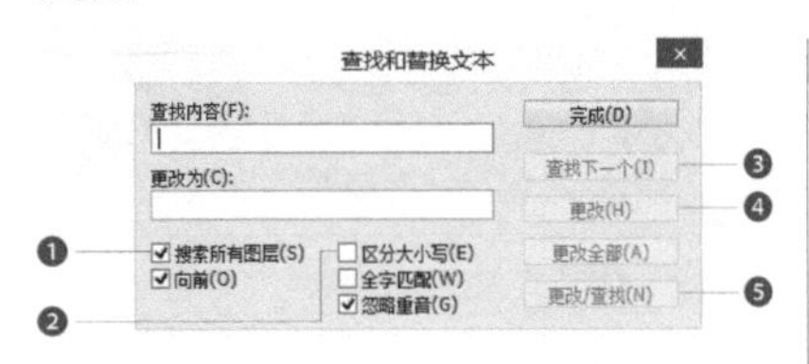

❶ 搜索所有图层：勾选则查找所有文字图层，不勾选则只查找当前文字图层。默认设置为勾选状态。

❷ 区分大小写：设置查找英文时，英文单词是否区分大小写。勾选则区分大小写，不勾选则不区分大小写。默认设置为不勾选状态。

❸ 查找下一个：搜索并突出显示查找的内容。

❹ 更改：替换查找的内容。如果要替换所有符合要求的内容，则单击【更改全部】。

❺ 更改／查找：替换内容之后自动查找下一个搜索的内容。

实例：修改网页中的文本

修改前

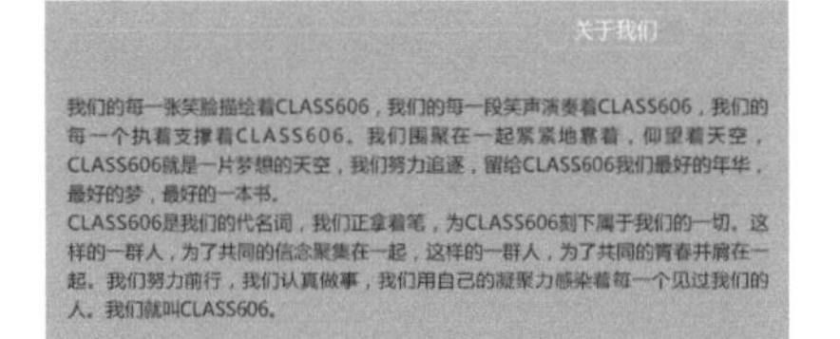

修改后

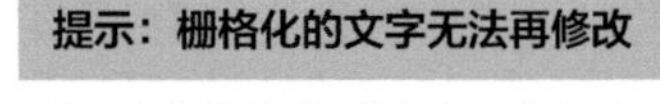

提示：栅格化的文字无法再修改

已经栅格化的文字不能执行【查找和替换文本】命令，因为栅格化的文字已经变为图片。

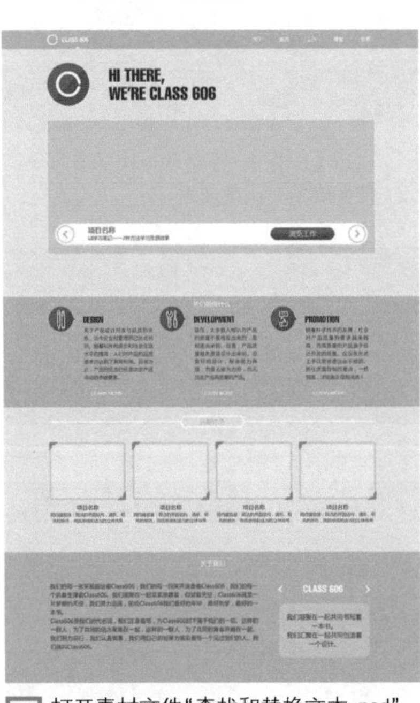

01 打开素材文件“查找和替换文本.psd”。

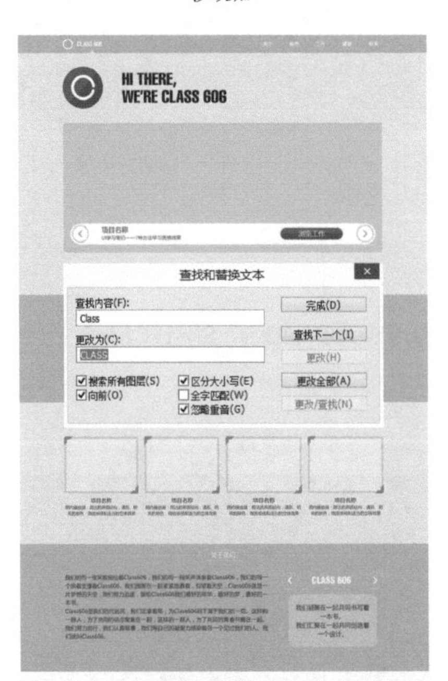

02 执行【编辑】-【查找和替换文本】命令，在【查找内容】中输入“Class”，在【更改为】中输入“CLASS”，勾选【搜索所有图层】和【区分大小写】。

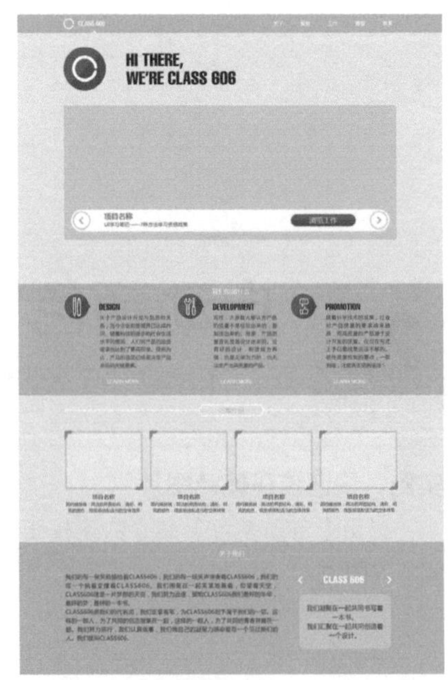

03 单击【更改全部】按钮，则把符合条件的单词全部更改。

文字转化为工作路径、形状和栅格化

菜单栏 > 文字

将文字转化为工作路径，转化为形状，或栅格化，使其变成图片。

❶ 创建为工作路径

【创建为工作路径】命令可以使文字转为工作路径，同时原文字图层不变。选中文字图层，在【文字】菜单中或在图层上单击右键，选择【创建为工作路径】。

01 在 Photoshop 中打开素材图片“工作路径练习 .tif”，选中文字图层。

02 选择【文字】-【创建为工作路径】，文字的周围出现黑边，即工作路径。

03 隐藏文字图层，图像中只出现工作路径的效果。

❷ 转化为形状

【转化为形状】命令可以使文字转为形状，同时原文字图层变为形状图层。选中文字图层，在【文字】菜单中或在图层上单击右键，选择【转化为形状】。文字转化为形状后，放大形状，文字的边缘没有锯齿且清晰度不变。

01 在 Photoshop 中打开素材图片“工作路径练习 .tif”，选中文字图层。

02 选择【文字】-【转化为形状】，【文字】图层变为【形状】图层。

03 按 Ctrl+T 组合键对形状进行放大，放大后形状依然清晰且边缘没有产生锯齿。

❸ 栅格化文字图层

它可以使文字变为图片，同时原文字图层不保留。选中文字图层，在【文字】菜单中或在图层上单击右键，选择【栅格化文字图层】。文字栅格化为图片后，放大图片，文字边缘产生锯齿且文字变模糊。

01 在 Photoshop 中打开素材图片“工作路径练习 .tif”，选中文字图层。

02 选择【文字】-【栅格化文字图层】，【文字】图层变为普通图层。

03 按 Ctrl+T 组合键放大图像，图像放大后边缘有锯齿。

25 字符面板

菜单栏 > 面板

【字符】面板可以设置文字的属性，如字体、字号、字距、行距等。

面板参数讲解

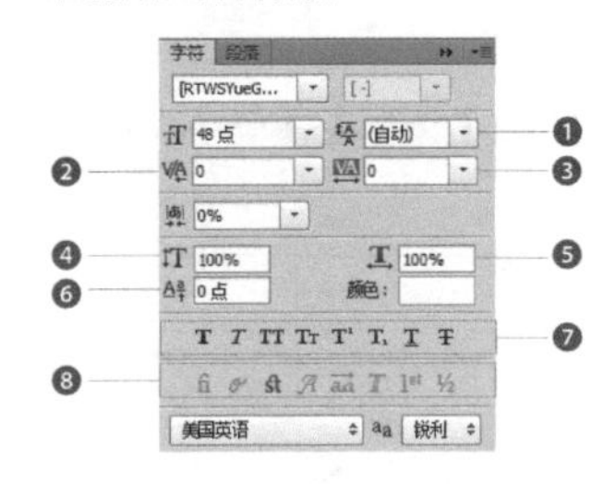

❶ 行距：设置文本的行间距。例如，当前段落文字的行间距太小，阅读感不是很好，只要把文字选中且【行距】设为 50，就可以使文字阅读更舒服。

❷ 字距微调：可以调整两个字之间的间距。使用方法是把光标插入到两个字之间，并设置【字距微调】的数值即可。

字距微调练习　小明："你好！"

字距微调完成效果　小明："你好！"

❸ 字距调整：可以调整两个字符以上的字间距。使用方法是选中需要调整的文字，并设置【字距调整】的数值即可，也可以按住 Alt+ 左右方向键调整文字的字间距。

Adobe Photoshop是图像处理软件，它有众多的编辑与绘图工具，能够有效地编辑图片。另外，Photoshop在图形、图像、文字、视频和3D等各方面都有所涉及，所以它在行业领域上应用广泛。

❹ 垂直缩放：可以调整字符的高度。使用方法是选中文字，并设置【垂直缩放】的数值即可。

垂直缩放练习　上品特卖会！

垂直缩放完成效果　上品特卖会！

❺ 水平缩放：可以调整字符的宽度。使用方法是选中文字，并设置【水平缩放】的数值即可。

上品特卖会！　上品特卖会！

❻ 基线偏移：可以改变字符的上下位置。使用方法是选中文字，并设置【基线偏移】的数值即可。

H2O　H^2O

❼ 特殊字体样式：可以给字符添加特殊的效果，如字符倾斜、字符变为上角标、字符变为下角标和添加下划线等。使用方法是选中文字，并单击【特殊样式】的按钮即可。

文字　H2O　22

文字　H_2O　2^2

❽ OpenType 字体：它是 Windows 和 Macintosh 操作系统都支持的字体。

实例：制作网页横幅广告

通过字符面板设置文字的字体、字号及其他属性，从而使其成为一幅具有商业性的横幅广告。

01 在 Photoshop 中打开"banner.tiff"素材文件。

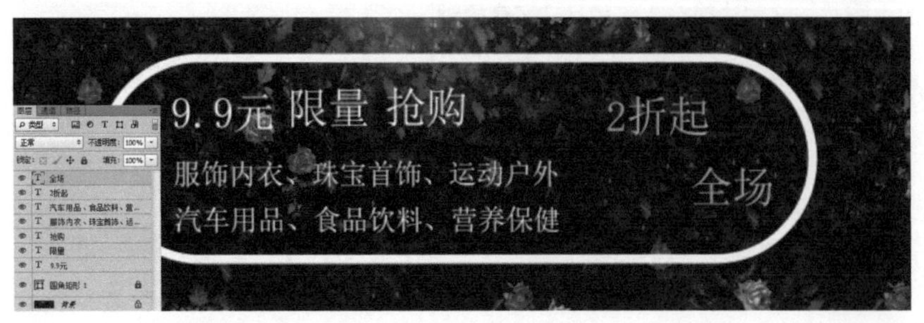

02 使用移动工具调整文字的位置，两段长文字放在左下角，"2 折起"和"全场"文字放在右侧，如上图所示。

03 使用横排文字工具选择“9.9元”文字，设置【字体】为方正兰亭特黑简体，【字号】为100。

04 选择“元”文字，设置特殊字体样式为下角标，基线偏移为30。

05 选择“限量”文字，设置【字体】为造字工房悦黑G0v1，【字号】为48，在属性栏上点击【切换文本取向】按钮，将文字的排列方式调整为竖排并调整位置。

06 选择“抢购”文字，设置【字体】为方正兰亭特黑简体，【字号】为100，调整文字位置和前面的文字距离相等。

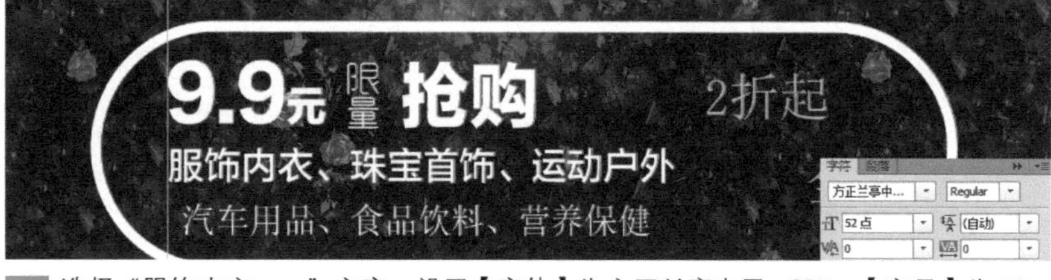

07 选择“服饰内衣……”文字，设置【字体】为方正兰亭中黑_GBK，【字号】为52，调整文字位置和上面的文字左对齐并且略微增加一点距离。

08 选择“汽车用品……”文字，设置【字体】为方正兰亭中黑_GBK，【字号】为52，调整文字位置和上面的文字左对齐并且与上面的文字距离略微近一点。

09 选择“2折起”文字，设置【字体】为方正兰亭特黑简体，【字号】为150。

10 选择“折起”文字，设置特殊字体样式为上角标并调整该图层的位置。

11 选择“全场”文字，设置【字体】为方正兰亭特黑简体，【字号】为72，调整文字位置和上面的文字右对齐。

12 使用直线工具在最右侧的两段文字之间由右上向左下拖曳鼠标指针，绘制一条斜线，斜线颜色使用文字的颜色。

13 案例最终效果如左图所示。

26 段落面板

菜单栏 > 面板

【段落】面板可以设置整段文字的属性，即使只选中了段落中的部分文字，设置也会对整段文字有效。

面板参数讲解

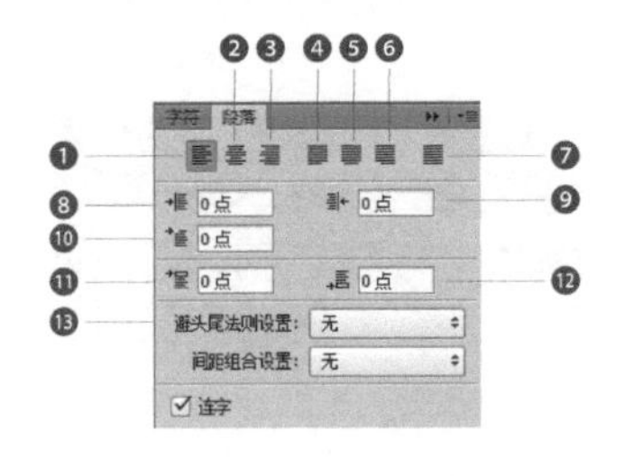

❶ 左对齐：设置文本的对齐方式为左对齐。使用方法是把需要调整的文字选中，并单击■按钮即可。

❷ 居中对齐：设置文本的对齐方式为居中对齐。使用方法是把需要调整的文字选中，并单击■按钮即可。

❸ 右对齐：设置文本的对齐方式为右对齐。使用方法是把需要调整的文字选中，并单击■按钮即可。

❹ 最后一行左对齐：设置文本最后一行对齐方式为左对齐。使用方法是把需要调整的文字选中，并单击■按钮即可。

❺ 最后一行居中对齐：设置文本最后一行对齐方式为居中对齐。使用方法是把需要调整的文字选中，并单击■按钮即可。

❻ 最后一行右对齐：设置文本最后一行对齐方式为右对齐。使用方法是把需要调整的文字选中，并单击■按钮即可。

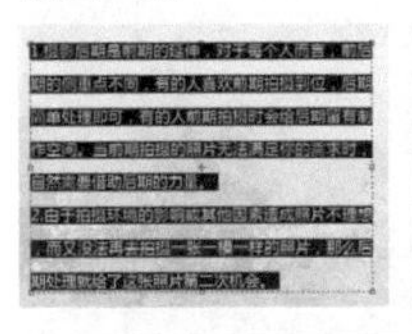

❼ 全部对齐：设置文本对齐方式为全部对齐。使用方法是把需要调整的文字选中，并单击■按钮即可。

❽ 左缩进：设置文本从左向右缩进距离。使用方法是把需要调整的文字选中，并设置■的数值即可。

❾ 右缩进：设置文本从右向左缩进距离。使用方法是把需要调整的文字选中，并设置■的数值即可。

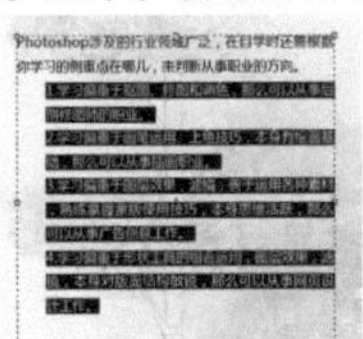

❿ 首行缩进：设置文本第一行从左向右缩进距离。使用方法是把需要调整的文字选中，并设置■的数值即可。

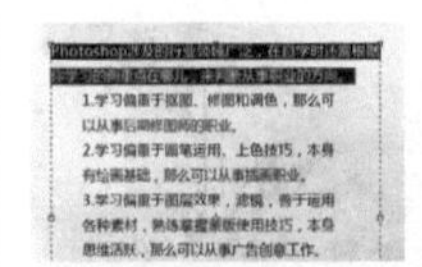

⓫ 段前添加空格：设置段落前间距。使用方法是把需要调整的段落选中，并设置■的数值即可。

⓬ 段后添加空格：设置段落后间距。使用方法是把需要调整的段落选中，并设置■的数值即可。

⓭ 避头尾法则设置：防止每行的开始和结束处出现标点符号，避头尾法则设置包含无、JIS宽松和JIS严格三个选项，可根据需求任选其一。

27 字符样式面板和段落样式面板

菜单栏 > 面板

【字符样式】面板和【段落样式】面板可以保存文本的样式并快速应用于其他文本。

操作方法

【字符样式】面板和【段落样式】面板的操作方法相同，作用区域不同。字符样式仅作用于选中的文字，段落样式作用于整段文字。它们的使用方法：在面板中设置文字的各种参数，选中设置好的文字并单击字符样式（或段落样式）下方的 按钮，选取其他的文字并单击段落样式中的已有样式即可应用。在某个已有样式上双击，即可修改这个样式的参数。

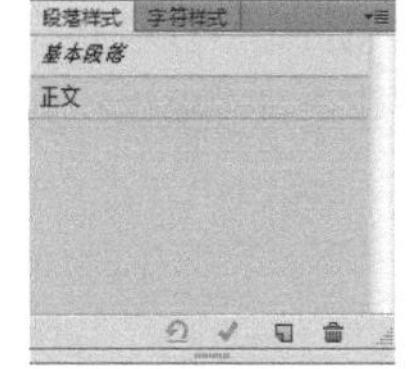

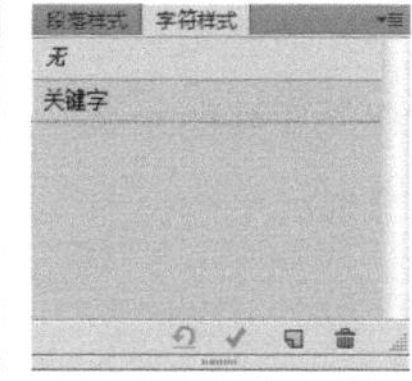

实例：制作横幅宣传广告

通过【字符样式】面板和【段落样式】面板对文字的属性进行统一设置和管理。

01 在 Photoshop 中打开“字符样式和段落样式练习.tiff”文件。素材中已经提供了文字，但是文字的属性未作任何设置。

02 设置样式。使用横排文字工具选中第一段文字设置【字体】为微软雅黑，【字号】为 16，【对齐方式】为最后一行左对齐，【首行缩进】为 35。在【段落样式】面板中新建一个样式设置名称为“正文”。

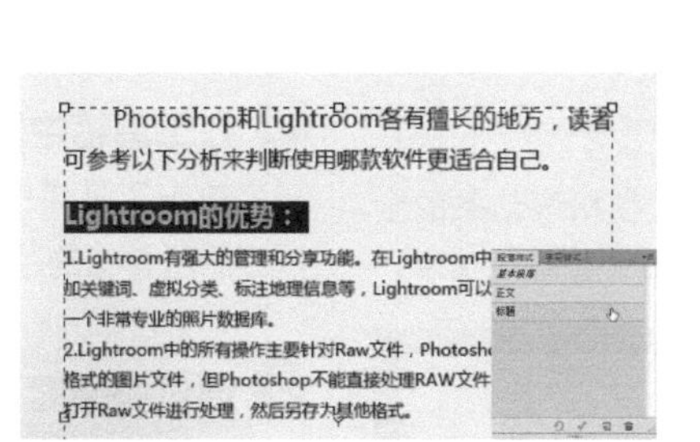

03 选中第二段文字设置【字体】为微软雅黑，【字号】为 18，【字体样式】为 Bold，【颜色】为 R：0、G：86、B：31。设置【对齐方式】为最后一行左对齐，【段前添加间距】为 10。在【段落样式】面板中新建一个样式设置名称为“标题”。

04 应用样式。对文件中文本应用样式，大段文字应用【正文】样式，“Lightroom 的优势”“Photoshop 的优势”“Lightroom 的基本工作流程”等应用【标题】样式。

05 选中“强大的管理和分享功能”设置【字体】为微软雅黑，【字号】为 16，【字体样式】为 Bold，【颜色】为 R：0、G：104、B：183。在【字符样式】面板中新建一个样式，设置名称为“关键字”。

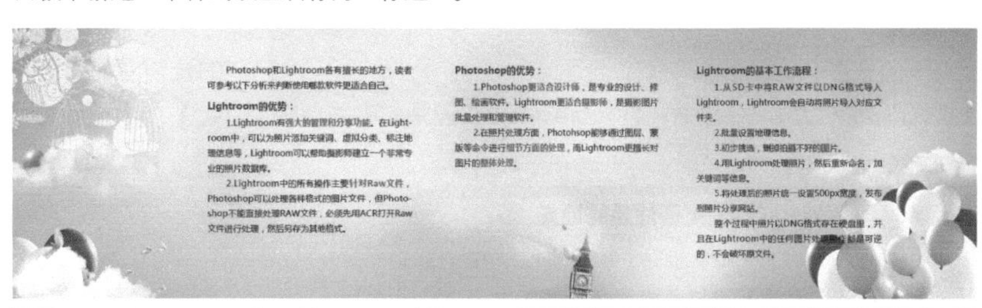

06 在文件中，对文本里的“强大的管理和分享功能”“针对 Raw 文件”“更适合设计师”“细节方面的处理”“整体处理”应用【关键字】样式。使用上述方法对广告中的大量文字进行快速的处理，即使再多的文字也可以快速制作完毕。

提示：为样式改名

样式应该有个形象的名字，如【标题】【正文】，在样式面板中双击，即可在弹出的对话框中为其改名。

28 屏幕模式

工具箱　快捷键：F

在编辑图像时，可以通过切换屏幕模式，在不同的屏幕模式下工作，包括标准屏幕模式、带有菜单栏的全屏模式和全屏模式。

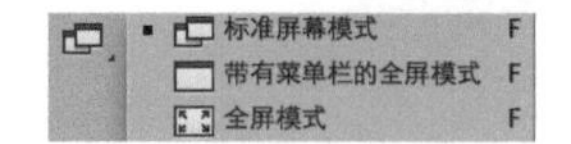

❶ 标准屏幕模式

这是默认的屏幕模式，可以显示菜单栏、标题栏、滚动条和其他元素。主要适用于操作很多，需显示很多界面的情况。

❷ 带有菜单栏的全屏模式

显示菜单栏和50%灰色背景，无标题栏和滚动条的全屏窗口。主要适用于操作者已熟练掌握快捷键，只需显示菜单和显示大图的情况。

❸ 全屏模式

显示只有黑色背景，无标题栏、菜单栏和滚动条的全屏窗口。主要适用于需要展示大图，查看最终效果的情况。

提示：屏幕模式转换时需要注意的地方

在转换时无法从【标准屏幕模式】直接转为【全屏模式】。

❹ 在工具箱中转换

单击工具箱中【更改屏幕模式】按钮，可在长按该按钮后所弹出的菜单选项中选择相对应的屏幕模式。

❺ 通过快捷键F转换

按快捷键F可以从【标准屏幕模式】转换为【带有菜单栏的全屏模式】，再从【带有菜单栏的全屏模式】转换为【全屏模式】，以及从【全屏模式】转换回【标准屏幕模式】。

❻ 通过快捷键tab转换

按快捷键tab可以在【标准屏幕模式】与【带有菜单栏的全屏模式】间相互转换，以及在【带有菜单栏的全屏模式】与【全屏模式】之间相互转换。

动作

菜单栏 > 窗口　快捷键：Alt+F9

【动作】是在单个文件或一批文件上执行的一系列命令，可以记录修图的操作并将同样的操作应用于其他的图像。动作面板用于管理动作，包括创建、播放、修改和删除等操作。

❶ 面板

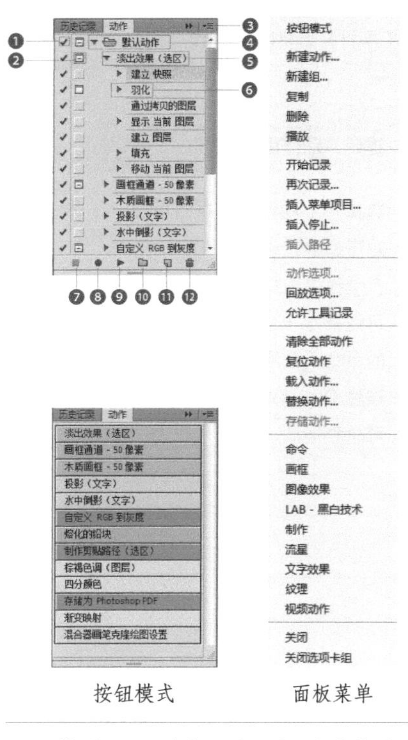

按钮模式　　面板菜单

❶ 项目开关：如果动作组、动作和命令前显示有✓图标，则这个动作组、动作和命令可以执行；如果动作组或动作前没有✓图标，则该动作组或动作不能被执行；如果某一命令前没有✓图标，则表示该命令不能被执行；如果动作组和动作前有✓图标（红色），则这个动作组和动作里有动作或命令不能被执行。

❷ 对话开关：如果命令前显示▣图标，表示动作执行到该命令时会暂停，并打开相应命令的对话框，此时可修改命令的参数，单击【确定】按钮可继续执行后面的动作；如果动作组和动作前出现▢图标，则表示该动作中有部分命令设置了暂停。

❸ 面板菜单：设置动作的参数和属性。如果执行【按钮模式】命令，则所有动作变为按钮状态，单击即可播放动作。

❹ 动作组：它是一系列动作的集合，单击动作组前的▶按钮可以展开动作组列表，显示包含的动作。

❺ 动作：它是一系列命令的集合，单击动作前的▶按钮可以展开动作列表，显示包含的命令。

❻ 命令：单击命令前的▶按钮可以展开命令列表，显示命令的具体参数。

❼ 停止：单击可停止播放动作或记录动作。

❽ 开始：单击可录制动作。

❾ 播放：选择一个动作，单击可播放该动作。

❿ 创建新动作组：单击可创建一个新的动作组，对动作进行归纳。

⓫ 创建新动作：单击可创建一个新的动作。

⓬ 删除：选择动作组、动作和命令后，单击该按钮或将它们拖到按钮上面，可将其删除。

实例：用动作命令调整多张图片图像的大小

01 在Photoshop中打开素材图片“雪山.JPG”，执行【窗口】-【动作】命令，调出【动作】面板。

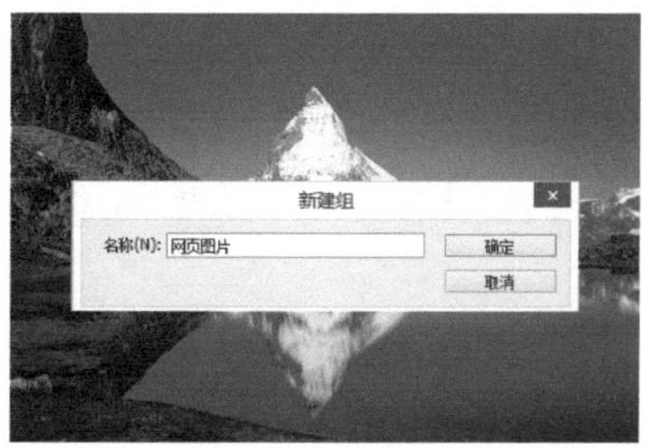

02 单击【动作】面板右下角的▭按钮，设置【名称】为网页图片。

03 单击【动作】面板右下角的▭按钮，设置【名称】为800像素，【组】为网页图片。【动作】面板的●（录制按钮）变为凹陷状态，表示正在录制动作。

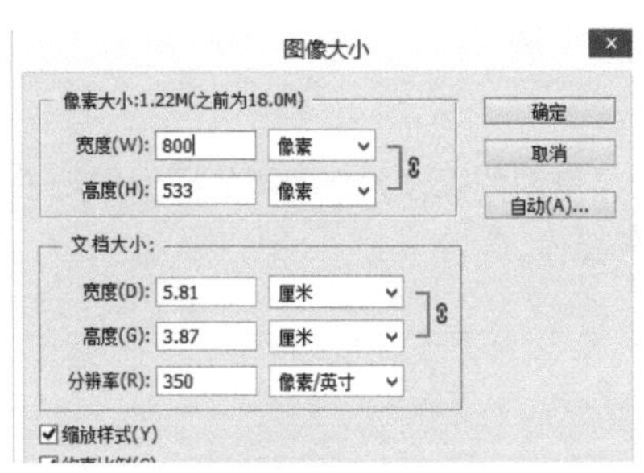

04 选择【图像】-【图像大小】，设置【宽度】为 800 像素。

05 选择【文件】-【存储】，保存文件，单击【动作】面板左下角的■按钮。此时面板中显示出记录的操作。

06 打开素材图片“广场.JPG”。

07 查看原图大小。选择【图像】-【图像大小】，从弹出的对话框可查看到原图的【宽度】为 3072 像素。

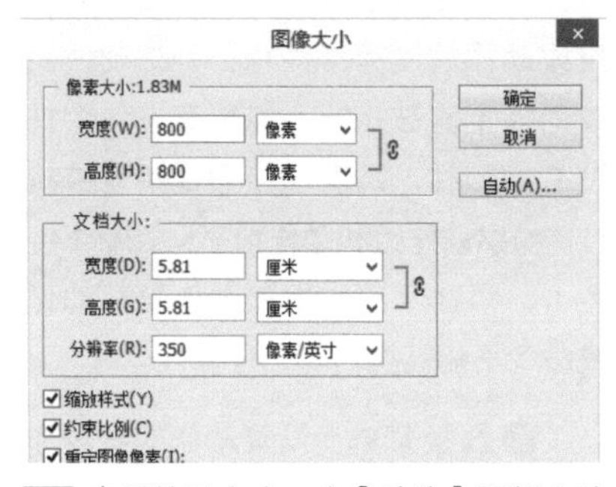

08 查看结果大小。在【动作】面板上选择【800 像素】的动作，单击左下角的播放按钮。然后查看图像大小，会发现【宽度】为 800 像素。批量更改多张图片时，可以用【动作】命令快速地修改图像的大小。

提示：动作播放技巧

选择一个动作，单击播放按钮，可按照顺序播放该动作中的所有命令。

在动作中选择一个命令，单击播放按钮，可以播放该命令及后面的命令，它之前的命令不会播放。

按住 Ctrl 键双击面板中的一个命令，即可单独播放该命令。

❷ 插入菜单项目

在动作中插入菜单中的命令。方法：（1）选择需要在后面插入菜单项目的动作；（2）在面板菜单中选择【插入菜单项目】命令，在弹出的面板上显示【菜单项：无选择】；（3）在菜单中单击需要的命令，弹出的面板上会显示该命令；（4）单击【确定】按钮，在【动作】面板上出现添加的菜单命令。注意：菜单中的许多命令不可以直接录制到动作中。

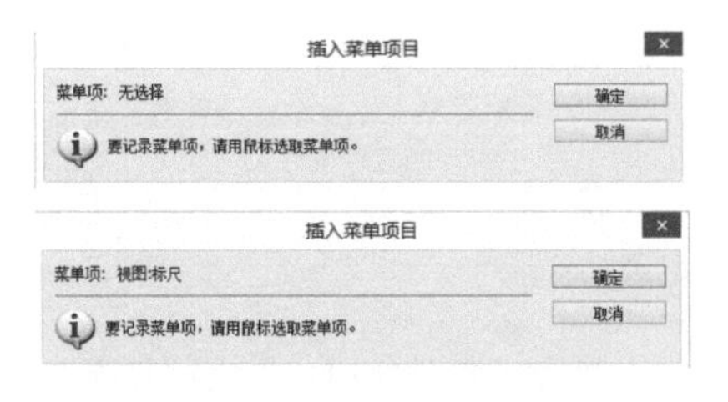

❸ 插入停止

让动作播放到某一步时自动停止，这样就可以手动执行无法录制为动作的任务。方法：（1）选择需要在后面插入停止的动作；（2）在面板菜单中选择【插入停止】命令，在弹出的【记录停止】面板上输入提示信息；（3）单击【确定】按钮，在【动作】面板上出现添加的停止。播放动作到停止命令时，动作会自动停止并弹出提示信息。单击【停止】按钮停止播放，编辑完成后，可单击播放按钮继续播放后面的命令；如果单击对话框中的【继续】按钮，则不会停止，而是继续播放后面的动作。

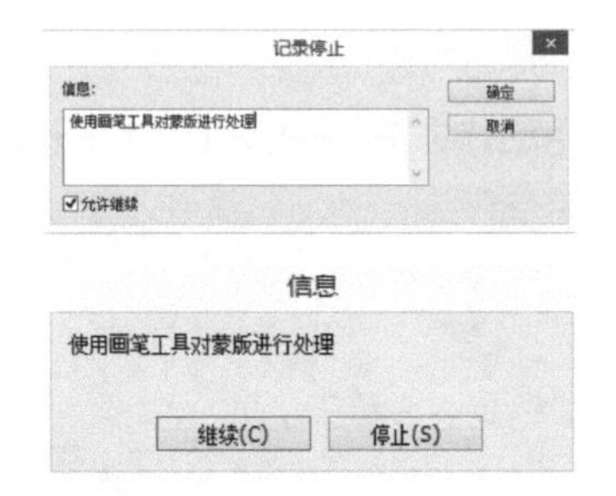

❹ 插入路径

将路径作为动作的一部分包含在动作内。插入的路径可以是用钢笔和形状工具创建的路径。方法：（1）建立路径；（2）选择需要在后面插入路径的动作；（3）在面板菜单中选择【插入路径】命令。

如果需要在一个动作中记录多个【插入路径】命令，那在记录每个【插入路径】命令后，都执行【路径】面板菜单中的【存储路径】命令。否则每记录的一个路径都会替换掉前一个路径。

批处理 菜单栏 > 文件 > 自动

它可以将动作应用于大量的图像，实现自动化处理图像，以节省时间，提高工作效率。

面板

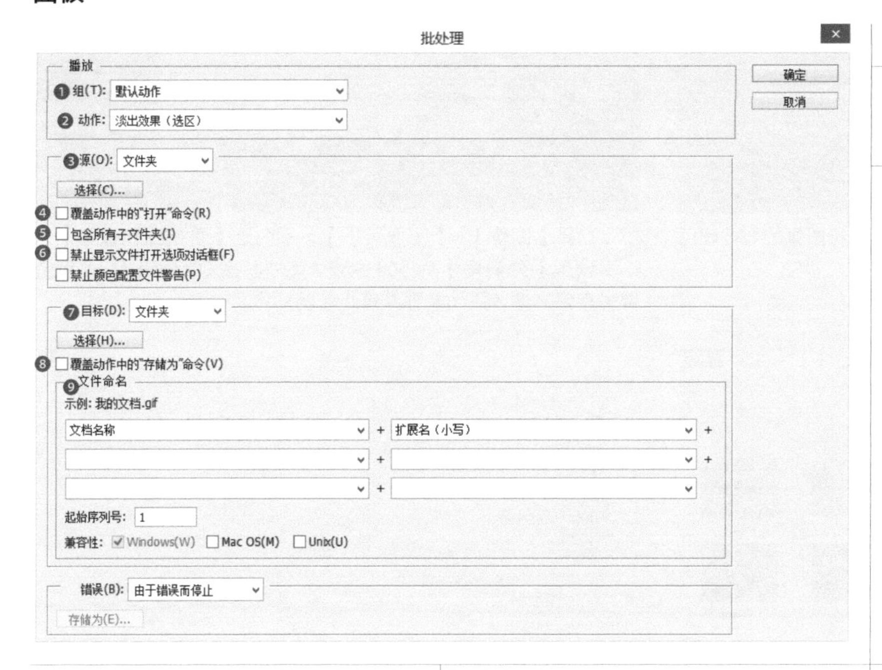

❶ 组：选定使用的动作组。

❷ 动作：基于选定的动作组，设置使用的动作。

❸ 源：设置需要处理的文件。单击会出现一个下拉菜单，分为文件夹、导入、打开的文件和 Bridge。

文件夹：单击下面的【选择】按钮，可在打开的对话框中选择一个文件夹，批处理该文件夹中的所有文件。

导入：处理来自数码相机、扫描仪或 PDF 文档的图像。

打开的文件：处理当前所有打开的文件。

Bridge：可以处理 Adobe Bridge 中选定的文件。

❹ 覆盖动作中的“打开”命令：在批处理时忽略动作中记录的【打开】命令。

❺ 包含所有子文件夹：将批处理应用到选择文件夹中包含的子文件夹。

❻ 禁止显示文件打开选项对话框：批处理时不会打开文件选项对话框。

❼ 目标：设置处理完毕的文件所保存的位置，分为无、存储并关闭和文件夹。

无：处理完毕不保存文件，文件仍为打开状态。

存储并关闭：处理完毕文件保存在原文件夹中，并覆盖原始文件。

文件夹：单击选项下面的【选择】按钮，可选择用于保存文件的文件夹。

❽ 覆盖动作中的“存储为”命令：如果动作中包含【存储为】命令，那么勾选后，在批处理时，动作中的“存储为”命令将引用批处理的文件，而不是动作中指定的文件名和位置。

❾ 文件命名：将【目的】选项设置为【文件夹】后，单击 6 个选项会出现下拉菜单，可以在下拉菜单中设置文件的命名规范。

实例：批量转印刷用图（CMYK+300 像素 / 英寸）

01 打开 Photoshop，选择【窗口】-【动作】，调出【动作】面板，单击【动作】面板右下角的按钮，设置【名称】为批处理。

02 单击【动作】面板右下角的按钮，设置【名称】为 RGB 转 CMYK，【组】为批处理。

03 打开素材图片“01.jpg”。

04 选择【图像】-【模式】-【CMYK 颜色】，将图像的 RGB 颜色模式转换为 CMYK 颜色模式。

05 选择【图像】-【图像大小】，不勾选【重定图像像素】，设置【分辨率】为 300 像素 / 英寸。按 Ctrl+Shift+S 组合键另存储文件，关闭文件并停止录制动作。

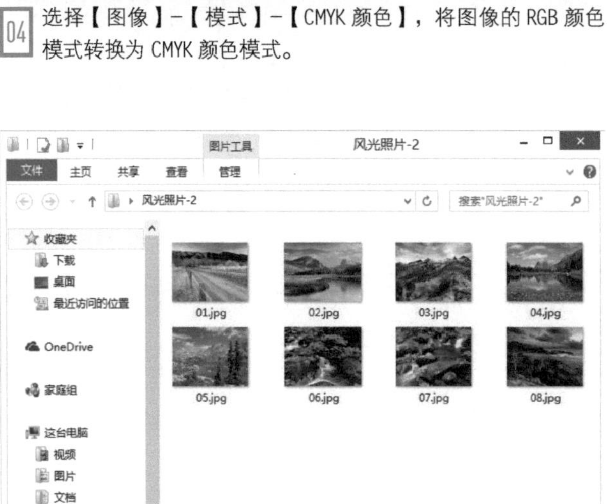

06 打开素材文件夹“风光照片 -2”，发现里面的图片的数量比较多，都需要进行步骤 04 和步骤 05 的操作。这种大量和重复性的操作，使用动作也比较麻烦，这里可以使用【批处理】命令。

07 选择【文件】-【自动】-【批处理】，设置【组】为批处理，【动作】为 RGB 转 CMYK。【源】为文件夹并选择需要处理的文件夹，勾选【覆盖动作中的打开命令】，设置【目标】为【文件夹】并选择保存位置，勾选【覆盖动作中的存储为命令】。

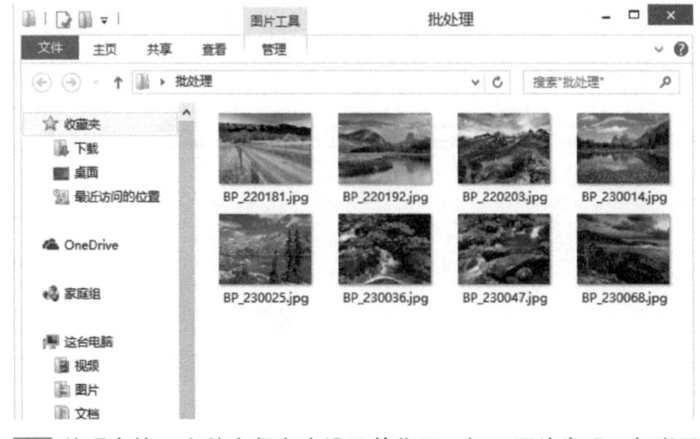

08 处理完毕，文件会保存在设置的位置，打开图片发现，每张图片的颜色模式都转化为 CMYK 模式，而图像的分辨率都标为了 300 像素 / 英寸。

31 快捷批处理 菜单栏 > 文件 > 自动

快捷批处理是一个能够快速完成批处理的小应用程序，它可以简化批处理操作的过程。

实例：彩色照片转化为黑白照片

01 打开 Photoshop，执行【窗口】-【动作】命令，调出【动作】面板，单击【动作】面板右下角的按钮，设置【名称】为快捷批处理。

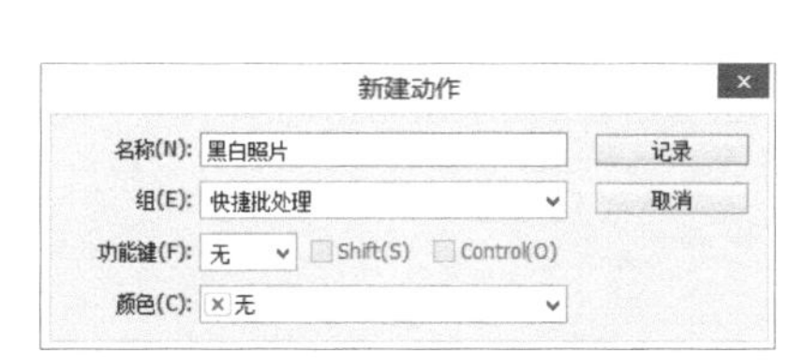

02 单击【动作】面板右下角的按钮，设置【名称】为黑白照片，【组】为快捷批处理。

03 打开素材图片“1.jpg”，选择【图像】-【模式】-【灰度】，将图像的 RGB 颜色模式转换为灰度。按 Ctrl+Shift+S 组合键另存储文件，关闭文件并停止录制动作。

04 打开素材文件夹“风光照片 -3”，发现里面的图片的数量比较多，都需要进行步骤 03 的操作。这种大量、重复性的操作，使用动作和批处理比较麻烦，需要重复设置，这种情况就可以使用快捷批处理。

05 选择【文件】-【自动】-【创建快捷批处理】，单击【将快捷批处理储存为】下面的【选择】，设置快捷批处理应用程序的保存位置和名称。设置【组】为快捷批处理，【动作】为黑白照片，勾选【覆盖动作中的打开命令】，设置【目标】为文件夹并选择保存位置，勾选【覆盖动作中的存储为命令】。

06 由于设置保存的位置是桌面，所以快捷批处理应用程序出现在桌面，【名称】设置的为黑白照片。只需将图像或文件夹拖动到该图标上，便可以直接对图像进行批处理。

提示：快捷批处理和批处理的区别

快捷批处理面板与批处理面板基本相似，只是多出【将快捷批处理存储于】，注意设置名称和保存位置即可。快捷批处理应用程序的图标为，名称的后缀为 .exe。快捷批处理即使在 Photoshop 没有运行时，将需要处理的图像或文件夹拖动到该图标上，Photoshop 会运行并且直接对图像进行批处理，处理保存的位置为最开始的设置。

32 脚本

菜单栏 > 文件

Photoshop 通过脚本支持外部自动化。

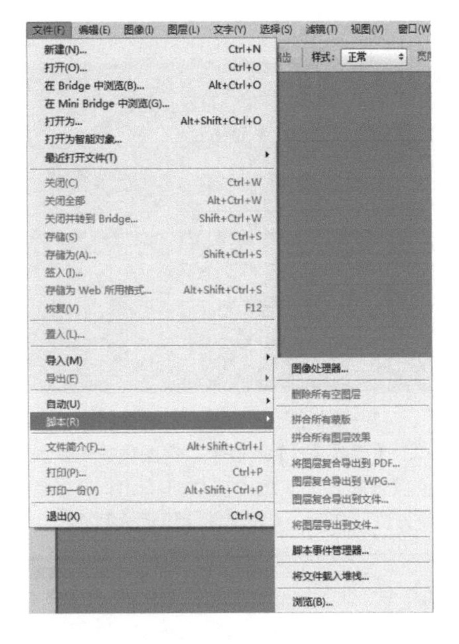

❶ 图像处理器

它可以批量转换文件类型，也可以给文件应用动作。

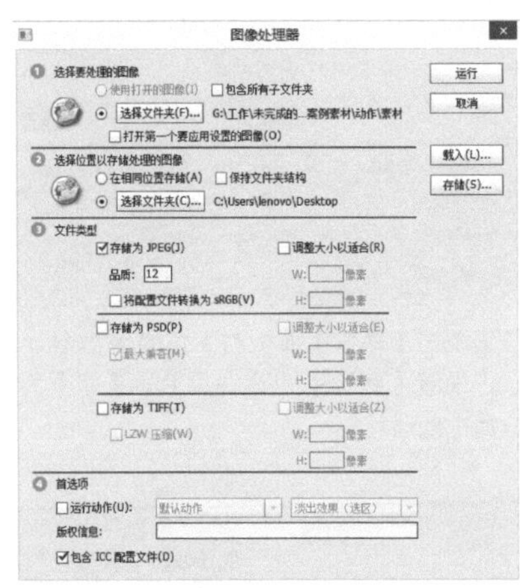

❷ 将图层导出到文件

它可以将图层作为单个文件导出和存储，并设置保存位置和文件格式。

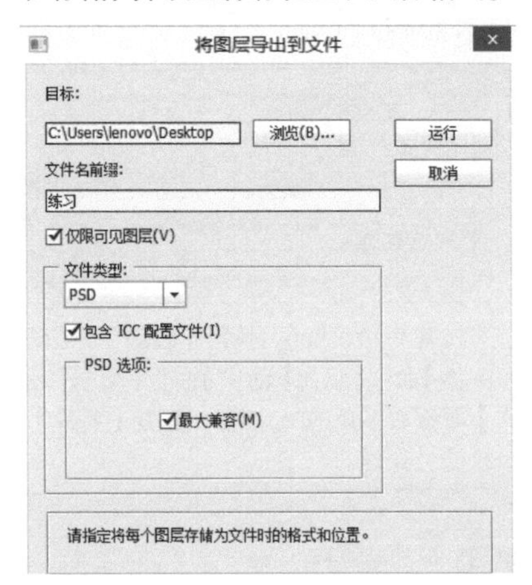

❸ 脚本事件管理器

它可以将脚本和动作设置为自动运行，即使用事件来触发 Photoshop 动作或脚本。操作方法:（1）设置事件;（2）设置脚本或者动作;（3）单击【添加】，将其添加到列表中。

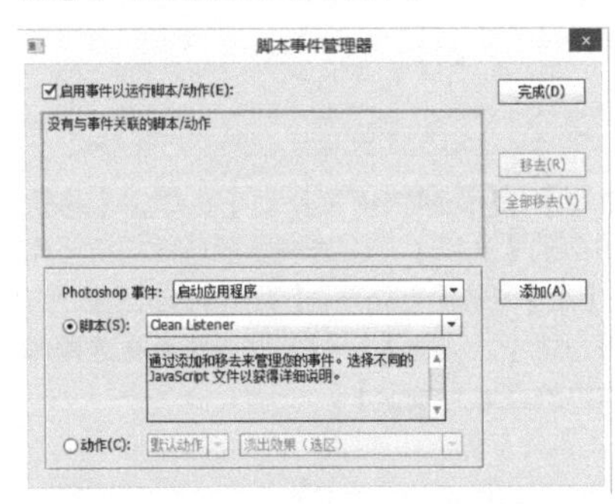

❹ 将文件载入堆栈

它可以将多个图像载入到图层中。

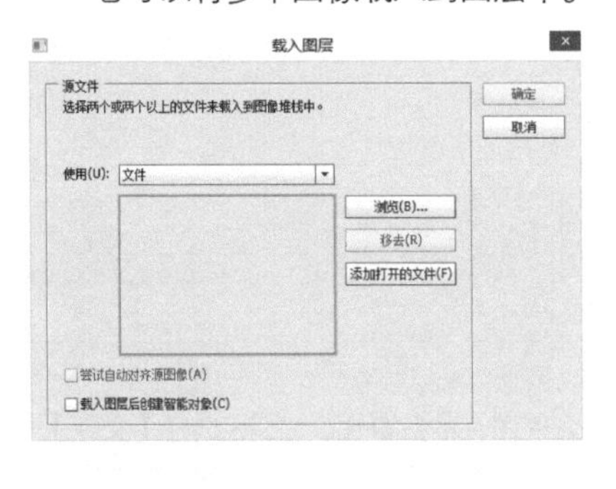

❺ 统计

它可以自动创建和渲染图形堆栈。

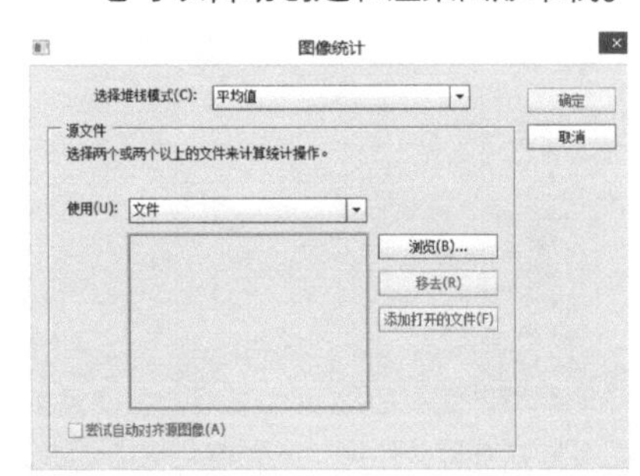

❻ 删除所有空图层

它可以删除文档中所有的空图层，减小图像文件的大小。

❼ 浏览

它可以找到并运行存储在其他位置的脚本。

提示：脚本在 Windows 和 Mac OS 中所支持的语言

在 Windows 中，可以使用支持 COM 自动化的脚本语言，例如 VB Script。在 Mac OS 中，可以使用允许发送 Apple 事件的语言，例如 AppleScript。这些语言不是跨平台的，但可以控制多个应用程序，例如 Adobe Photoshop、Adobe Illustrator 和 Microsoft Office。在 Mac OS 中，也可以使用 Apple 的 Photoshop Actions for Automator 来控制 Photoshop 中的任务。也可以在这两种平台上使用 Javascript，利用 Javascript 支持编写可以在 Windows 或 Mac OS 上运行的 Photoshop 脚本。

实例 1：批量调整图像尺寸

通过脚本里的图像处理器，使大量的图片变成统一的尺寸和文件格式。

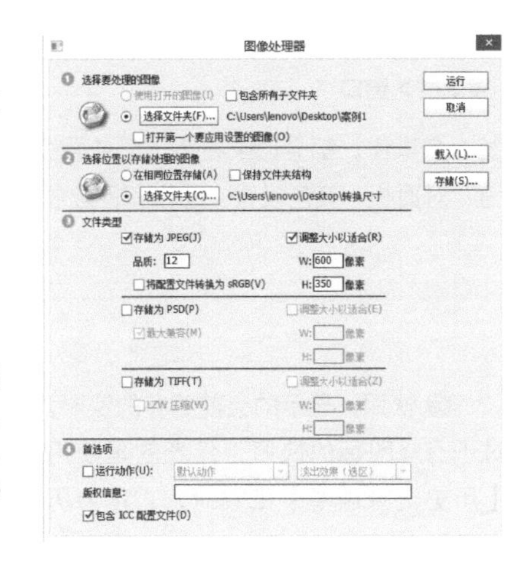

01 执行【文件】-【脚本】-【图像处理器】命令，选择源文件夹和目标文件夹，勾选【储存为 JPEG】和【调整大小以合适】，设置【品质】为 12，【W（宽度）】为 600 像素，【H（高度）】为 350 像素。

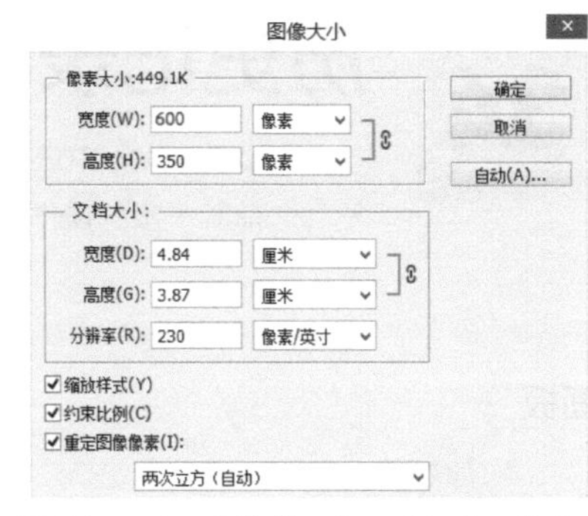

02 打开处理完毕的图像，选择【图像】-【图像大小】，会发现图像的尺寸为设置的大小。

实例 2：将各图层导出为单独的文件

01 打开“案例 2.psd”文件。

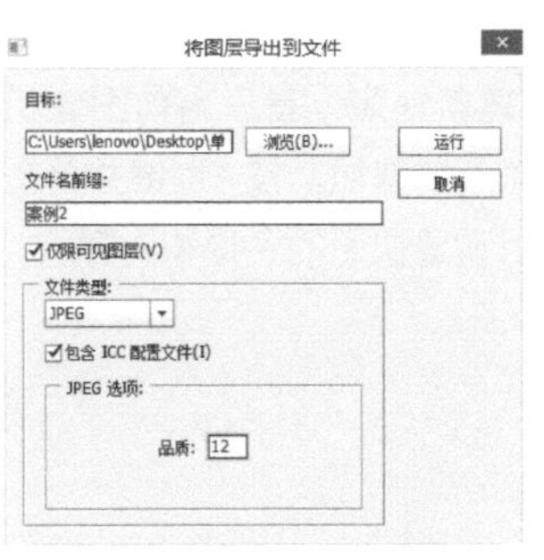

02 执行【文件】-【脚本】-【将图层导出到文件】命令，设置目标文件夹地址，设置【文件名前缀】为案例 2，【文件类型】为 JPEG，【品质】为 12，勾选【仅限可见图层】。

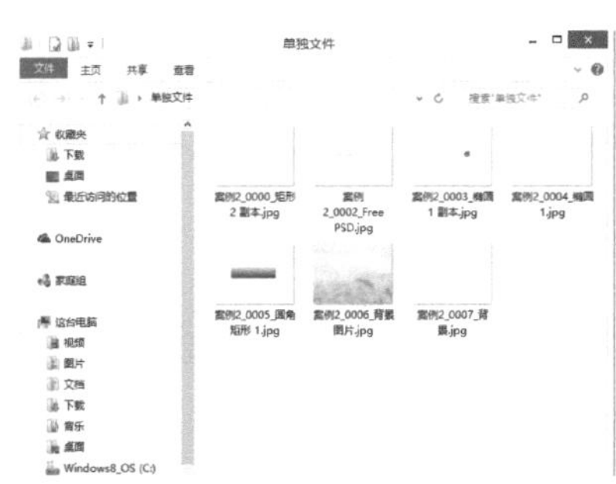

03 文档中所有可见图层（包括文字图层），都被导出且保存为 JPEG 格式。

33 限制图像

菜单栏 > 文件 > 自动

它可以改变照片的像素数量，将其限制为指定的宽度和高度，但不改变分辨率。

实例：不改变分辨率的情况下调整图像大小

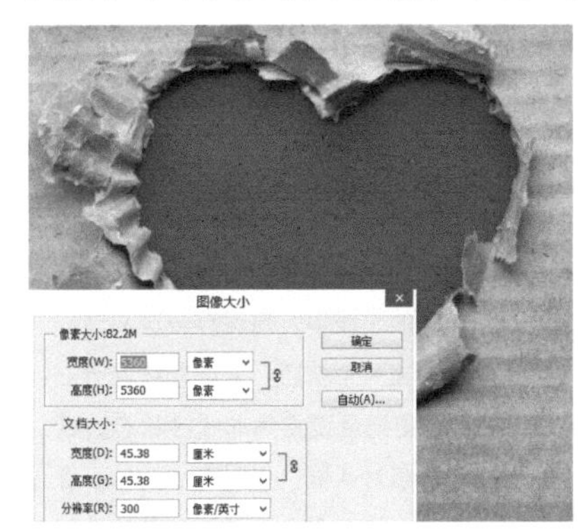

01 打开素材图片“限制图像.jpg”，选择【图像】-【图像大小】，记录图像尺寸。

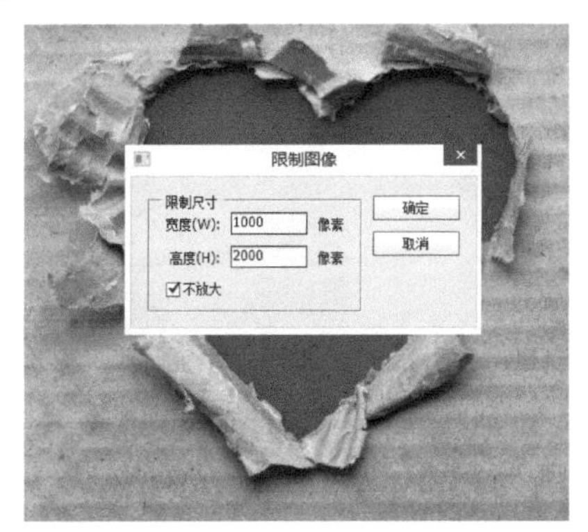

02 执行【文件】-【自动】-【限制图像】命令，设置【宽度】为 1000 像素，【高度】为 2000 像素。

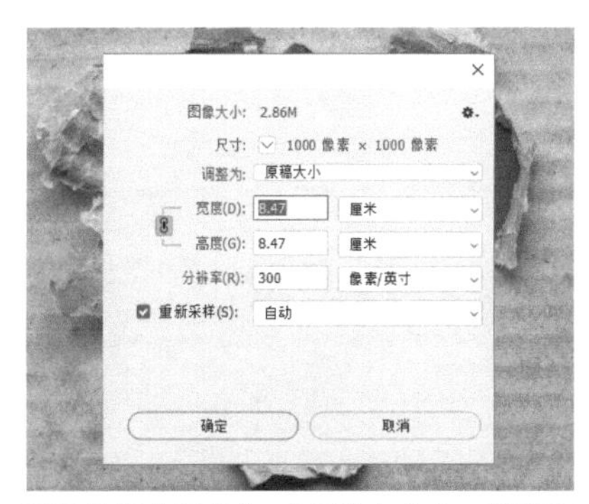

03 选择【图像】-【图像大小】，发现图像大小按照设置的数值改变，但分辨率并没有变化。所以设置的数会按照原来像素的比例改变。

34 历史记录

菜单栏 > 窗口

在 photoshop 中进行的每一步操作，都会记录在历史记录面板上。当出现误操作时，使用此功能可以恢复到之前某一步的操作。注意：对面板、颜色设置、动作和首选项的修改，不会记录在【历史记录】面板中。

面板

❶ 快照：显示的当前储存的快照，对于有图标的快照，代表的是使用【历史记录画笔】工具时，它作为历史画笔的源图像。默认打开图像文件时，自动创建一个快照。

❷ 当前状态：蓝色的选项代表图像当前的图像状态，灰色的选项代表撤销状态，但单击此状态可将图像恢复到该选项的编辑状态。单击快照可以撤销所有操作，单击最后一步操作可以恢复所有被撤销的操作。

❸ 从当前状态创建新的文档：基于当前操作的图像状态创建一个新的文件。

❹ 创建新快照：基于当前图像状态创建一个新的快照。按 Alt 键并单击图标还可以设置快照的名称和内容。

❺ 删除：选择一个操作步骤或快照，单击按钮或将操作步骤和快照拖到按钮上，即可删除。

实例：用历史记录面板恢复图像

01 打开素材图片“建筑图片 .jpg”，执行【图像】-【模式】-【CMYK 颜色】命令。【历史记录】面板会记录操作。

02 打开【调整】面板，单击【曲线】按钮，调整参数，提亮高光并压暗阴影。

03 打开【调整】面板，单击【色彩平衡】按钮，设置【青色】为 +19，【洋红】为 -7。

04 在【历史记录】面板中，按 Ctrl+Shift+Alt+E 组合键盖印可见图层，【历史记录】面板记录到目前为止的几乎所有操作。

05 单击【CMYK 颜色】，即可恢复至该步骤时的编辑状态。

提示：历史记录面板的设置

单击【历史记录】面板右上角的按钮，会弹出下拉菜单，选择【历史记录选项】命令可以对面板进行设置。自动创建第一幅快照：打开图像文件时，图像的初始状态自动创建为快照。存储时自动创建新快照：在编辑的过程中，每保存一次文件，都会自动创建一个快照。允许非线性历史记录：将历史记录设置为非线性状态。默认显示新快照对话框：强制 Photoshop 提示操作者输入快照名称。使图层可见性更改可还原：保存对图层可见性的更改。

35 工作区

菜单栏 > 窗口

工作区就是根据工作内容的不同，显示最常用的面板并隐藏不常用的面板。

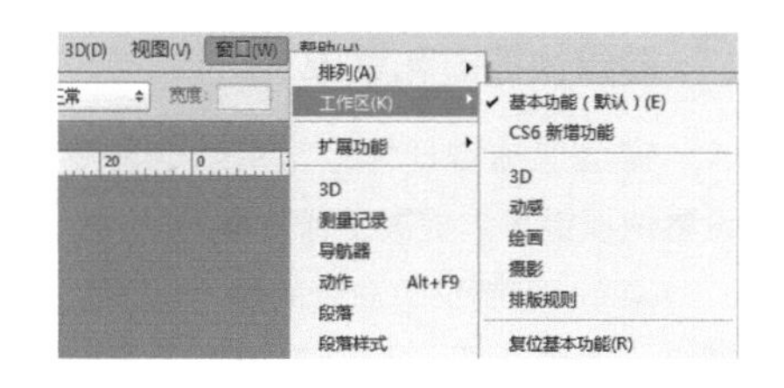

❶ 基本功能（默认）

基本工能（默认）工作区只显示 Photoshop 最常用到的功能。

❷ CS6 新增功能

在 Photoshop 各个菜单中，Photoshop CS6 新增的功能会显示为蓝色。

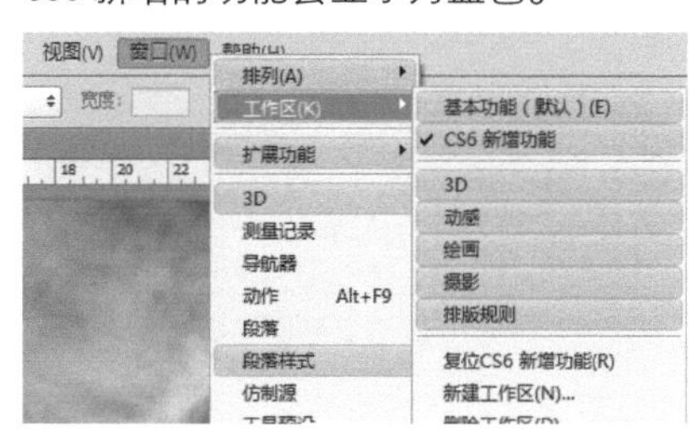

❸ 3D

3D 工作区主要显示常用的 3D 功能，如 3D 面板、属性面板和图层面板等。

❹ 动感

动感工作区主要显示常用的视频功能，如时间轴面板、调整面板和直方图等。

❺ 绘画

绘画工作区主要显示常用的绘画功能，如画笔预设面板、色板面板和图层面板等。

❻ 摄影

摄影工作区主要显示常用的修图功能，如调整面板、动作面板和属性面板等。

❼ 排版规则

排版规则工作区主要显示常用的文字排版功能，如字符面板，段落面板、字符样式面板和段落样式面板等。

❽ 新建工作区

Photoshop 可以自定义工作区，操作方法：（1）根据需要在【窗口】菜单中打开面板，并调整它们的位置（注意：不要关闭面板）；（2）执行【窗口】-【工作区】-【新建工作区】命令，设置工作区的名称，勾选【键盘快捷键】和【菜单】还可以将键盘快捷键和菜单的当前状态保存到自定义的工作区中。

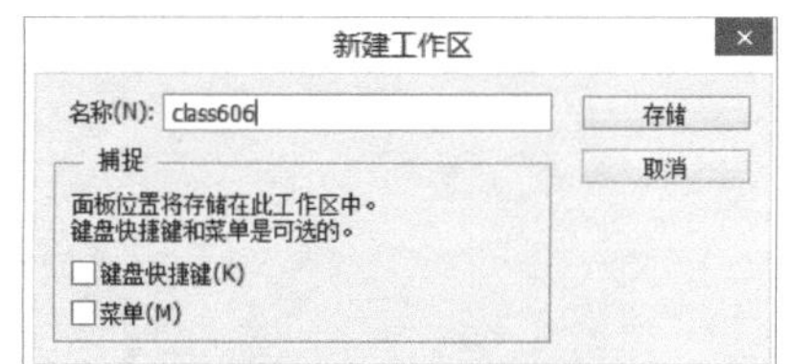

❾ 删除工作区

执行【窗口】-【工作区】-【删除工作区】命令，选择需要删除的工作区，单击【删除】按钮即可。注意：正在使用的工作区不能删除。

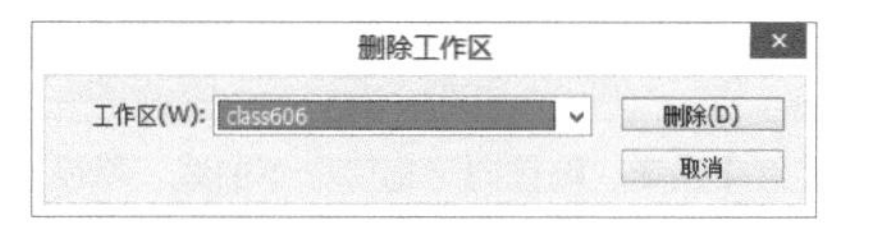

提示：设置工作区提高工作效率

根据不同的工作任务合理地设置工作区可以有效地提高工作效率。

⑩ 键盘快捷键和菜单

键盘快捷键：为经常用到的命令设置快捷键可以提高工作效率。

菜单：控制菜单命令的显示、隐藏、颜色，以便于更快地从菜单中找到相应的命令。

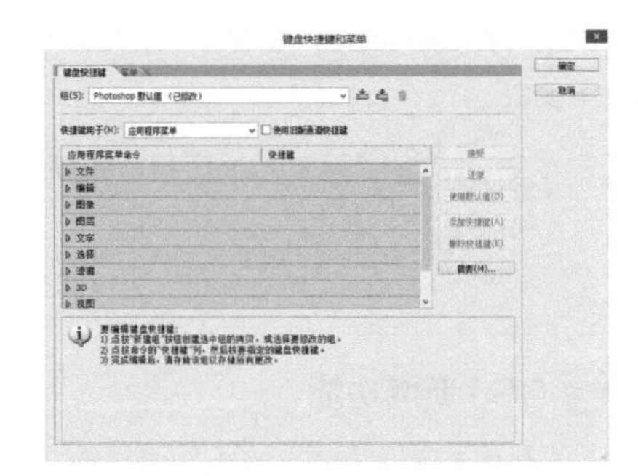

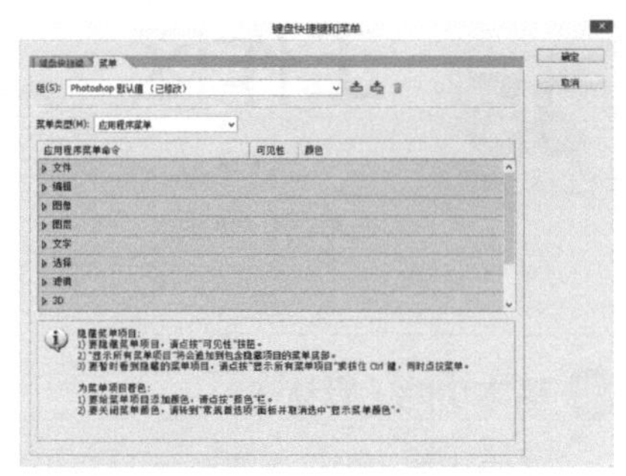

实例 1：高效率修图

通过创建键盘快捷键达到高效率工作的目的。

01 在 Photoshop 中打开“风景 -7.jpg”文件。

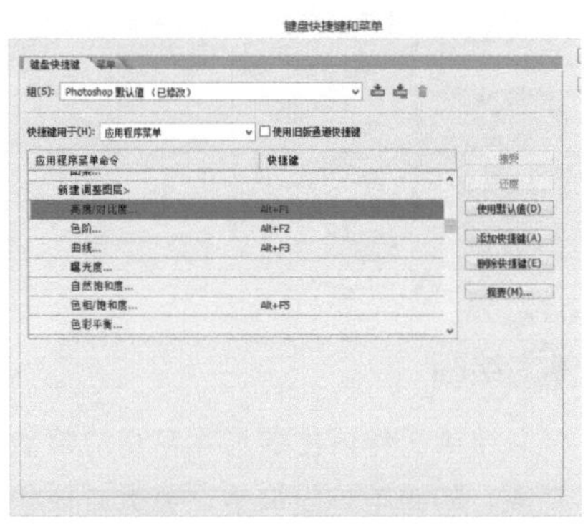

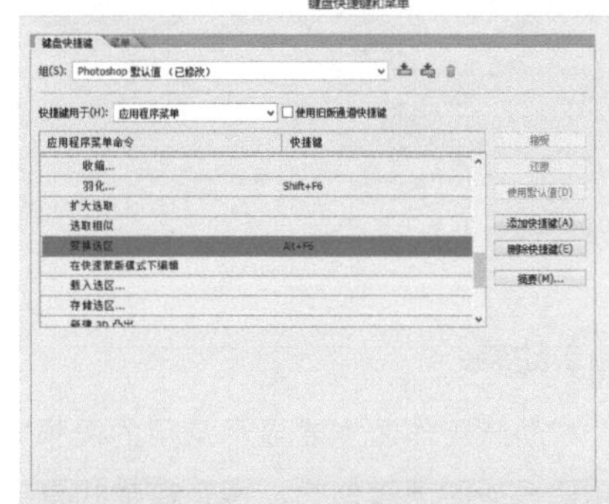

02 执行【窗口】-【工作区】-【键盘快捷键和菜单】命令，设置【快捷键用于】为应用程序菜单，【应用程序菜单命令】为图层 - 新建调整层，设置【亮度 / 对比度】为 Alt+F1，【色阶】为 Alt+F2，【曲线】为 Alt+F3，【色相 / 饱和度】为 Alt+F5。【应用程序菜单命令】为图层菜单，设置【变换选区】为 Alt+F6。

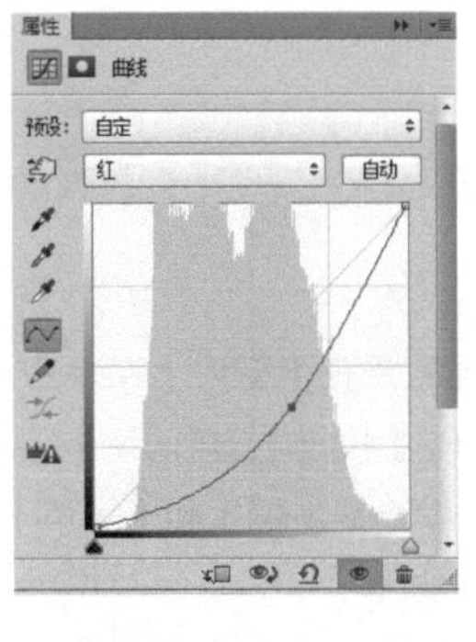

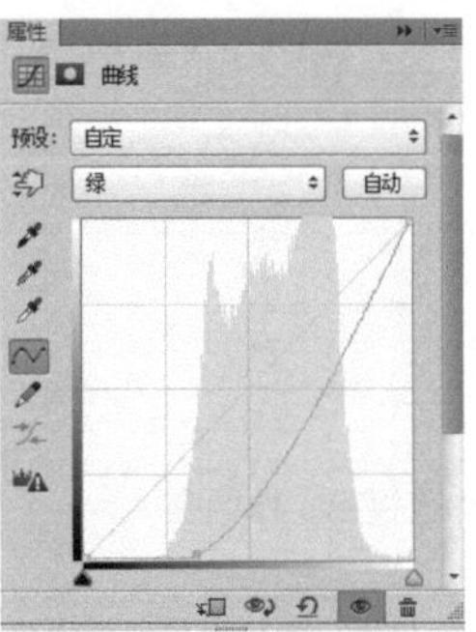

03 按 Alt+F3 组合键新建一个曲线图层，选择【红】通道，略微向下拖曳一下曲线，略微压暗图像中红色色调。选择【绿】通道和【蓝】通道往下拖曳曲线到底部，压暗图像中的蓝色和绿色色调，效果如上图所示。

04 按Alt+F1组合键新建一个亮度/对比度图层，设置【亮度】为10，【对比度】为0。

05 按Alt+F5组合键新建一个色相/饱和度图层，设置【色相】为0，【饱和度】为-17，【明度】为0。

06 使用椭圆选框工具在图像上创建一个椭圆选区。

07 按Alt+F6组合键变换选区，拖动控制点使选区扩大。

提示：变换选区和自由变换的区别

变换选区：拖动控制点可对选区进行旋转、缩放等变换操作，选区内的图像不会受到影响。

自由变换：拖动控制点可对图像或选区内的图像进行旋转、缩放等变换操作，图像或选区内的图像会受到影响。

08 在选区内单击右键，选择【羽化】命令，设置【羽化半径】为100像素。

09 按Ctrl+Shift+I组合键反向选区。

10 按Alt+F3组合键新建一个曲线图层，向下拖曳曲线使选区内图像的颜色亮度降低，呈现出暗角的效果。

实例2：自定义菜单命令

自定义菜单命令可以隐藏菜单中不常使用的命令并进行分级，使得命令可以快速地被找到。下面的案例以图像菜单为例。

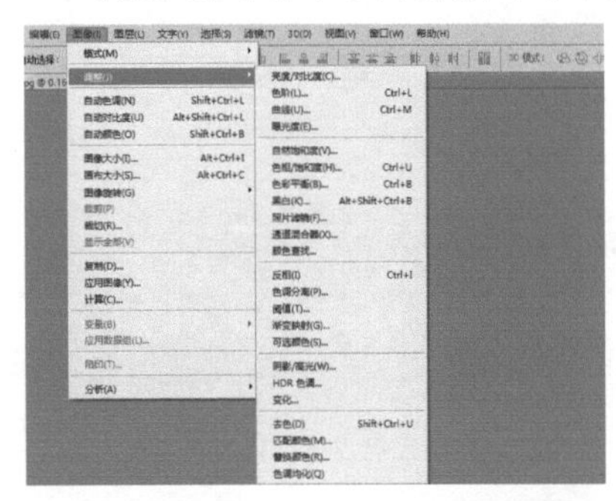

01 不同的工作，经常使用的命令也不太一样，并且各项命令分级不太明显，查找时不是很方便。以修图工作为例。

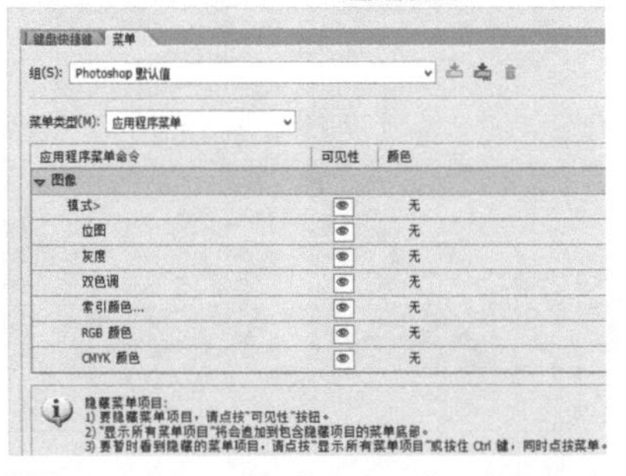

02 执行【窗口】-【工作区】-【键盘快捷键和菜单】命令，选择【菜单】选项卡。单击下面项目中的按钮可以显示/隐藏命令，单击右侧的颜色可以设置命令的颜色。

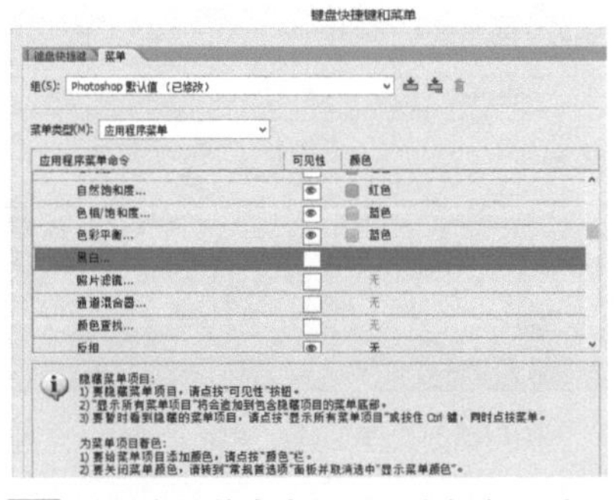

03 对于常用的命令可以设为红色，对于次级的命令设为蓝色，不常用的命令设置为隐藏。

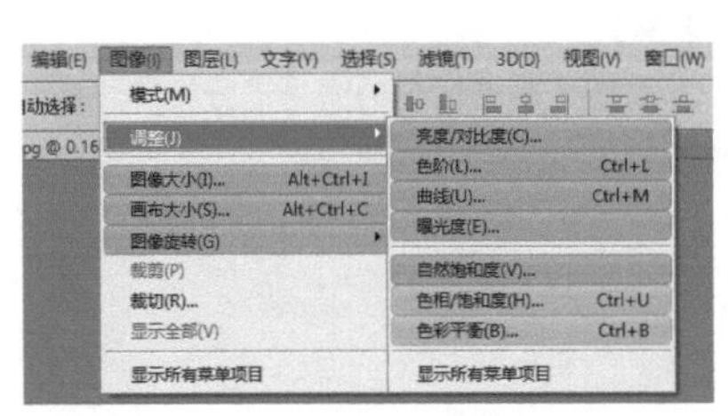

04 此时图像菜单就比较简洁清晰，查找命令也比较方便。

提示：显示和隐藏所有命令的操作方法

如果想要显示所有的命令，单击菜单最下面的【显示所有菜单项目】命令，即可显示所有隐藏的命令，如右图所示。

如果想要恢复菜单到初始状态，执行【窗口】-【工作区】-【键盘快捷键和菜单】命令，选择【菜单】选项卡，按住Alt键不放，面板的【取消】变为【复位】单击即可。

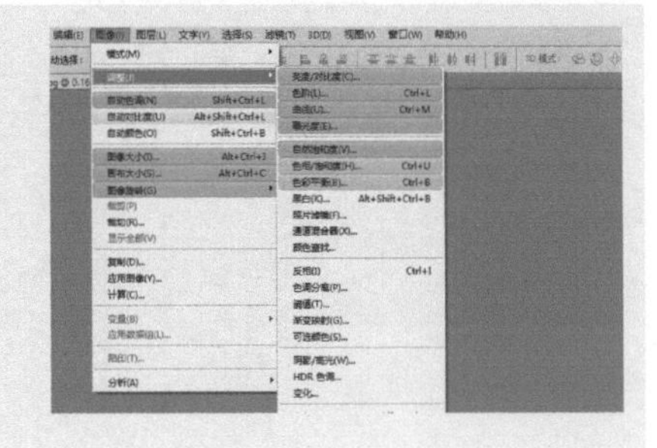

36 排列

窗口菜单

【排列】命令可以控制多张图片在工作区的显示方式。

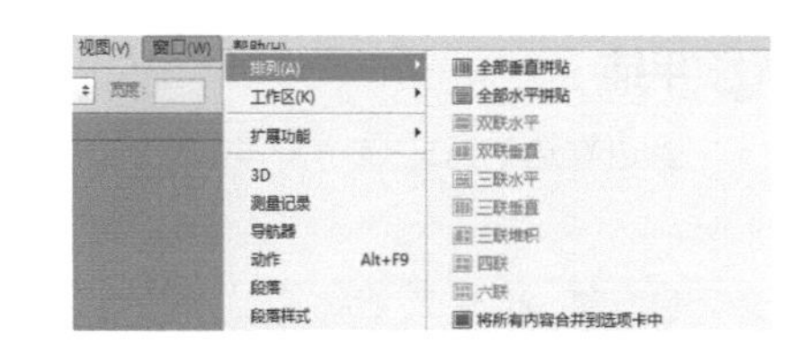

❶ 全部垂直拼贴

❷ 全部水平拼贴

❸ 双联水平

❹ 双联垂直

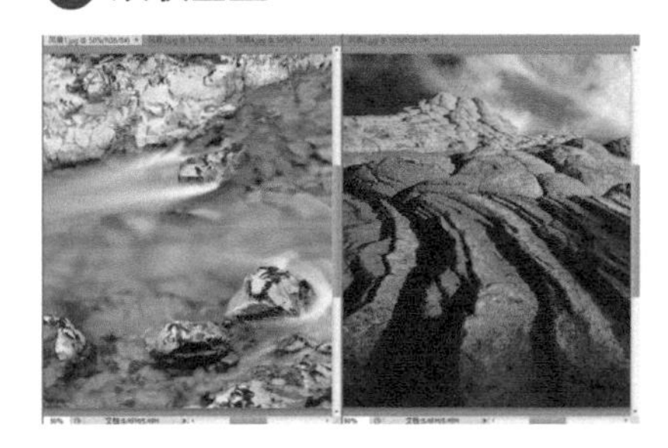

❺ 三联水平

❻ 三联垂直

❼ 三联堆积

❽ 四联

❾ 六联

❿ 将所有内容合并到选项卡中

恢复为默认的视图状态，即全屏显示一个图像，其他图像最小化到选项卡中。

⓫ 层叠

从屏幕的左上角到右下角以堆叠和层叠的方式显示未停放的窗口。

提示：排列文件的关键点

如果想要用三联或四联等方式排列，需要至少打开相应数量的文件，如六联至少需要打开 6 个文件，否则无法使用。使用【层叠】命令，需要将文件在窗口中浮动，否则没有任何效果。

⑫ 平铺

以边靠边的方式显示窗口。

⑬ 在窗口中浮动

允许当前显示图像自由浮动，即可拖动标题栏移动窗口。

⑭ 使所有内容在窗口中浮动

使所有文档窗口都浮动，当前显示图像，浮现在最前。

⑮ 匹配缩放

将所有窗口都匹配到与当前窗口相同的缩放比例。如右图所示，当前窗口（红框）的缩放比例为 33.33%，另外一个窗口的缩放比例为 50.58%，执行该命令后，该窗口的显示比例也会调整为 33.33%。

⑯ 匹配位置

将所有窗口中图像的显示位置都匹配到与当前窗口相同，如下图所示。

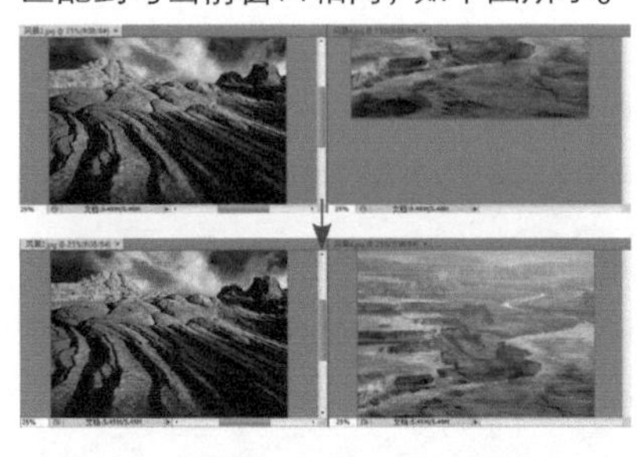

⑰ 匹配旋转

将所有窗口中画布的旋转角度都匹配到与当前窗口相同，如右图所示。

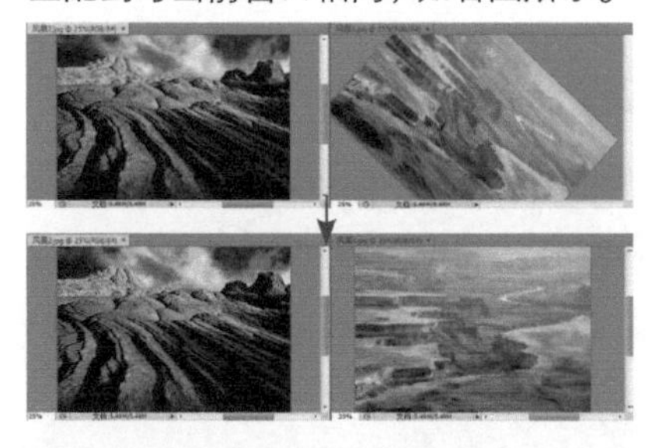

⑱ 全部匹配

将所有窗口的缩放比例、图像显示位置、画布旋转角度与当前窗口匹配。

提示：旋转画布

旋转画布可以使用旋转视图工具，它在工具箱中。旋转视图工具能够在不破坏图像的情况下按照任意角度旋转画布，而图像本身的角度并未实际旋转。

⑲ 为（文件名）新建窗口

为当前文档新建一个窗口，新窗口的名称会显示在【窗口】菜单的底部。

主要作用：在修饰图片细节时，还能通过小窗口看整体效果，如右图所示。

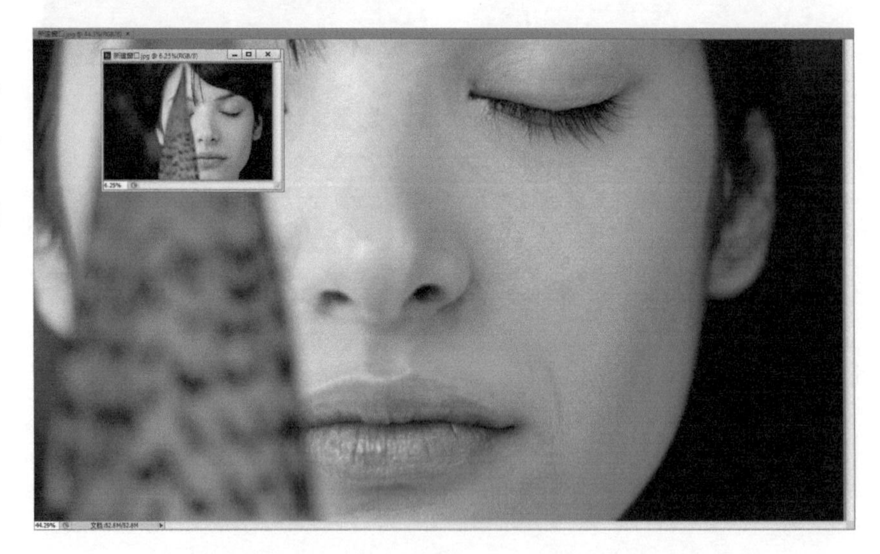

37 信息面板

窗口菜单 快捷键：F8

【信息】面板可以显示鼠标指针下面的图片信息，如颜色值、鼠标指针的坐标位置、选区大小、文档大小和当前工具使用提示。

原图

面板

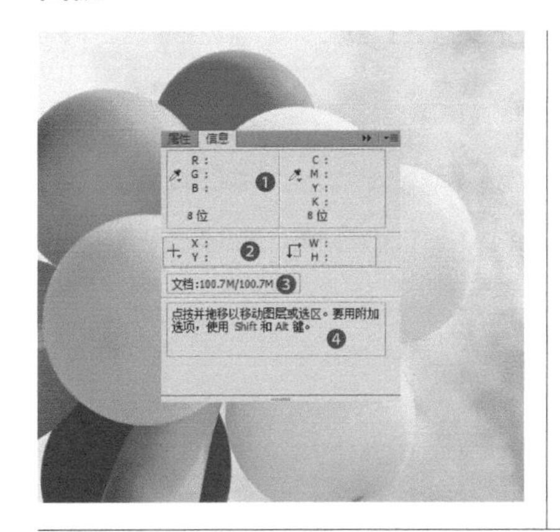

❶ 色彩信息：将鼠标指针放在图像上，面板中会显示鼠标指针下面的颜色值。第一列为当前的实际颜色数值，第二列为印刷时图像使用的油墨量。如果 CMYK 值旁边出现一个感叹号，则当前颜色超出 CMYK 色域。在下面还会显示图片的颜色通道位数。下左图为 RGB 模式图像，下右图为 Lab 模式图像。

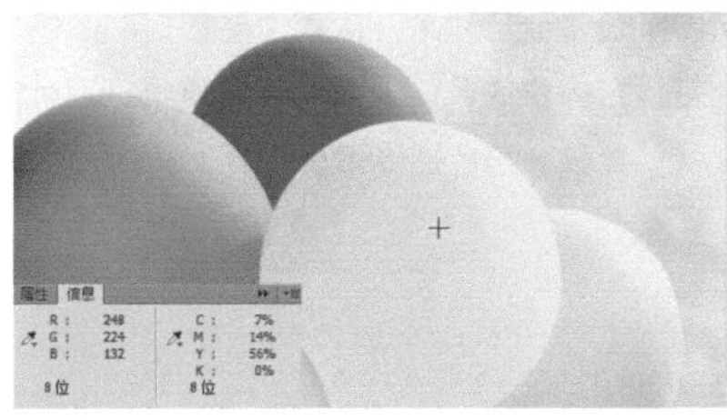

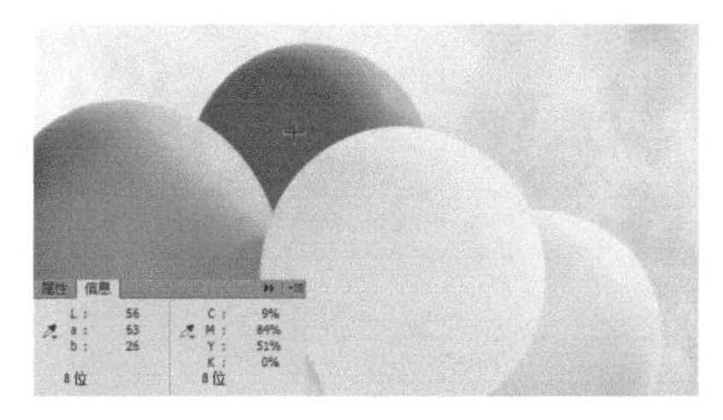

❷ 位置信息：将鼠标指针放在图像上，面板中会显示鼠标指针下面的坐标。如果图像包含选区和路径等，在第二列还会显示宽度（W）和高度（H）。

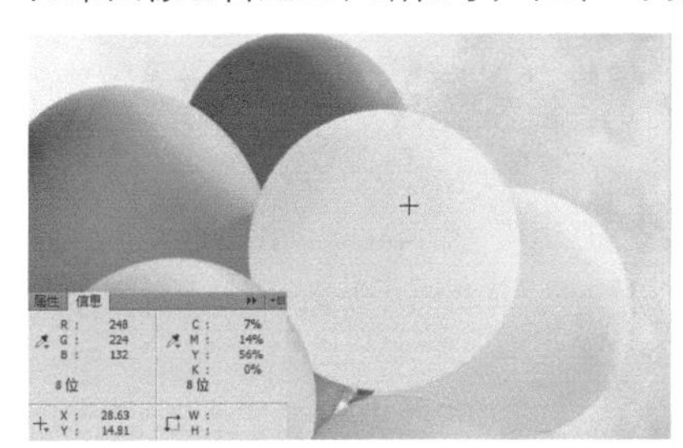

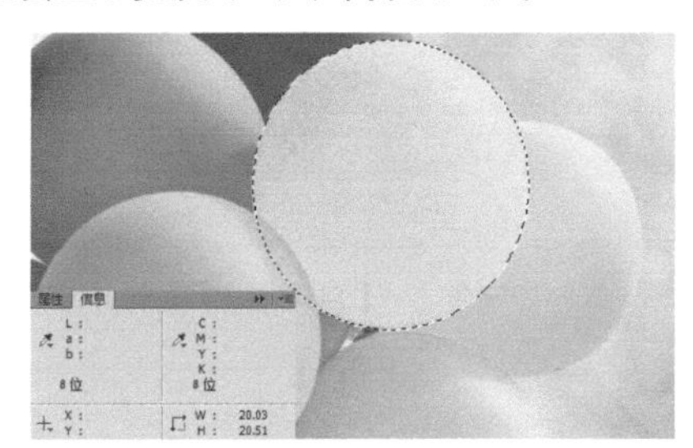

❸ 文档：显示当前文档的文件大小。

❹ 显示工具提示：可以显示与当前使用的工具有关的提示信息。

38 裁剪并修齐照片

菜单栏 > 文件 > 自动

【裁剪并修齐照片】命令可以把一张图片里的多个图片，自动地裁剪为各个图片并变为单独文件，使用起来很方便。

实例：处理扫描的照片

使用 Photoshop 修改老照片时，需要通过扫描仪将它们扫描到电脑中，一般也是将多张照片扫描在一个文件中。通过【裁剪并修齐照片】命令自动将各个图像裁剪为单独的文件。

01 在 Photoshop 中打开素材图片“裁剪并修齐照片.jpg”。

提示：扫描图像需要注意的地方

为了获得最佳效果，应该使要扫描的图像之间保持 1/8 英寸的间距，而且保证背景（通常是扫描仪的台面）用的颜色均匀，没有什么杂色。

裁剪并修齐照片命令最适于外形轮廓十分清晰的图像。

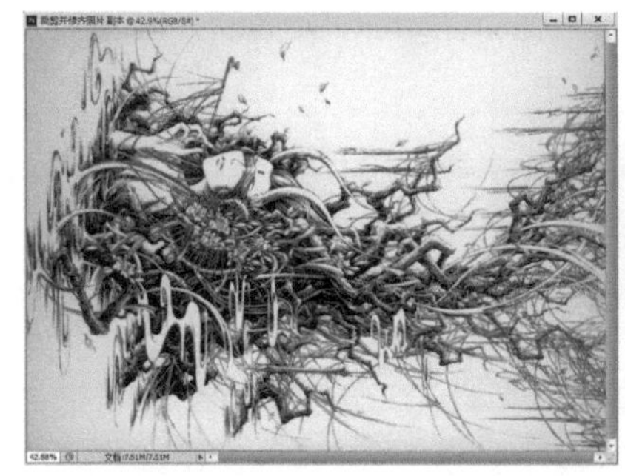

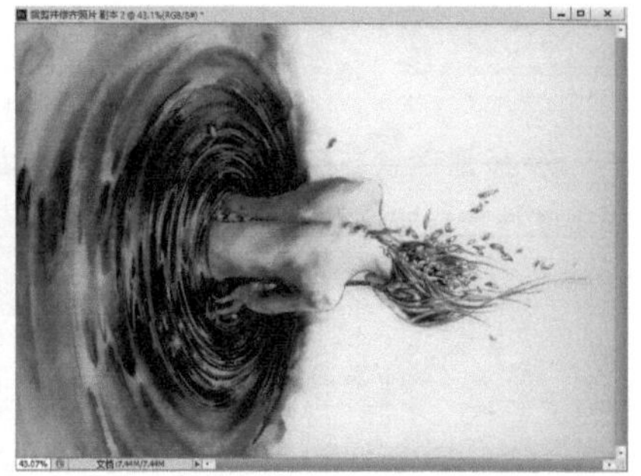

02 执行【文件】-【自动】-【裁剪并修齐照片】命令，素材图片会变为两个单独文件，并被旋转。

39 存储为Web所用格式

菜单栏 > 文件

优化图像，以减小文件，可使 Web 服务器更加高效地存储和传输图像。

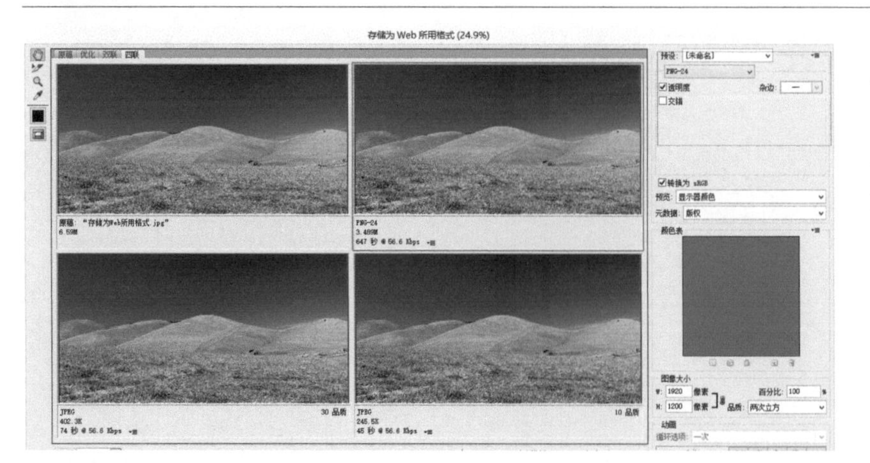

面板右上角可以设置优化模式和优化参数。

PNG-8 和 GIF 格式用于压缩具有单调颜色和清晰细节的图像，如艺术线条、徽标或带文字的插图。JPEG 是用于压缩连续色调图像的标准格式，如照片。PNG-24 适合于压缩连续色调图像，但其文件比 JPEG 的大。WBMP 格式是用于优化移动设备（如移动电话）图像的标准格式，优化后，图像中只包含黑色和白色的像素。

合并到 HDR Pro

菜单栏 > 文件 > 自动

它可以把同一场景、不同曝光度的多张图像拼合起来，获得更多的明暗细节，使色调层次更加丰富。

实例：合并为 HDR 图像

01 在 Photoshop 中打开素材图片“hdr.tif”“hdr-minus.tif”“hdr-plus.tif”。这 3 张图片是以不同曝光值拍摄的同一地点的照片。

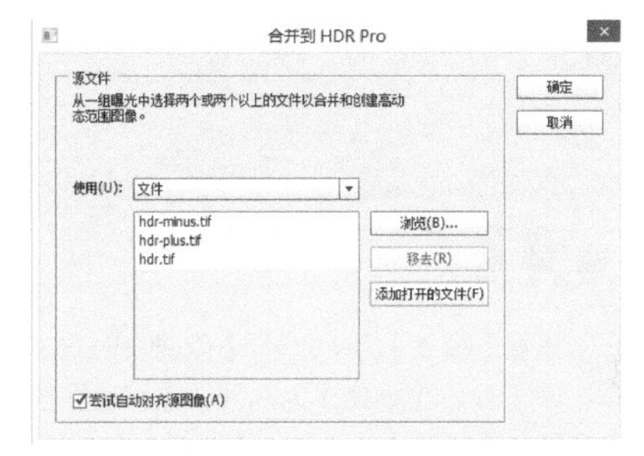

02 执行【文件】-【自动】-【合并到 HDR Pro】命令，单击【添加打开的文件】，将已打开的 3 张图片添加到列表中。

03 Photoshop 会对图像进行处理并弹出【合并到 HDR Pro】面板，在面板上可以对图像效果进行调整和设置。

各参数的概念

❶移去重影：勾选此选项，Photoshop 会自动移去多图之间图像微小移动，在合成时引起的重影。

❷模式：可以为合并后的图像选择一个位深度，包括 32 位、16 位和 8 位，但只有 32 位 / 通道的文件可以存储全部 HDR 图像数据。模式后面的下拉菜单叫作色调映射方法，选择【局部适应】可通过调整图像中的局部亮度区域来调整的 HDR 色调；选择【色调均化直方图】可在压缩 HDR 图像动态范围的同时，尝试保留一部分对比度；选择【曝光度】和【灰度系数】可手动调整 HDR 图像的亮度和对比度，移动【曝光度】滑块可以调整亮度，移动【灰度系数】滑块可以调整对比度；选择【高光】，可压缩 HDR 图像中的高光值，使其介于 8 位 / 通道或 16 位 / 通道的图像文件的亮度值范围内。

❸边缘光：【半径】选项用来指定局部亮度区域的大小；【强度】选项用来指定色调值相差比较大的两个像素，分别属于不同的亮度区域。

❹色调和细节：【灰度系数】设置为 1.0 时动态范围最大；较低的设置会加重中间调，而较高的设置会加重高光和阴影。【曝光度】的数值反映光圈大小。拖动【细节】滑块可以调整锐化程度。

❺高级：【阴影】用于调整暗部颜色的明暗程度，【高光】用于调整亮部颜色的亮暗程度。【自然饱和度】用于调整色彩的饱和度。【自然饱和度】用于调整细微的颜色强度，并避免溢色。

❻曲线：可通过曲线调整 HDR 图像。勾选【边角】，拖动控制点时，曲线会变为尖角，可以对曲线进行更大幅度的调整。单击右下角的按钮可以复位曲线，即将曲线恢复到初始状态。

04 设置【模式】为 16 位，【色调映射方法】为局部适应，【半径】为 181，【强度】为 0.35，【灰度系数】为 0.84，【曝光度】为 0.20，【细节】为 158，【阴影】为 -58，【高光】为 -1，【自然饱和度】为 58，【饱和度】为 5，使图像的暗部细节显示出来。

05 单击【曲线】，将曲线调整为 S 形，略微增强色调的对比度。

06 合成出来的 HDR 图像会放在一个新的文档里面。

07 使用污点修复画笔工具擦除图像中的脏点。

08 按 Ctrl+J 组合键复制背景图层。选择【滤镜】-【模糊】-【高斯模糊】，设置【半径】为 1，并对图像进行模糊处理。

提示：对于素材图片的要求

如果要通过 Photoshop 合成 HDR 照片，至少要拍摄 3 张不同曝光度的照片且每张照片的曝光度相差一挡或两档；其次要通过改变快门速度（而非光圈大小）进行包围式曝光，以避免照片的景深发生改变，并且最好使用三脚架。

09 单击【图层】面板下面的【添加图层蒙版】，使用画笔工具在高光部分涂抹黑色，设置图层1的不透明度为50%。

10 选择“背景”图层，按Ctrl+J组合键复制该图层，再按Ctrl+]组合键将该图层移至顶层。选择【滤镜】-【风格化】-【查找边缘】，按Ctrl+Shift+U组合键执行【去色】命令，使图像呈现出线描的效果。

11 选择“背景副本”图层，设置【混合模式】为变暗，【不透明度】为30%。

12 打开【调整】面板，单击【照片滤镜】按钮，选择颜色，设置【浓度】为88%，【混合模式】为变暗。

镜头校正

菜单栏 > 文件 > 自动

【镜头校正】可以自动校正由相机镜头导致的缺陷，例如桶形和枕形失真，色差，晕影等，也可以校正倾斜的照片，还可以拉直照片中的弯曲对象。

面板

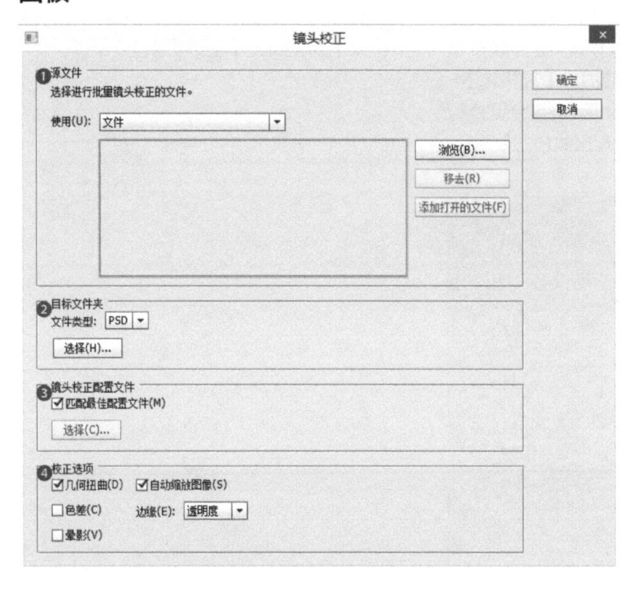

❶ 源文件：设置需要处理的文件或文件夹。单击【浏览】按钮可以查找文件或文件夹并将其添加到面板中，单击【添加打开的文件】按钮可以将所有打开的文件添加到面板中。如果需要删除文件，只要选中文件单击【移去】按钮即可。

❷ 目标文件夹：设置处理完毕的文件保存的位置和文件类型。单击【选择】可以设置保存地址。

❸ 镜头校正配置文件：勾选后 Photoshop 会自动给照片匹配校正文件。

❹ 校正选项：勾选相应的选项就可给文件添加调整选项。【几何扭曲】校正镜头桶形或枕形失真。【自动缩放图像】用于防止校正后照片超出原始尺寸。【色差】用于校正色边。【晕影】用于校正由镜头缺陷或镜头遮光处理不正确而导致边缘较暗的照片。【边缘】用于设置校正后出现空白区域的填充内容。

实例：快速校正多张图片

使用这个功能可自动完成镜头校正，能快速处理大批量图片，并将之保存在所设置的文件夹中。

01 在 Photoshop 中打开素材图片“镜头校正 .jpg”和“镜头校正 2.jpg”。

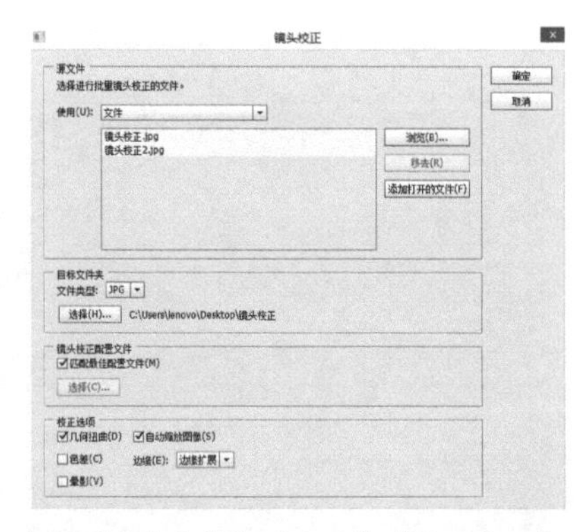

02 选择【文件】-【自动】-【镜头校正】，单击【添加打开的文件】，将打开的 2 张图片添加到列表中，设置保存的位置和文件类型，勾选【匹配最佳配置文件】【几何扭曲】和【自动缩放图像】，设置【边缘】为边缘扩展。

03 Photoshop 自动处理文件并将处理完毕的图片保存在所设置的文件夹里。两张图片快速地校正完毕。

42 编辑 – 菜单

菜单栏　快捷键：Alt+Shift+Ctrl+M

对于 Photoshop 中所有的菜单命令，【菜单】可对常用的菜单命令进行自定义颜色、隐藏，并将其预设储存，同时可以隐藏部分不常用的菜单命令，以便在使用时快速找到相应的工具。

❶ 为菜单命令定义颜色

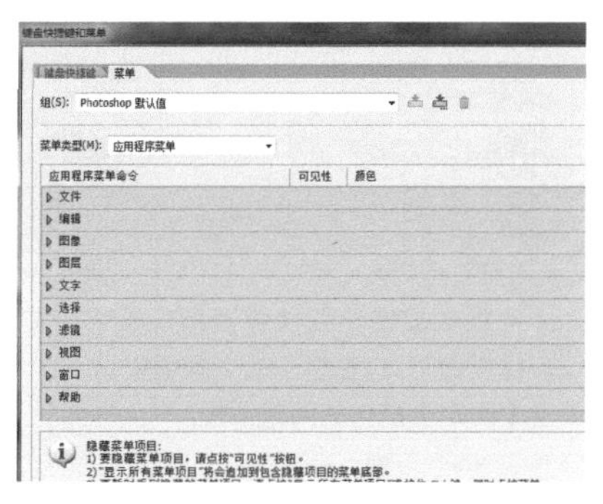

01 在【键盘快捷键与菜单】对话框中，选择【应用程序菜单】，单击【图像】命令前的三角按钮，展开该选项。

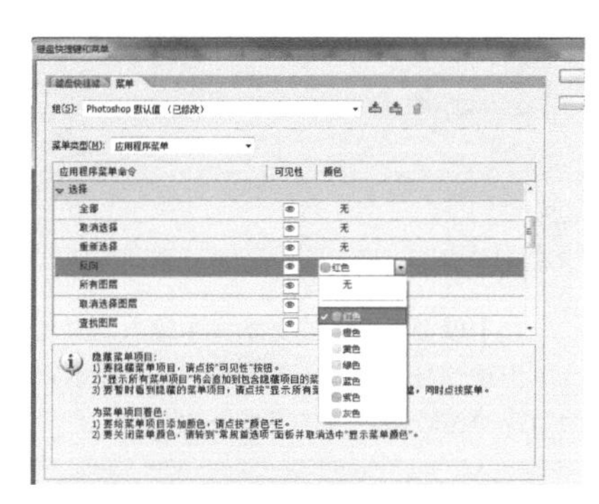

02 在打开的列表中选择【反向】，单击【无】可选择颜色模式，如红色。

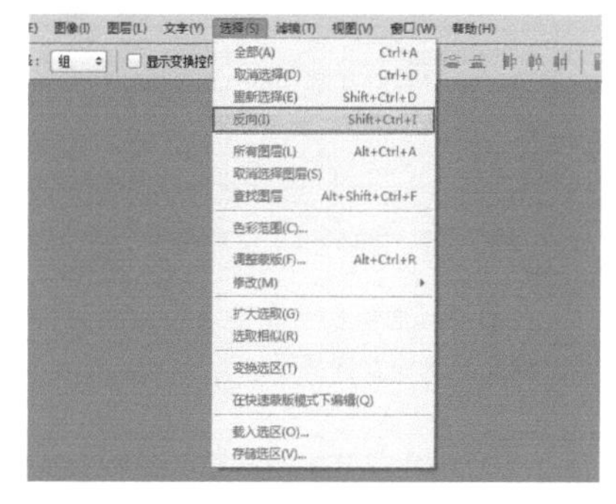

03 单击【确定】按钮关闭对话框。打开【选择】菜单可见到【反向】命令已经凸显为红色了。

❷ 隐藏不常用的菜单命令

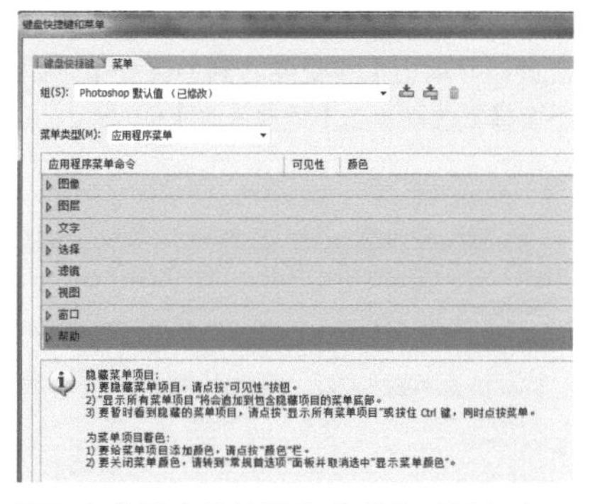

01 在【键盘快捷键和菜单】对话框中，选择【应用程序菜单】，单击【帮助】命令前的三角按钮，展开该选项。

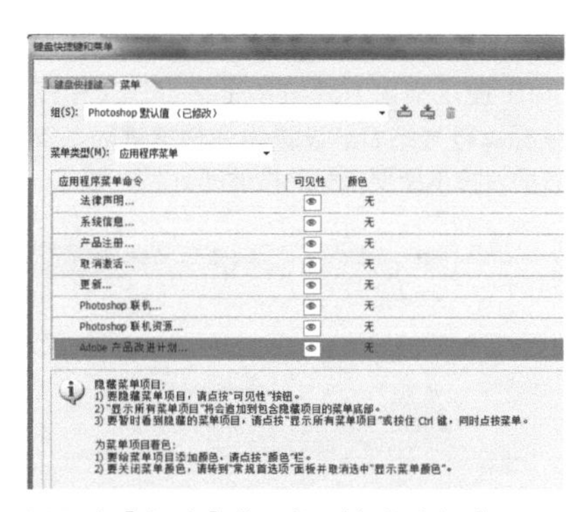

02 在【帮助】的下拉列表中选择【Adobe 产品改进计划】，单击👁按钮。

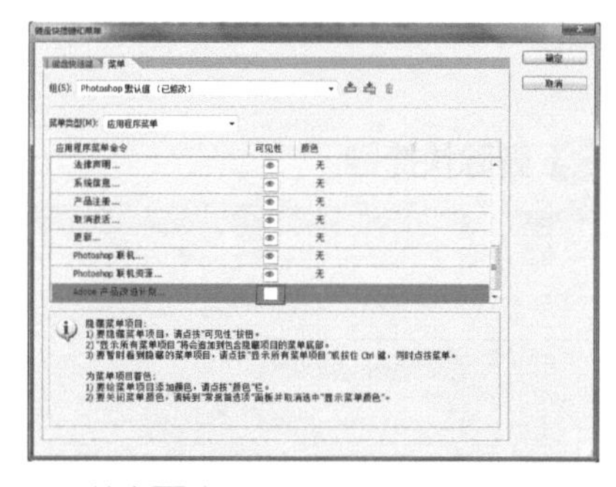

03 单击👁按钮，显示已关闭，再单击右上角的【确定】按钮。

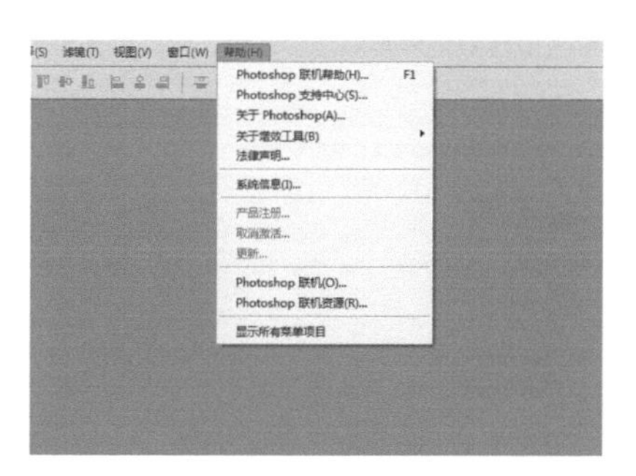

04 打开【帮助】菜单可看见【Adobe 产品改进计划】命令已经被隐藏。

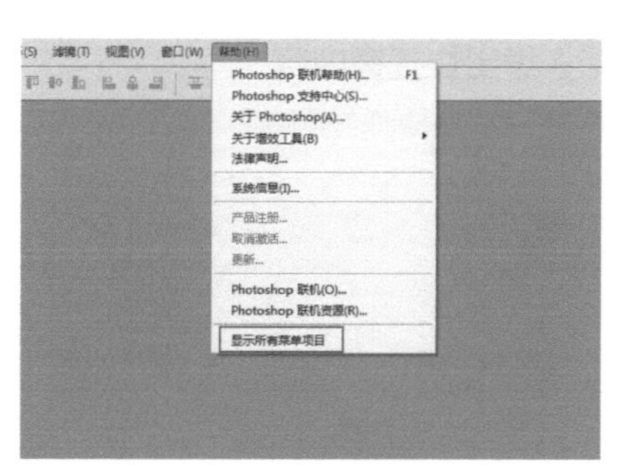

05 如需将隐藏的命令全部显示在列表中，可单击【帮助】下拉列表最底下的【显示所有项目】即可。

提示：关闭菜单颜色标记

如需要关闭菜单的颜色标记设置，可在【编辑】–【首选项】–【界面】–【选项】中选中【显示菜单颜色】即可取消。

43 编辑－键盘快捷键

菜单栏　快捷键：Alt+Shift+Ctrl+K

键盘快捷键是 Photoshop 为了提高工作效率定义的快捷方式，它用一个或几个简单的字母来代替常用的命令，使我们不用去记忆众多的长长的命令，具有快捷方便、个性化、自定义等特点。

❶ 新建快捷键

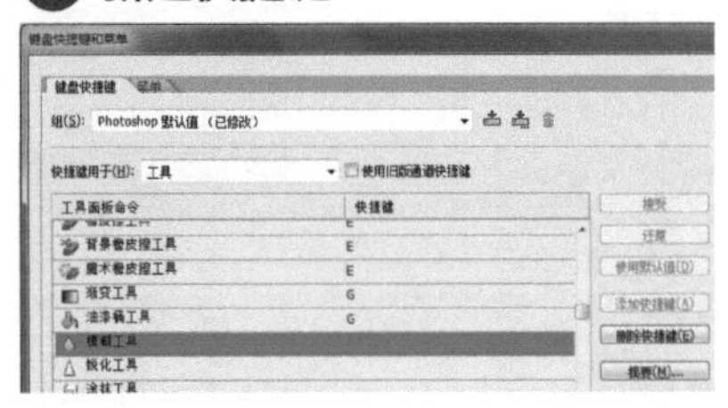

01 在【工具面板命令】列表中可看见模糊工具未设置快捷键。

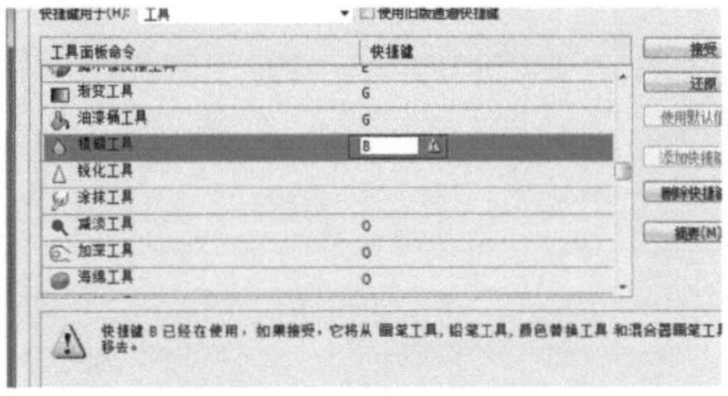

02 在【模糊工具】的文本框中输入“B”，出现快捷键“B”已经被占用的提示。因为快捷键较多，往往容易发生冲突。

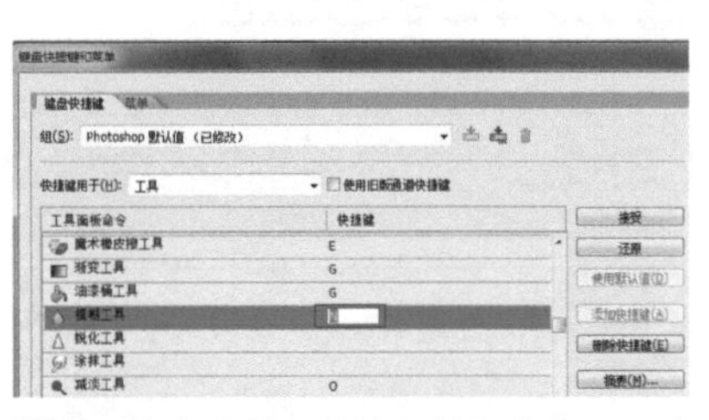

03 可将未被使用的快捷键指定给它。选择模糊工具，在显示的文本框中输入“N”，单击【确定】按钮关闭对话框。

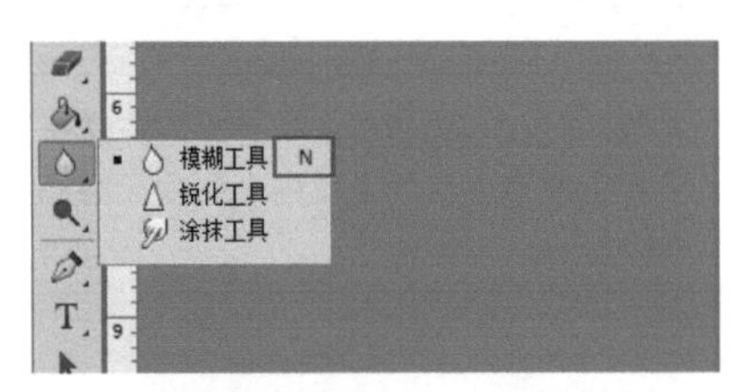

04 在工具箱中可以看到，快捷键“N”已经分配给了模糊工具。

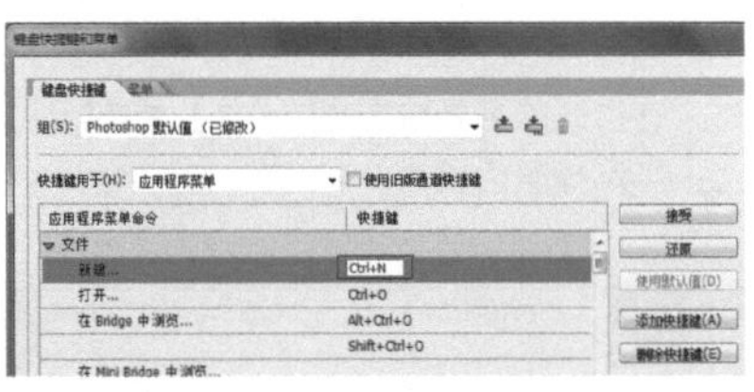

05 快捷键分为单个键和组合键。组合键的设置方法一般为：将 Ctrl、Alt 和 Shift 键以不同方式与单个字母、F1-F12 或标点符号结合。设置组合快捷键时，应该同时按下所要搭配的按键即可。

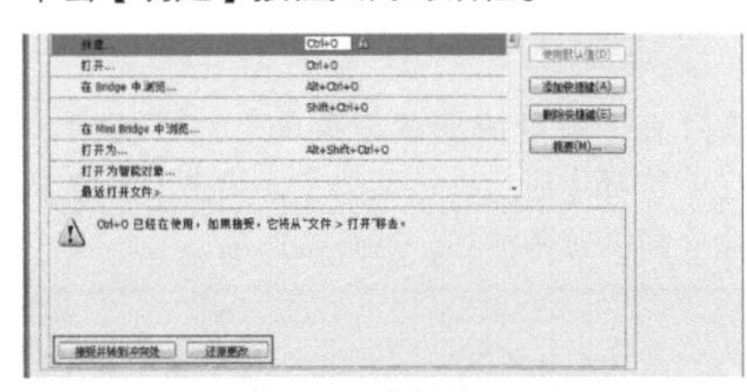

06 当所设置的组合键已经被使用，面板会出现警告提示。如仍选择设置该组合键，可单击【接受并转到冲突处】，如不选择更改则单击【还原更改】即可。

❷ 删除快捷键

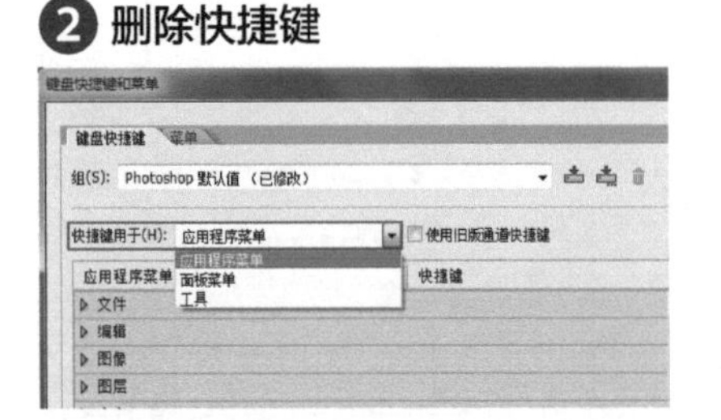

01 【快捷键用于】中有【应用程序菜单】【面板菜单】【工具】3个命令，其中所包含的所有快捷键都可更改。

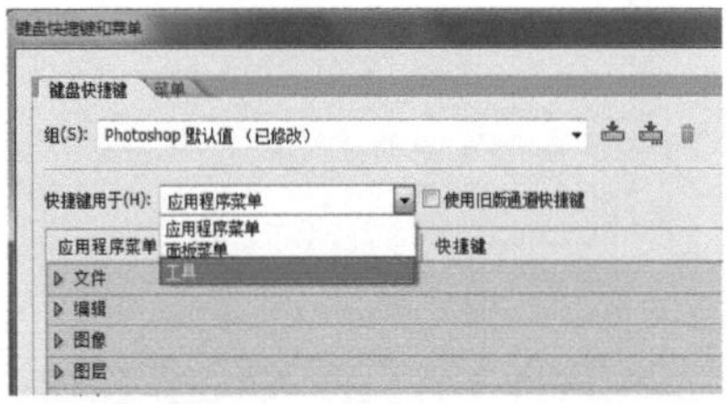

02 在【快捷键用于】列表中选择【工具】。

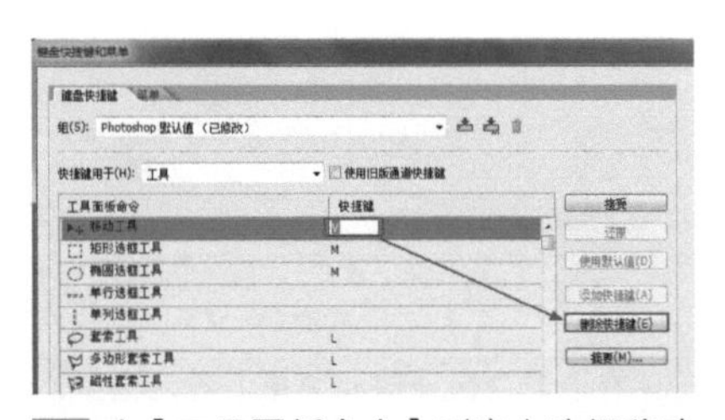

03 在【工具面板命令】列表中选择移动工具，可见它的快捷键是“V”，然后单击右侧的【删除快捷键】按钮，即可删除该工具的快捷键。

❸ 恢复系统默认快捷键

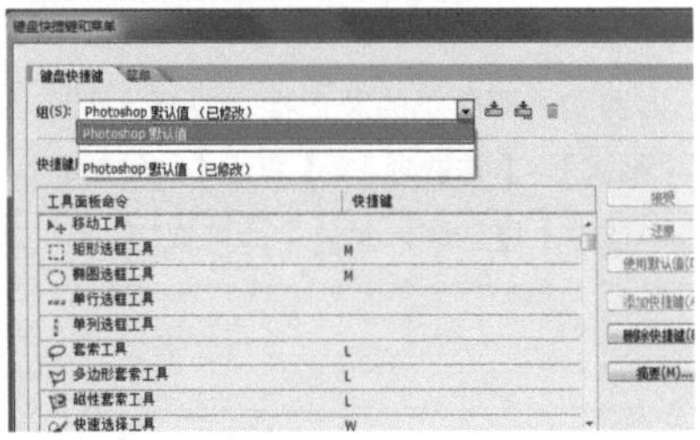

在【组】列表中选择【Photoshop 默认值】，即可恢复系统默认的快捷键设置。

❹ 导出快捷键内容

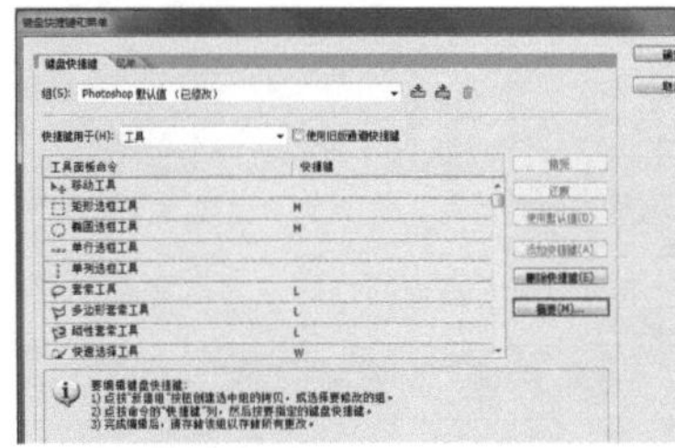

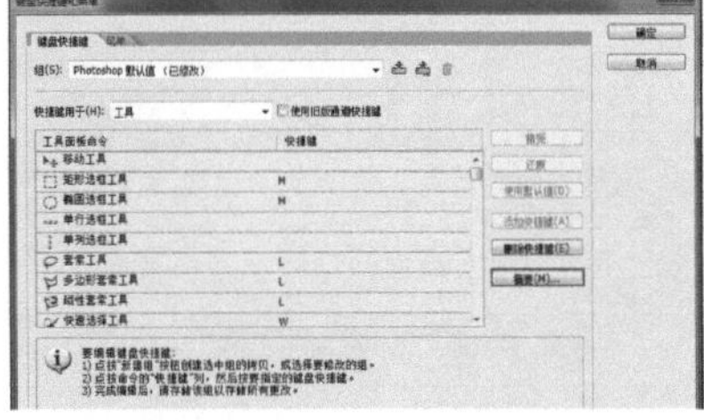

01 快捷键设置好后，可单击【键盘快捷键和菜单】对话框中的【摘要】按钮将内容进行导出。

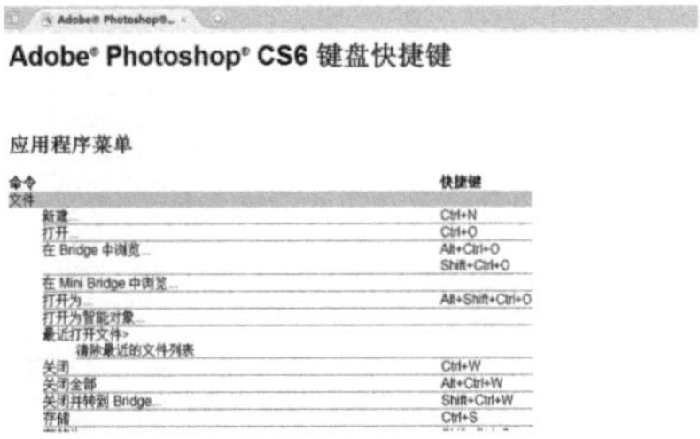

02 单击【摘要】按钮后，可将快捷键内容导出到 Web 浏览器中，以便记忆和查询。

第 3 章

滤镜

滤镜是 Photoshop 的特色功能之一，它能够快速地实现多种视觉特效。本章主要讲解 Photoshop 的滤镜功能，每个滤镜的讲解都尽可能包含了其作用、核心参数、练习素材、典型案例，以及配套视频教学。通过本章的学习，读者可以迅速掌握 Photoshop 工具箱中的常用滤镜。

01 智能滤镜

菜单栏 > 滤镜

智能滤镜是一种非破坏性滤镜，不会修改图像的原始数据，这类似于图层的作用。

智能滤镜和普通滤镜的区别

普通滤镜用于修改图片的像素，在文件保存并且关闭之后，就无法将图片恢复到原来的效果。下图为经过晶格化处理的图片效果。

智能滤镜不会直接修改图片的原始数据，它是将滤镜效果应用于智能对象上，并会产生一个类似图层样式的列表。在列表上可以随时隐藏、删除或修改滤镜效果。下图为经过晶格化处理的图片效果。

实例：制作汽车海报效果

01 打开素材图片“跑车 .jpg”。

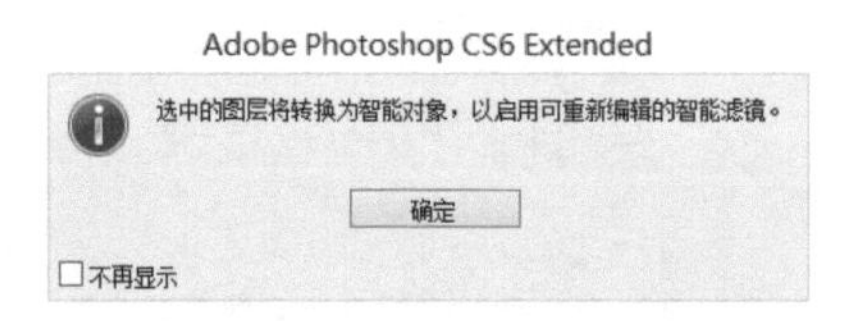

02 执行【滤镜】-【转换为智能滤镜】命令，会弹出一个信息框，单击【确定】按钮，此时【图层】面板中“背景”图层变为智能对象。

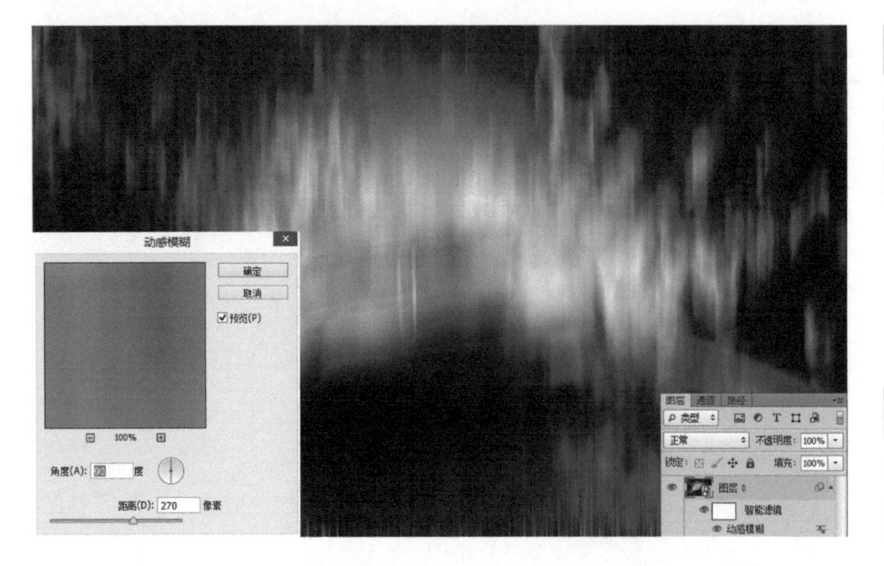

提示：智能滤镜可以使用的滤镜

智能滤镜可以使用大部分的滤镜，除了液化、消失点、场景模糊和镜头模糊等个别的滤镜。

03 执行【滤镜】-【模糊】-【动感模糊】命令，设置【角度】为 90，【距离】为 270。【图层】面板会出现一个列表，最上面是一个滤镜蒙版，接下来是所添加的滤镜。

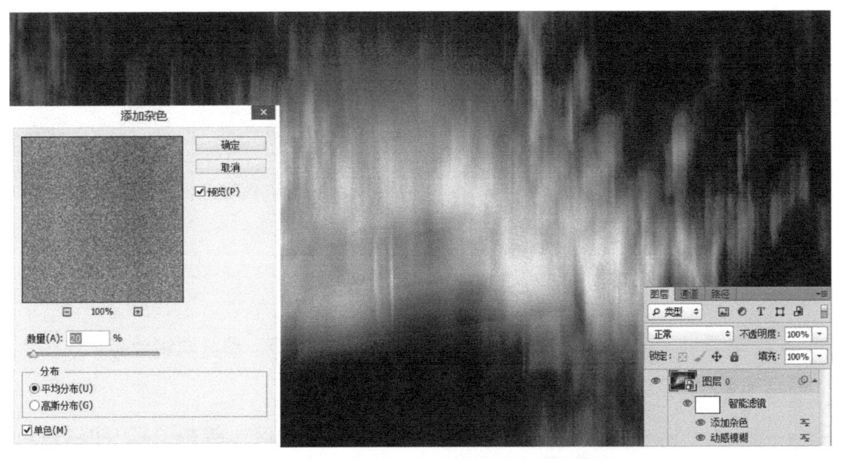

提示：修改智能滤镜

修改智能滤镜只需要在【图层】面板上双击滤镜，就会弹出滤镜的设置面板。

04 执行【滤镜】-【杂色】-【添加杂色】命令，设置【数量】为 20，【分布】为平均分布，勾选【单色】，单击【确定】按钮。【图层】面板上的列表会出现一个新滤镜。

05 选择滤镜蒙版，选择画笔工具，在【画笔预设】中选择第一个笔触，设置【颜色】为黑色，【不透明度】为 50%。使用画笔工具对汽车进行涂抹，使汽车不显示滤镜效果。

❶ 显示或隐藏智能滤镜

执行【图层】-【智能滤镜】-【停用智能滤镜】命令或单击智能滤镜前的 按钮可以隐藏单个智能滤镜，可以显示或隐藏所有智能滤镜。

❷ 停用滤镜蒙版

执行【图层】-【智能滤镜】-【停用滤镜蒙版】命令，可以暂时停用滤镜蒙版，智能滤镜的蒙版就会出现一个红色的“×”。

❸ 删除智能滤镜

执行【图层】-【智能滤镜】-【删除滤镜蒙版】命令或者直接删除智能对象图层，可以删除所有智能滤镜。而删除单个智能滤镜可以将其拖曳到【图层】面板的 上。

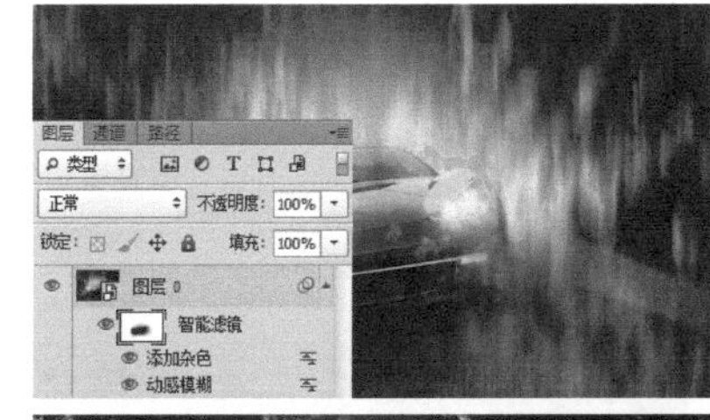

02 滤镜库

滤镜菜单

滤镜库里面包含多个滤镜组，并且可以将多个滤镜同时应用于同一图像，也可以用其他滤镜替换原来的滤镜。

❶ 面板

❶ 预览区：预览滤镜效果。

❷ 缩放区：单击"+"按钮可以放大预览图像，单击"-"按钮可以缩小预览图像，按 Ctrl+0 组合键可以使预览图适合窗口大小。

❸ 滤镜组：它包含 6 个滤镜组，单击滤镜组左边的三角形按钮可以弹出该滤镜组所包含的滤镜，单击滤镜即可给图像应用该滤镜。

❹ 弹出式菜单：单击按钮会弹出一个下拉菜单，菜单中包含了滤镜库所有的滤镜，它们是按照滤镜名称的拼音顺序排列的。如果想要使用某个滤镜，但不知道它在哪个滤镜组，便可以在该下拉菜单中查找。

❺ 参数设置区：选择滤镜后会在滤镜库右侧的参数设置区显示该滤镜的参数选项。

❻ 滤镜列表：显示图像所使用的滤镜。选择一个滤镜后，该滤镜就会出现在列表中。

❷ 应用多个滤镜

使用滤镜库可以将多个滤镜同时应用于同一图像。单击滤镜列表下的按钮，可以在列表中添加一个效果图层。添加效果图层后，可以选取要应用的另一个滤镜，也可以保持原滤镜，重复此过程可添加多个滤镜。左下图所示为保持原滤镜，右下图所示为选择干画笔滤镜。

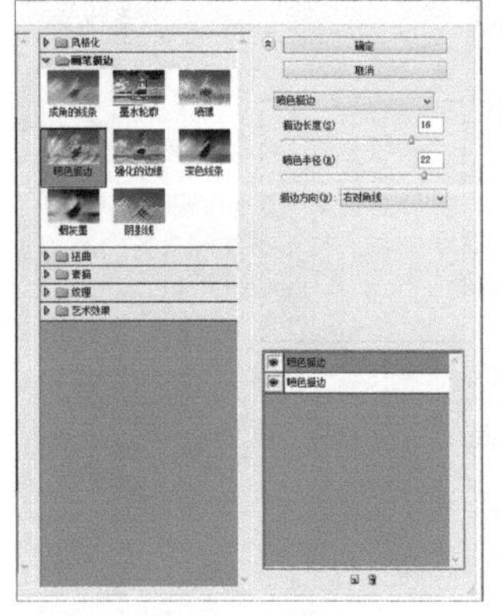

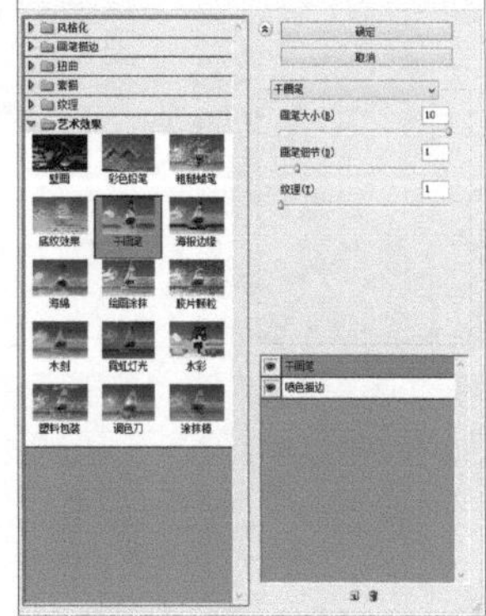

❸ 删除滤镜效果

如果需要删除某一滤镜效果，在滤镜列表里选中该滤镜，单击按钮即可删除该滤镜效果。如果需要隐藏某一滤镜效果，在滤镜列表里单击该滤镜前面的按钮即可隐藏该滤镜效果。

提示：滤镜库里的滤镜转移到菜单中的方法

滤镜库里面的滤镜可以转移到滤镜菜单中，执行【编辑】-【首选项】-【增效工具】-【显示滤镜库的所有组和名称】命令，即可在滤镜菜单中显示滤镜库里面的滤镜。

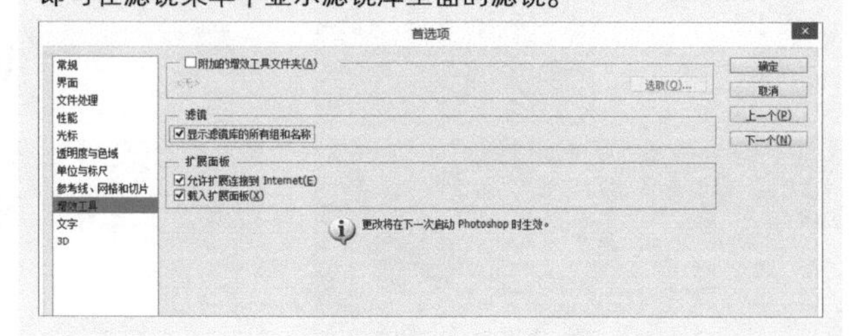

03 成角的线条

滤镜菜单 > 滤镜库 > 画笔描边

它可以产生斜笔画风格的图像，用一个方向的线条绘制亮部区域，再用相反方向的线条绘制暗部区域。

面板

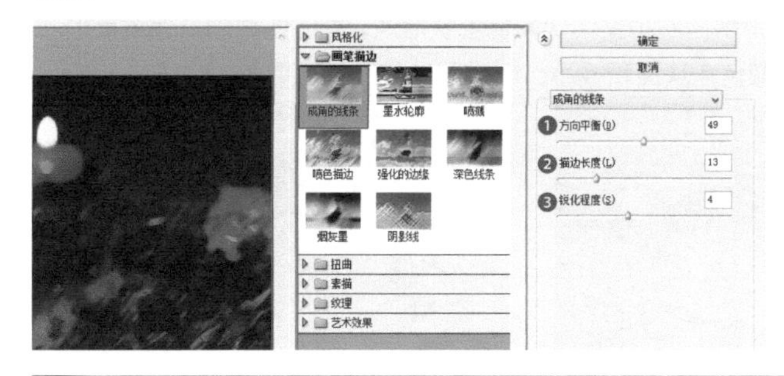

❶ 方向平衡：拖曳滑块可以调整线条的倾斜角度。

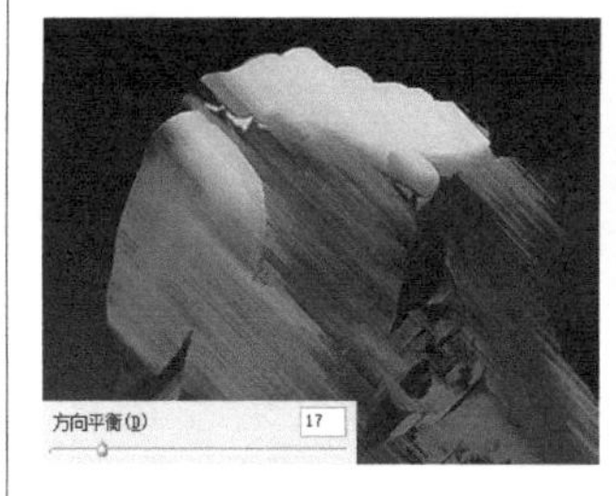

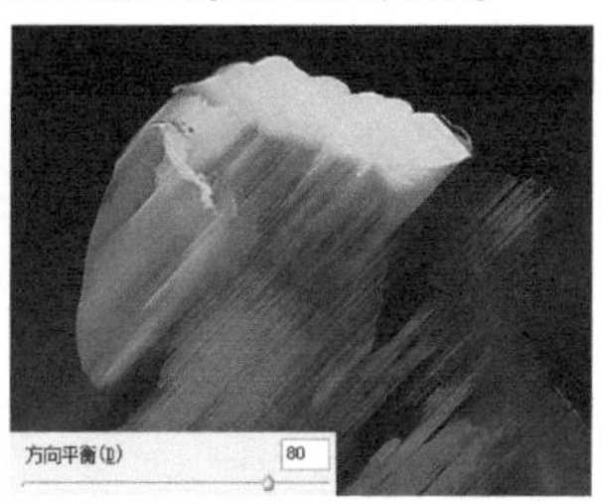

❷ 描边长度：将滑块向右拖曳会使线条变长，同时图像细节保留更少。将滑块向左拖曳会使线条变短，同时图像细节保留更多。

❸ 锐化程度：将滑块向右拖曳会使线条的清晰度提高，将滑块向左拖曳会使线条的清晰度降低。

▶Filter

04 墨水轮廓

滤镜菜单 > 滤镜库 > 画笔描边

它可以产生钢笔画风格的图像，可使用纤细的线条在原细节上重绘图像。

面板

❶ 描边长度：将滑块向右拖曳会使线条变长，同时图像细节保留更少。将滑块向左拖曳会使线条变短，同时图像细节保留更多。

❷ 深色强度：将滑块向右拖曳会使阴影线条变暗，将滑块向左拖曳会使阴影线条变亮。

❸ 光照强度：将滑块向右拖曳会使高光线条变亮，将滑块向左拖曳会使高光线条变暗。

05 喷溅

滤镜菜单 > 滤镜库 > 画笔描边

它可以模拟喷枪，使图像产生笔墨喷溅的艺术效果。

面板

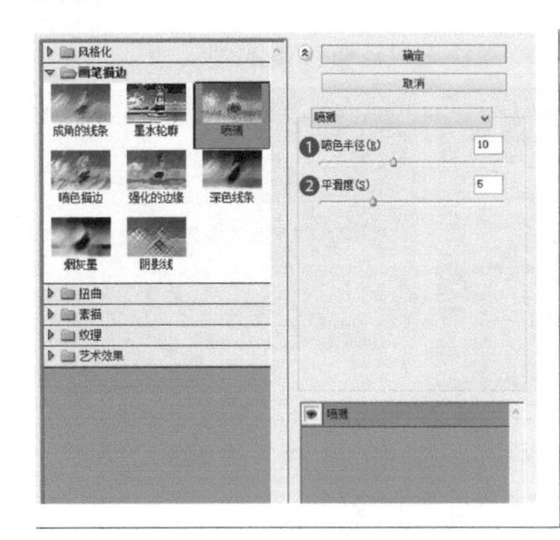

❶ 喷色半径：将滑块向右拖曳会使颜色色块增大，同时图像细节保留更少。将滑块向左拖曳会使颜色色块面积减小，同时图像细节保留更多。

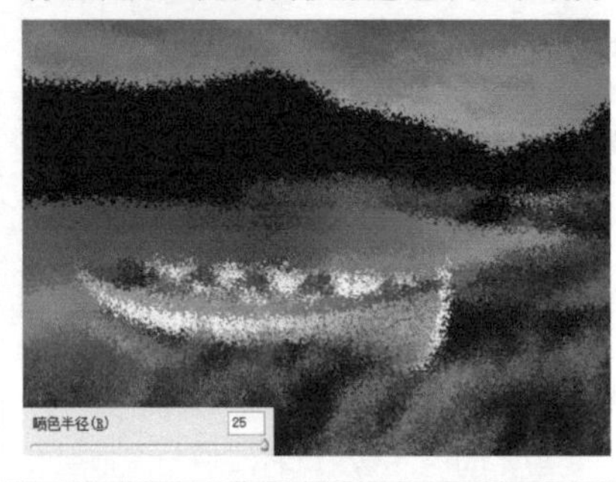

❷ 平滑度：将滑块向右拖曳会使喷溅色块之间的过渡更柔和，将滑块向左拖曳会使喷溅色块之间的过渡更粗糙。

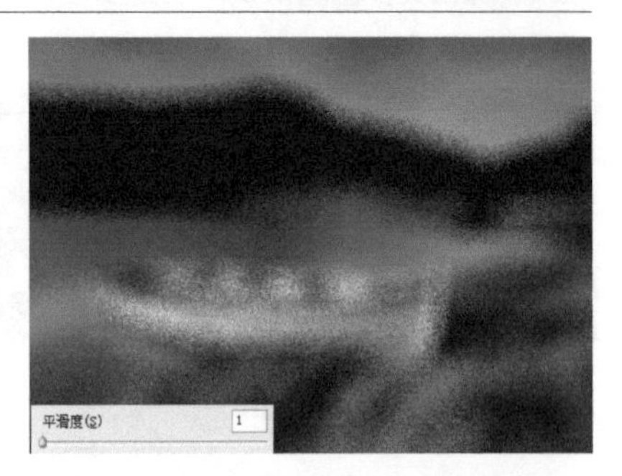

06 喷色描边

滤镜菜单 > 滤镜库 > 画笔描边

它可以使用图像的主导色，并且用成角的线条滤镜和喷溅滤镜颜色线条来描绘图像，产生斜纹飞溅效果。

面板

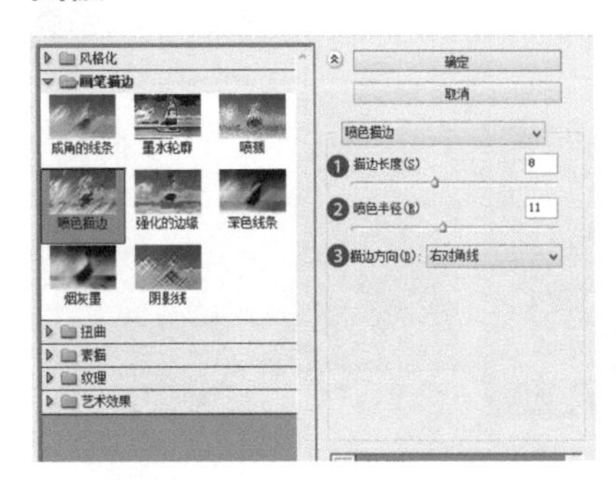

❶ 描边长度：将滑块向右拖曳会使线条变长，将滑块向左拖曳会使线条变短。

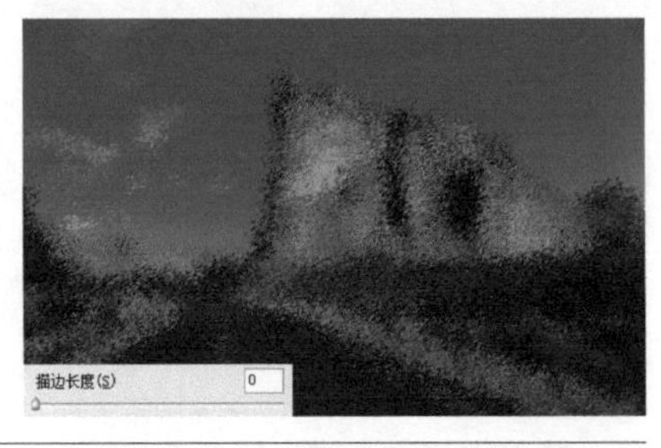

❷ 喷色半径：将滑块向右拖曳会使色块喷洒的范围更大，将滑块向左拖曳会使色块喷洒的范围更小。

❸ 描边方向：设置线条的方向，分别为右对角线、水平、左对角线和垂直。

07 强化的边缘

滤镜菜单 > 滤镜库 > 画笔描边

它可以强化图像的边缘。设置高的边缘亮度值时，强化效果类似白色粉笔。设置低的边缘亮度值时，强化效果类似黑色油墨。

原图

面板

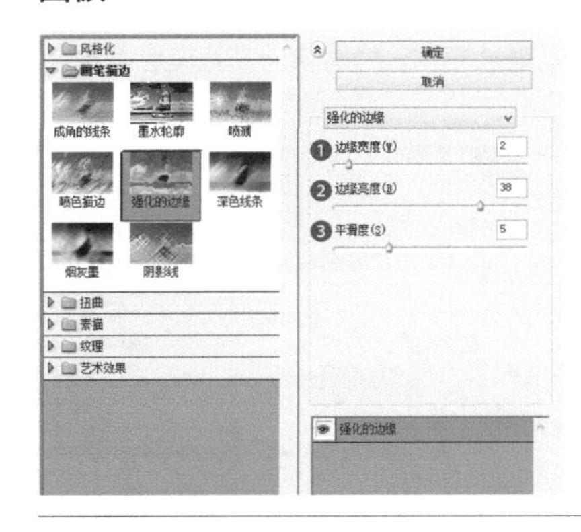

❶ 边缘宽度：将滑块向右拖曳会使强化的边缘变宽，将滑块向左拖曳会使强化的边缘变窄。

❷ 边缘亮度：将滑块向右拖曳会使强化的边缘亮度增强，将滑块向左拖曳会使强化的边缘亮度减弱。

❸ 平滑度：将滑块向右拖曳会使强化的边缘更平滑，画面效果更柔和。将滑块向左拖曳会使强化的边缘更粗糙，画面效果更生硬。

08 深色线条

滤镜菜单 > 滤镜库 > 画笔描边

它可以用短而密的深色线条绘制暗部区域，用长的白色线条绘制亮区。

原图

面板

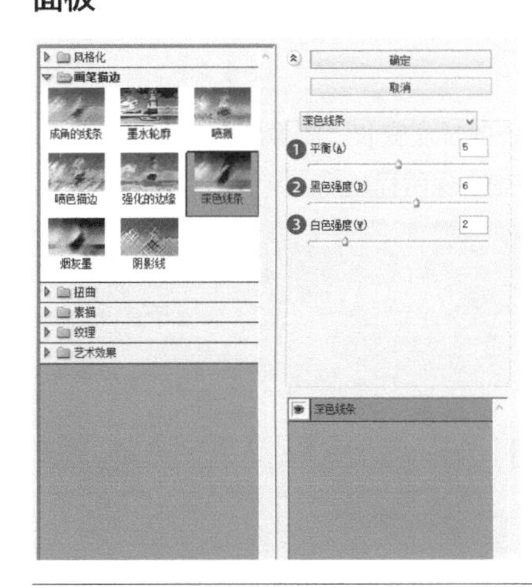

❶ 平衡：控制笔触的方向。当该值为最低值 0 和最高值 10 时，笔触方向均为单一对角方向且两者方向完全相反；当该值处于中间数值时，两个对角方向的线条都会出现。

❷ 黑色亮度：将滑块向右拖曳会使黑色线条的颜色加深且范围增大，将滑块向左拖曳会使黑色线条的颜色减淡且范围减小。

❸ 白色强度：将滑块向右拖曳会使白色线条的颜色减淡且范围增大，将滑块向左拖曳会使白色线条的颜色加深且范围减小。

09 烟灰墨

滤镜菜单 > 滤镜库 > 画笔描边

它可以产生日本画风格的图像，使用非常黑的油墨在图中制造柔和的模糊边缘，类似于应用深色线条滤镜之后又模糊的效果。

面板

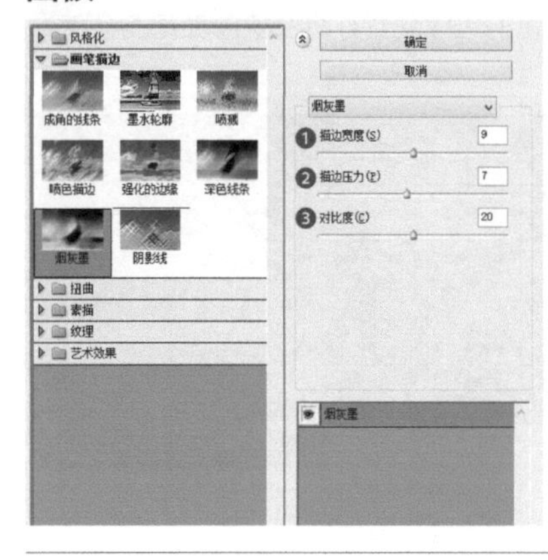

❶ 描边宽度：将滑块向右拖曳会使画笔笔触变宽，将滑块向左拖曳会使画笔笔触变窄。

❷ 描边压力：将滑块向右拖曳会使画笔笔触的压力变大，图像更清晰。将滑块向左拖曳会使画笔笔触的压力变小，图像更模糊。

❸ 对比度：将滑块向右拖曳会使图像对比度增强，将滑块向左拖曳会使图像对比度降低。

10 阴影线

滤镜菜单 > 滤镜库 > 画笔描边

在保持图像细节和特点的前提下，将图像中颜色边界加以强化和纹理化，并且模拟铅笔阴影线的效果。

面板

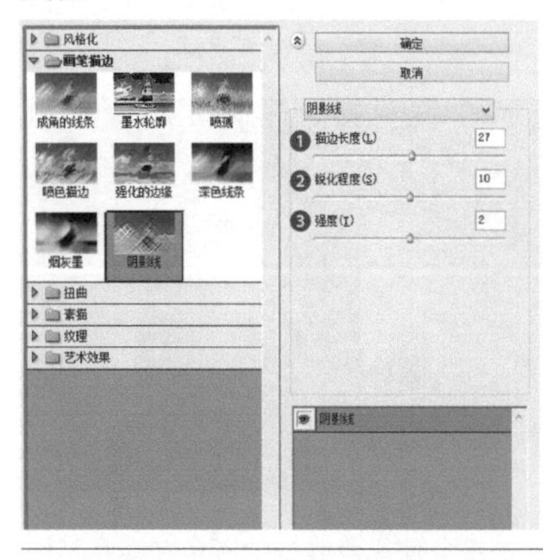

❶ 描边长度：将滑块向右拖曳会使线条的长度变长，图像细节保留程越低。将滑块向左拖曳会使线条的长度变短，图像细节保留程越高。

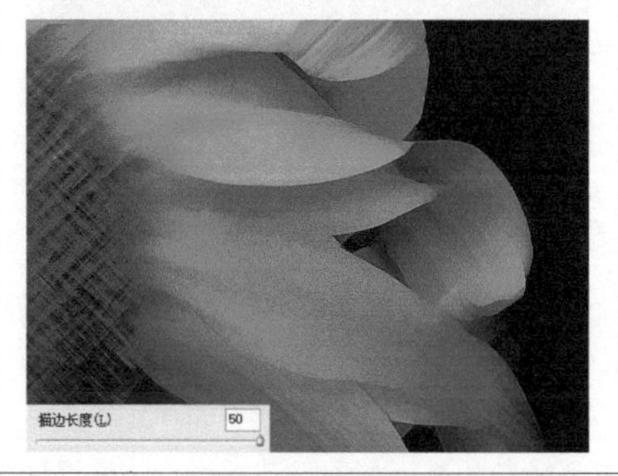

❷ 锐化程度：将滑块向右拖曳会使线条更清晰，将滑块向左拖曳会使线条更模糊。

❸ 强度：将滑块向右拖曳会使线条强度增强且数量增加，将滑块向左拖曳会使线条强度减弱且数量减少。

11 玻璃滤镜

滤镜菜单 > 滤镜库 > 扭曲

玻璃滤镜可以模拟透过玻璃查看图片的效果，并且还可设置玻璃类型。

原图

面板

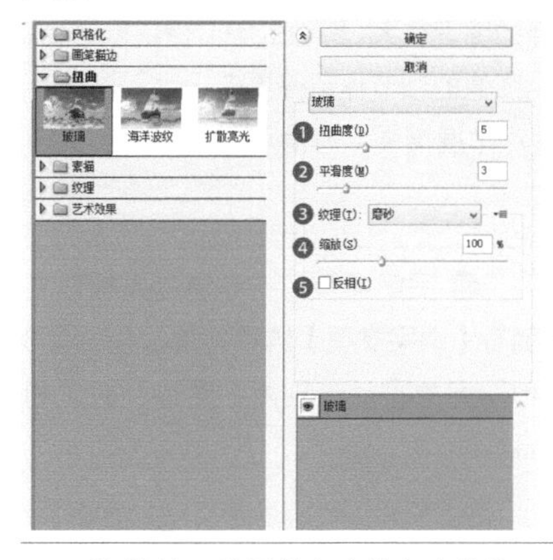

❶ 扭曲度：将滑块向右拖曳会使图像扭曲程度增加，玻璃效果更明显。将滑块向左拖曳会使图像扭曲程度减少，玻璃效果更微弱。

❷ 平滑度：将滑块向右拖曳会使平滑度增强，将滑块向左拖曳会使平滑度减弱。

❸ 纹理：设置所要使用的纹理，系统提供4种纹理：块状、画布、磨砂和小镜头。若这几种不够理想，还可以单击 按钮，载入其他纹理，但纹理必须是PSD格式的。

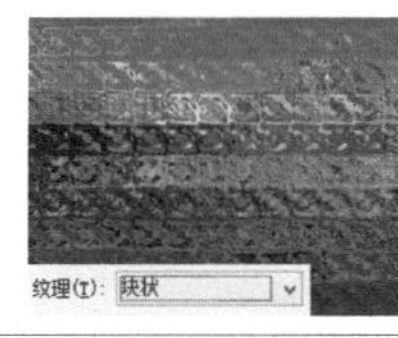

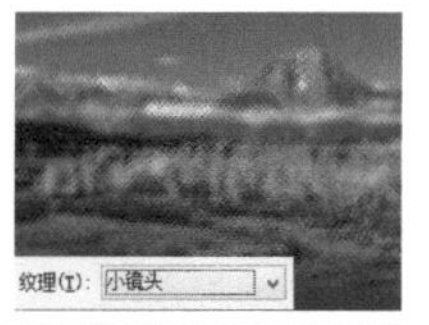

❹ 缩放：将滑块向右拖曳会使纹理变大，同时图像保留的细节更少。将滑块向左拖曳会使纹理变小，同时图像保留的细节更多。

❺ 反相：设纹理的凹凸方向。

12 扩散亮光滤镜

滤镜菜单 > 滤镜库 > 扭曲

扩散亮光滤镜可以对图像进行着色处理，散射图像上的高光区域，并在图像中添加颗粒，产生发光效果。注意高光区域的颜色将由背景色决定，而颗粒颜色也与背景色相同。

原图

面板

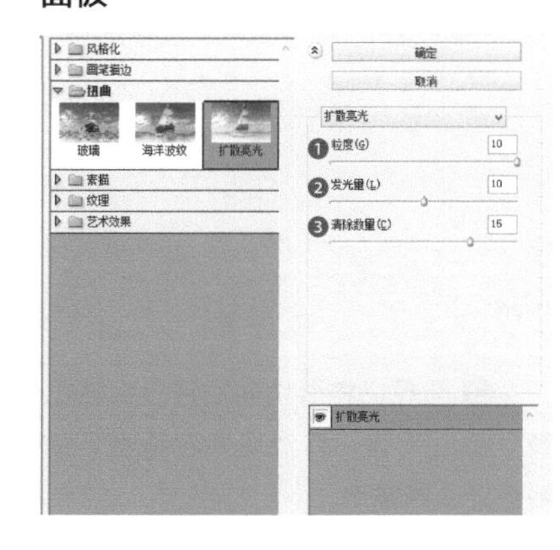

❶ 粒度：将滑块向右拖曳会使图片上产生的颗粒数量增多，将滑块向左拖曳会使图片上产生的颗粒数量减少。

❷ 发光量：将滑块向右拖曳会使颗粒的亮度增强，将滑块向左拖曳会使颗粒的亮度减弱。

❸ 清除数量：控制滤镜在图像中影响的范围，数值越高影响的范围越小。将滑块向右拖曳会使颗粒的数量降低，将滑块向左拖曳会使颗粒的数量增多。

提示：背景色默认为白色

背景色默认为白色，该小节讲解时也使用的是白色背景色。

13 半调图案滤镜

滤镜 > 滤镜库 > 素描

模拟半调网屏效果，且保持连续的色调范围。图像暗部由前景色代替，图像亮部由背景色代替。

原图

面板

❶ 大小：将滑块向右拖曳会使得所选择的图案变大，图像的细节保留得更少。将滑块向左拖曳会使得所选择的图案变小，图像的细节保留得更多。

❷ 对比度：将滑块向右拖曳会使图片对比度增强，将滑块向左拖曳会使图片对比度减弱。

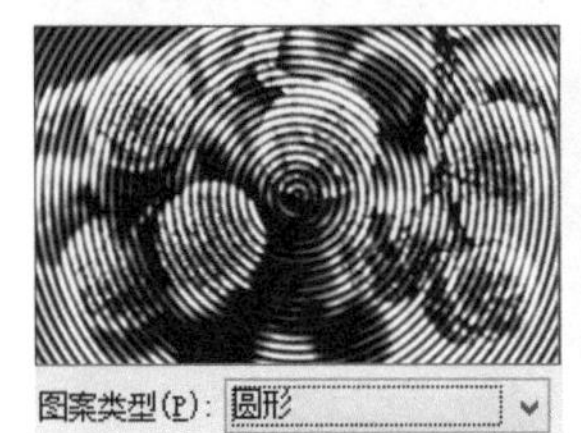

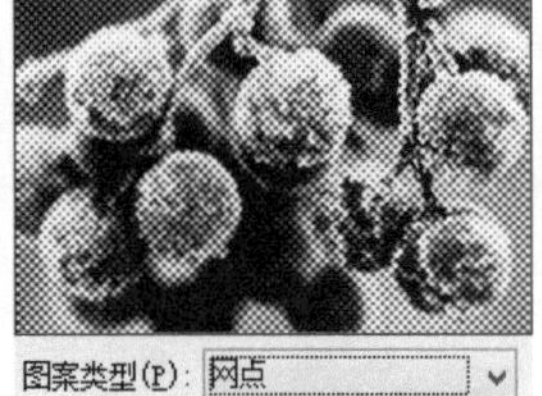

❸ 图案类型：在滤镜库面板最右侧有【图案类型】选项，单击会出现 3 种图案类型，分别为：圆形、网点和直线。

14 便条纸滤镜

滤镜 > 滤镜库 > 素描

此滤镜简化图像，并且将图像变成像是由两种手工制作的粗糙纸张组成的效果。图像亮部变成凸出部分，其颜色由背景色决定。图像暗部变成凹进部分，其颜色由前景色决定。

原图

面板

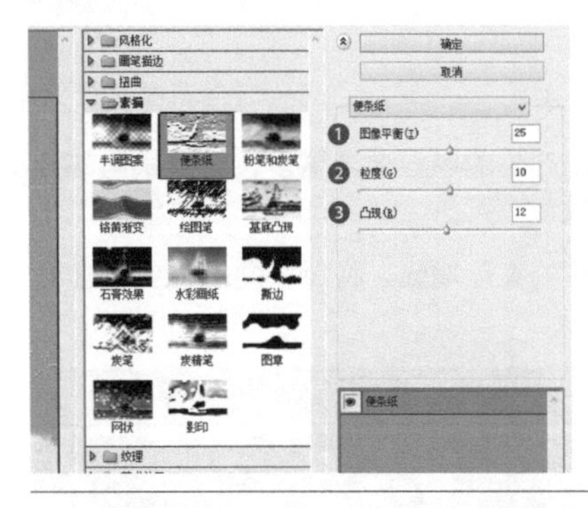

❶ 图像平衡：将滑块向右拖曳会使图像的暗部增多，也就是减少凸出部分（如下左图）。将滑块向左拖曳会使图像的亮部增多，也就是减少凹进部分（如下右图）减少。

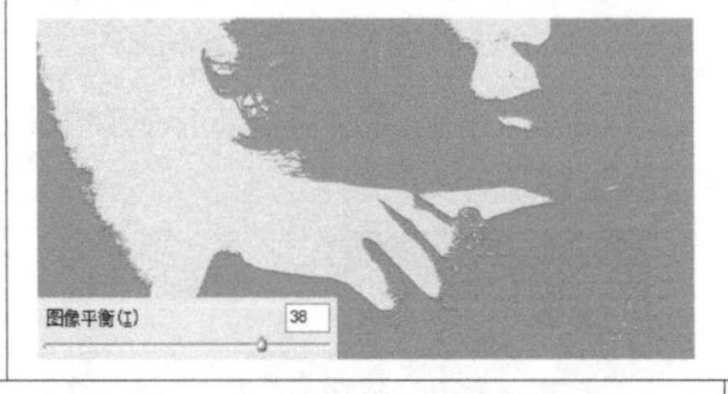

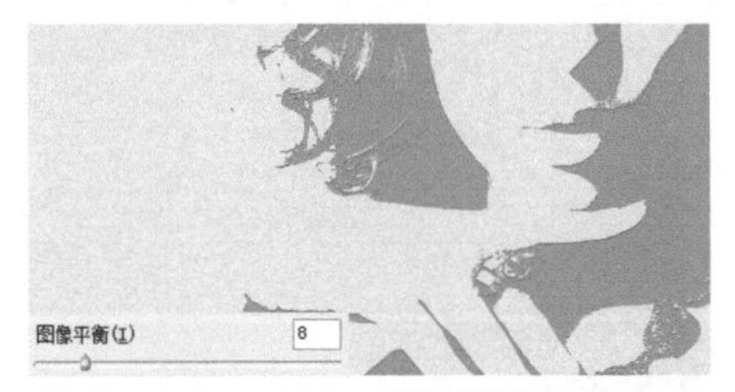

❷ 粒度：将滑块向右拖曳会使图像中的颗粒增多，图像的粗糙感增强（如下左图）。将滑块向左拖曳会使图像中的颗粒减少，图像的粗糙感减弱（如下右图）。

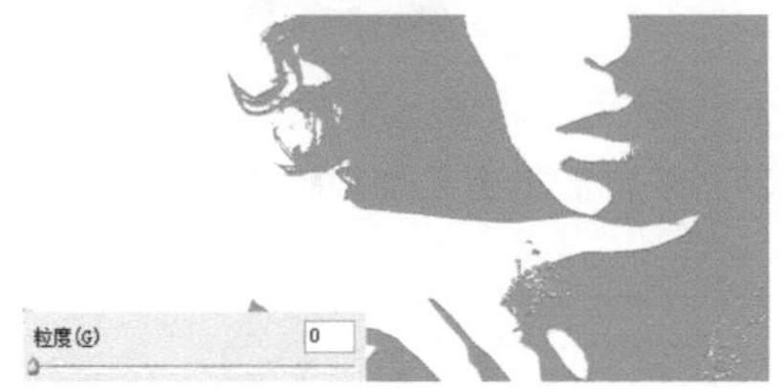

❸ 凸现：将滑块向右拖曳会使图像立体感增强，将滑块向左拖曳会使图像立体感减弱。

15 粉笔和炭笔滤镜

滤镜菜单 > 滤镜库 > 素描

用粉笔重新绘制图像的高光和中间调区域，用炭笔线条重新绘制图像的暗部区域。粉笔颜色由背景色决定，炭笔的颜色由前景色决定。

原图

面板

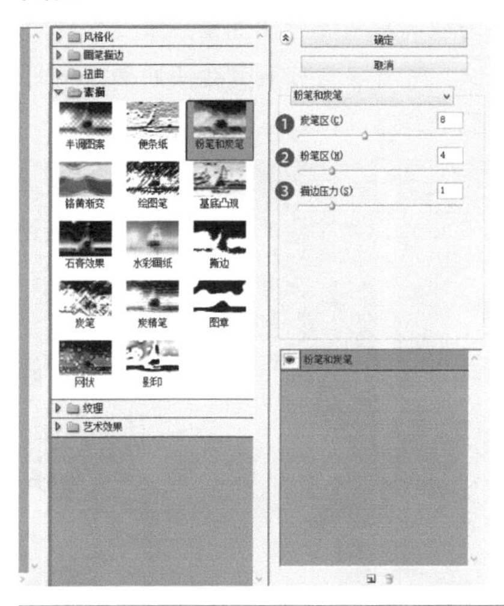

❶ 炭笔区：将滑块向右拖曳会使炭笔线条增多，从而导致暗部颜色变深。将滑块向左拖曳会使炭笔线条减少，从而导致暗部颜色变浅。

❷ 粉笔区：将滑块向右拖曳会使粉笔线条增多，从而导致亮部变亮。将滑块向左拖曳会使粉笔线条减少，从而导致亮部变暗。

❸ 描边压力：将滑块向右拖曳会使粉笔和炭笔压力加强，从而导致图像对比度增强。将滑块向左拖曳会使粉笔和炭笔压力减弱，从而导致图像对比度减弱。

16 铬黄渐变滤镜

滤镜菜单 > 滤镜库 > 素描

使图像具有光亮的铬黄表面的金属效果。图像的亮部为高反射点，图像暗部为低反射点。

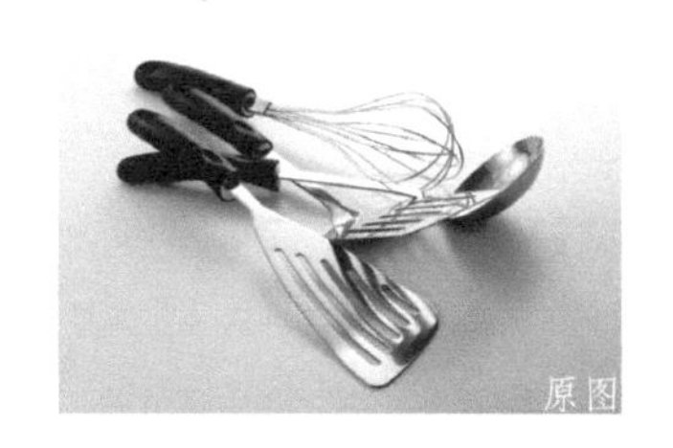
原图

面板

❶ 细节：保留图像的细节程度。将其滑块向右拖曳会使图像保留的细节程度增多，将其滑块向左拖曳会使图像保留的细节程度减少。

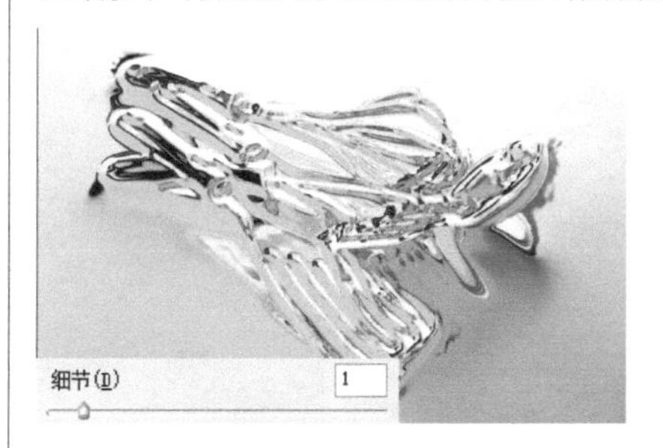

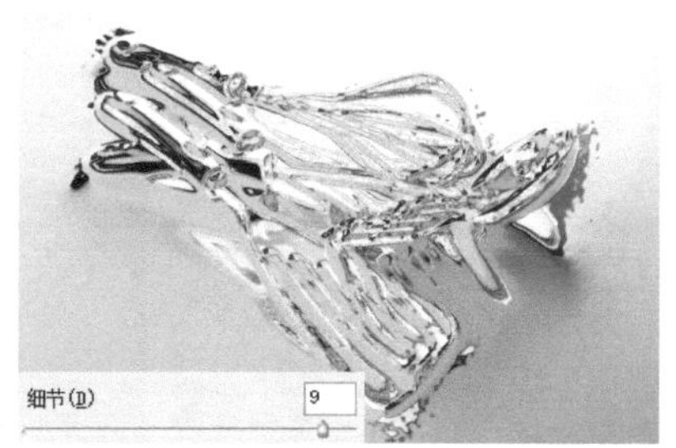

❷ 平滑度：图像效果的光滑程度。将其滑块向右拖曳会使铬黄表面更加光滑，将其滑块向左拖曳会使铬黄表面更加粗糙。

17 绘图笔滤镜

📍 滤镜菜单 > 滤镜库 > 素描滤镜组

用线状的油墨捕捉原图像中的细节，前景色作为油墨颜色，背景色作为纸张颜色，来替换原图中的颜色。

面板

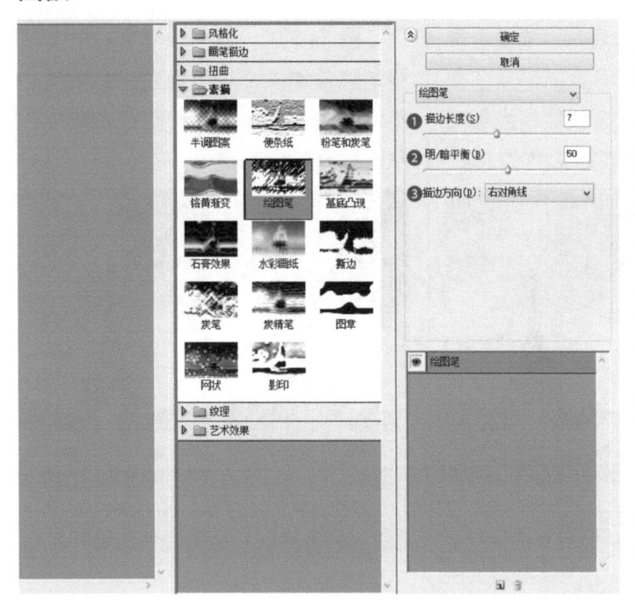

❶ 描边长度：将滑块向右拖曳会使油墨线条变长，同时图像保留的细节减少。将滑块向右拖曳会使油墨线条变短，同时图像保留的细节增多。

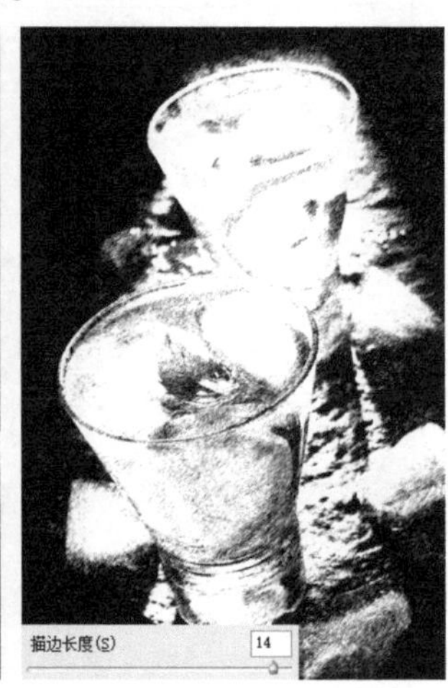

❷ 明 / 暗平衡：将其滑块向右拖曳会使图像对比度增大。将其滑块向左拖曳会使图像对比度减小。

❸ 描边方向：在滤镜库面板最右侧有【描边方向】选项，单击会出现 4 种油墨绘画的方向，分别为：右对角线、水平、左对角线和垂直。

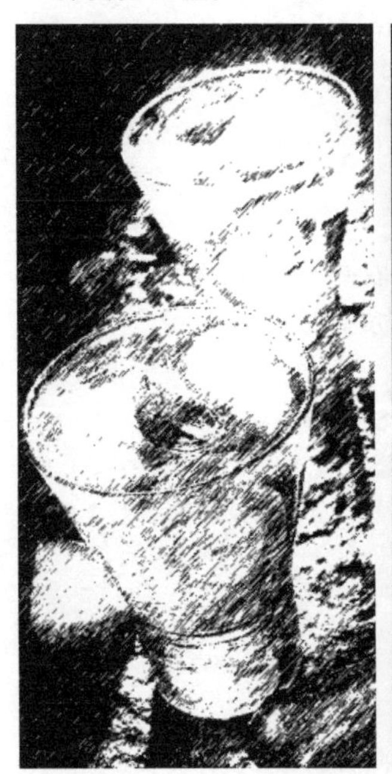

右对角线

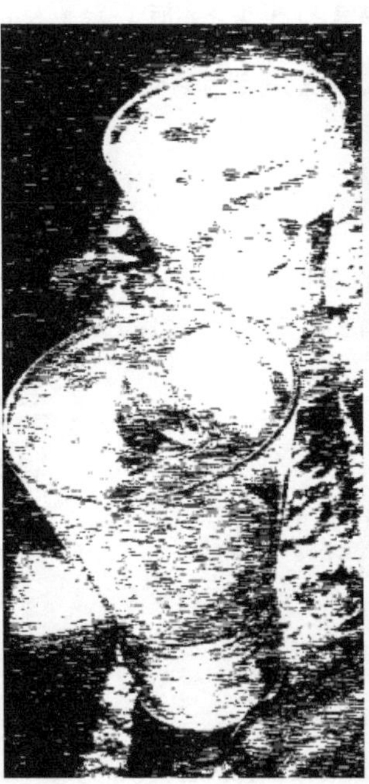

水平

左对角线

垂直

18 基底凸现滤镜

📍 滤镜菜单 > 滤镜库 > 素描

使图像呈现浮雕的效果，且不同光照方向会呈现变化各异的表面。图片暗部区域的颜色由前景色决定，图像亮部区域的颜色由背景色决定。

原图

面板

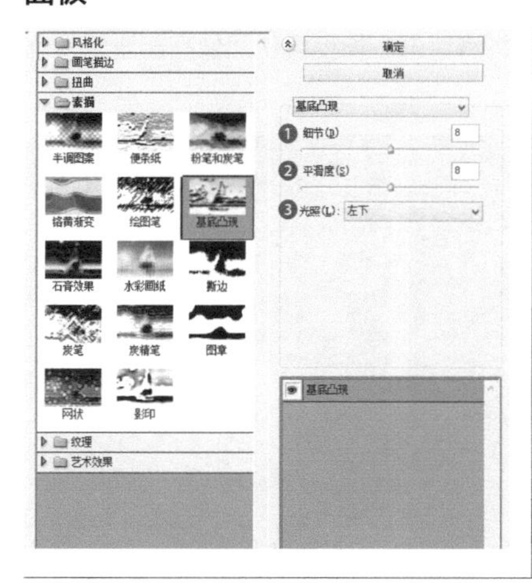

❶ 细节：保留细节的多少。将滑块向右拖曳会使图像保留的细节增多，将滑块向左拖曳会使图像保留的细节减少。也就是数值越大细节越多，而数值越小细节越少。

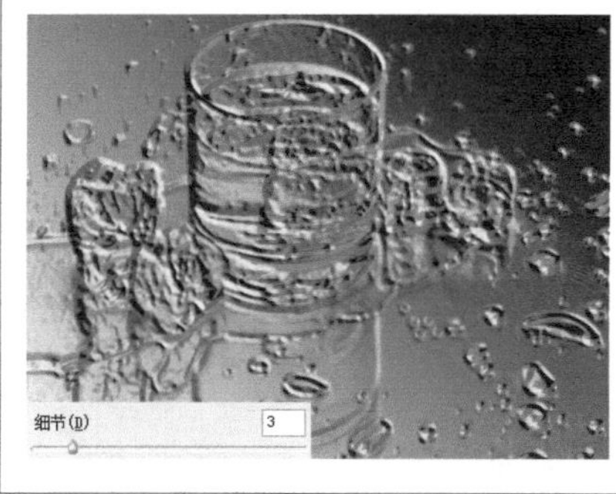

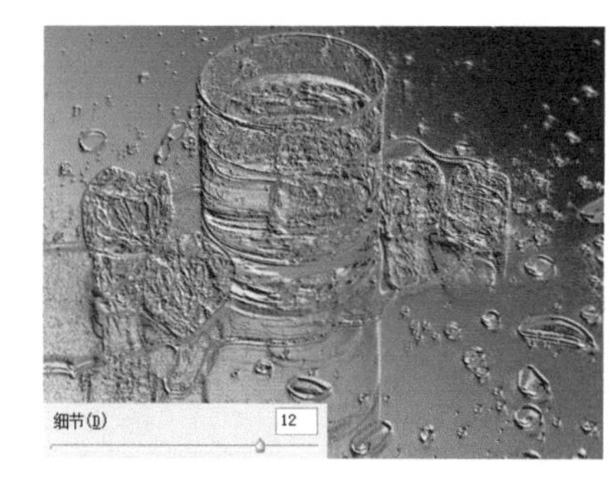

❷ 平滑度：将滑块向右拖曳会使浮雕平滑度增高，将滑块向左拖曳会使图浮雕平滑度降低，如右图所示。

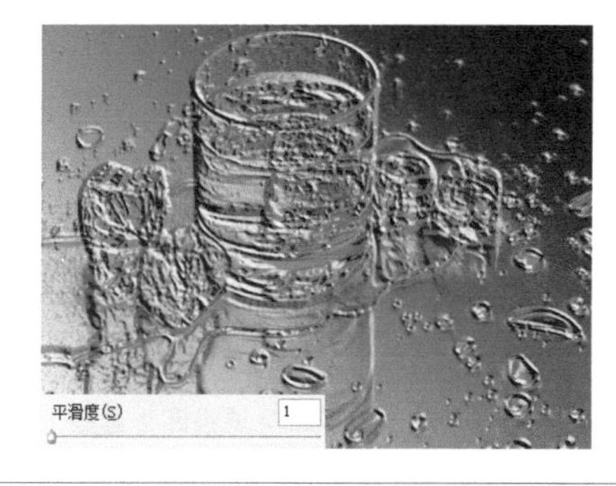

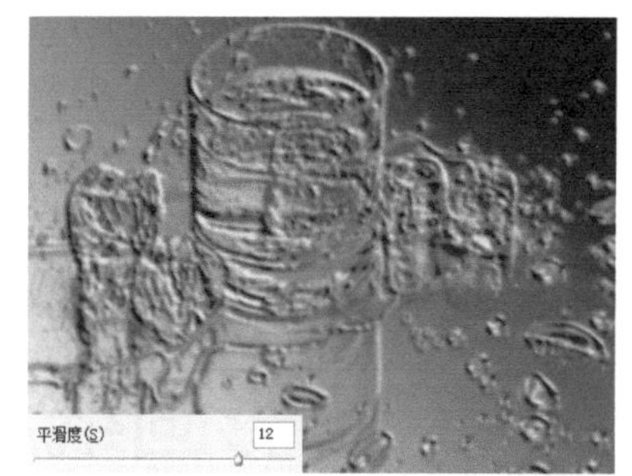

❸ 光照：在滤镜库面板最右侧有【光照】选项，单击可以设置不同的光照方向。不同的光照方向会导致不同的滤镜效果。

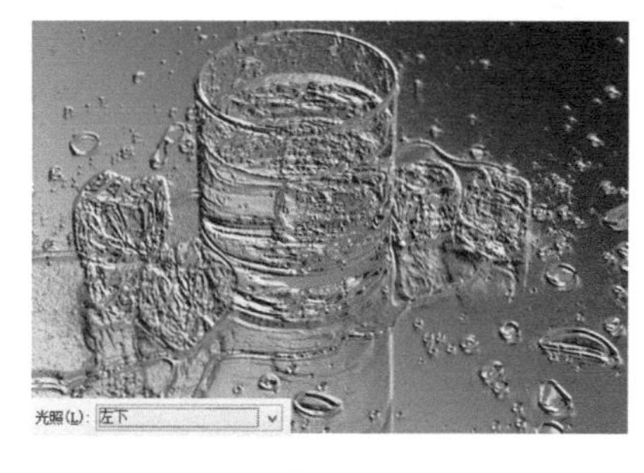

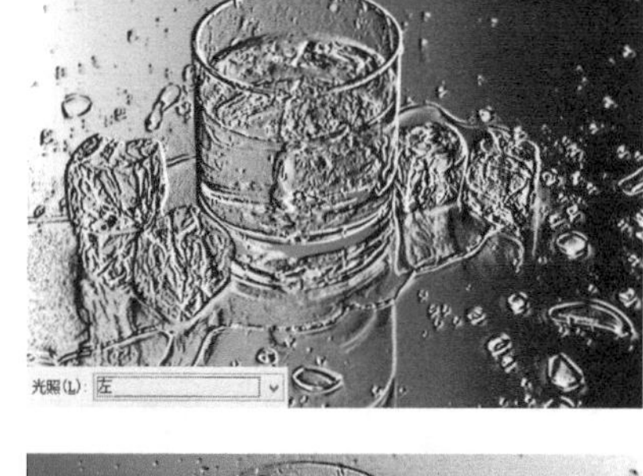

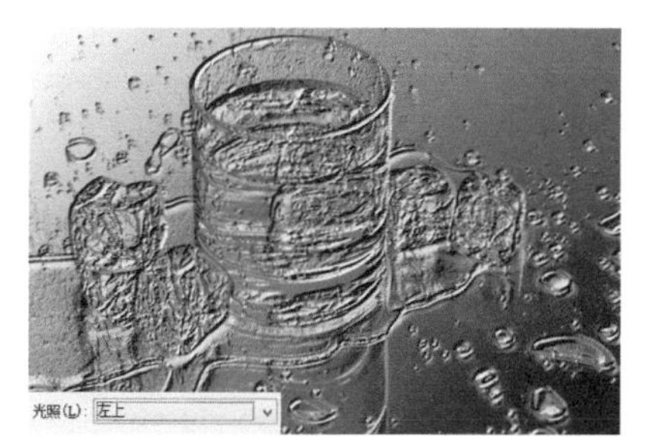

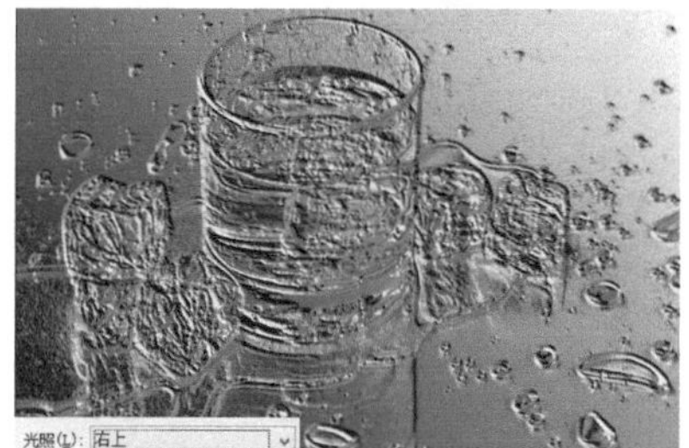

19 石膏效果滤镜

滤镜菜单 > 滤镜库 > 素描

此滤镜使图像暗部区域凸起，亮部区域凹陷。凸起部分的颜色由前景色决定，凹陷部分的颜色由背景色决定。

面板

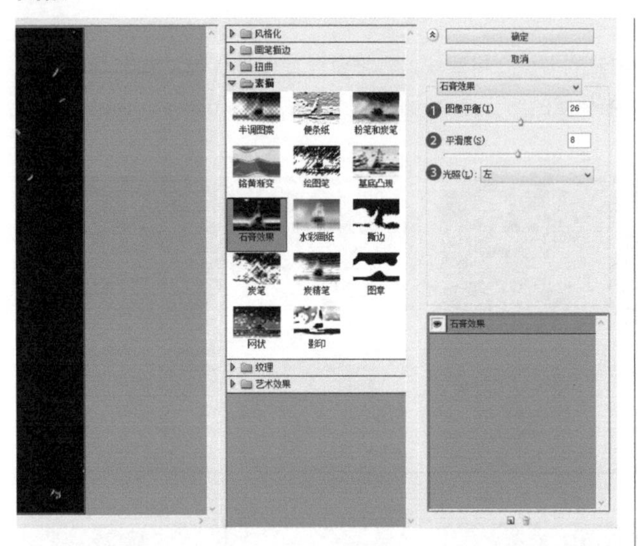

❶ 图像平衡：将滑块向右拖曳会使图像暗部增多，也就是凸起部分增多。将滑块向左拖曳会使图像亮部增多，也就是凹陷部分增多。

❷ 平滑度：将滑块向右拖曳会使图像平滑度增大。将滑块向左拖曳会使图像平滑度减小。

❸ 光照：在滤镜库面板最右侧有【光照】选项，单击可以设置不同的光照方向。

20 水彩画纸滤镜

滤镜菜单 > 滤镜库 > 素描

此滤镜可以产生在潮湿纤维纸上作画的效果，并使颜色相互混合。它也是素描滤镜组中唯一能够保留原图像颜色的滤镜。

面板

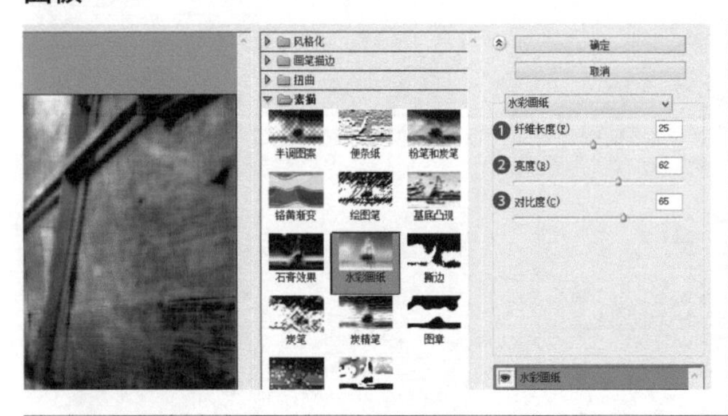

❶ 纤维长度：将滑块向右拖曳会使纤维长度变长，图像保留的细节更少。将滑块向左拖曳会使纤维长度变短，图像保留的细节更多。

❷ 亮度：将滑块向右拖曳会使图像更亮，将滑块向左拖曳会使图像更暗。

❸ 对比度：将滑块向右拖曳会使图像对比度增强，将滑块向左拖曳会使图像对比度减弱。

21 撕边滤镜

📍 滤镜菜单 > 滤镜库 > 素描

此滤镜使图像可产生由撕破的粗糙纸片组成的效果。图像暗部有前景色代替，图像亮部由背景色代替。

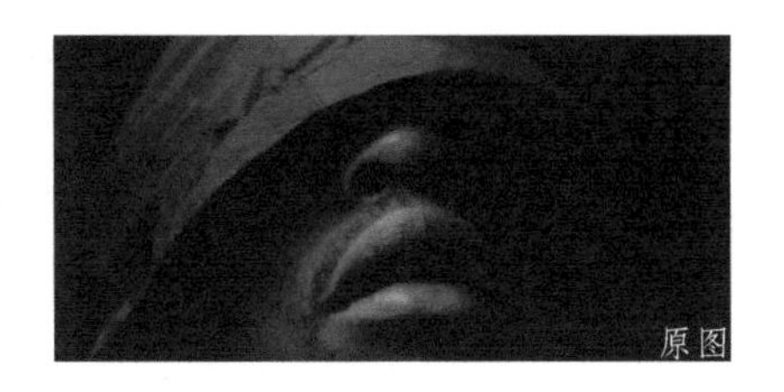
原图

面板

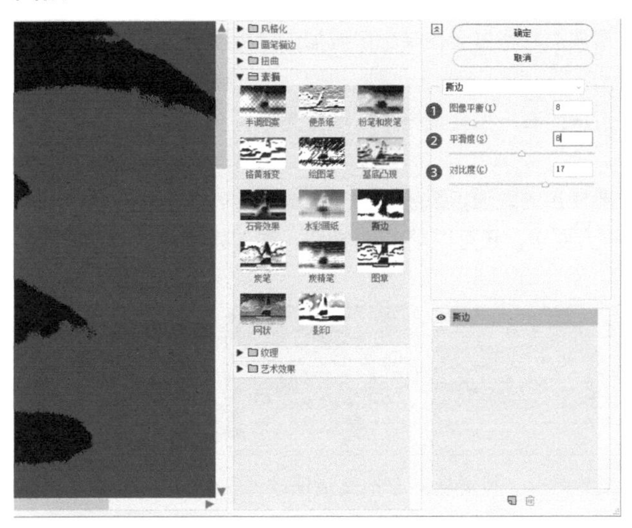

❶ 图像平衡：将滑块向右拖曳会使图像暗部增多，将滑块向左拖曳会使图像亮部增多。

❷ 平滑度：将滑块向右拖曳会使图像平滑度变高，同时图像越清晰。将滑块向左拖曳会使图像图像平滑度变低，同时图像越模糊。

❸ 对比度：将滑块向右拖曳会使图像对比度增强，将滑块向左拖曳会使图像对比度减弱。

22 炭笔滤镜

📍 滤镜菜单 > 滤镜库 > 素描

此滤镜可以产生在色调分离的涂抹效果。图像边缘使用粗线条绘制，中间色调用对角描边进行勾画。暗部区域颜色由前景色决定，亮部区域颜色由背景色决定。

原图

面板

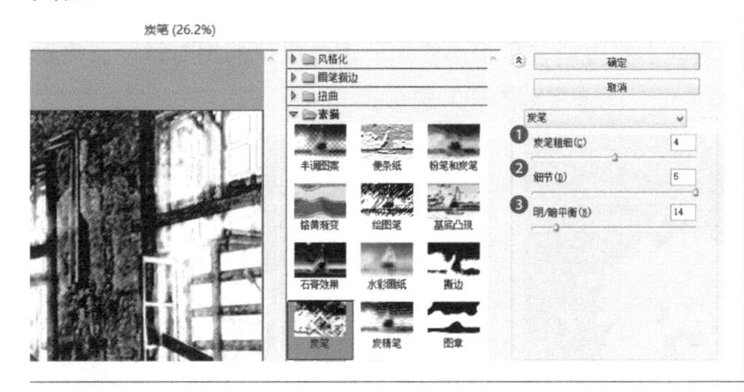

❶ 炭笔粗细：将滑块向右拖曳会使炭笔笔触变粗，同时图像越清晰。将滑块向左拖曳会使炭笔笔触变细，同时图像越模糊。

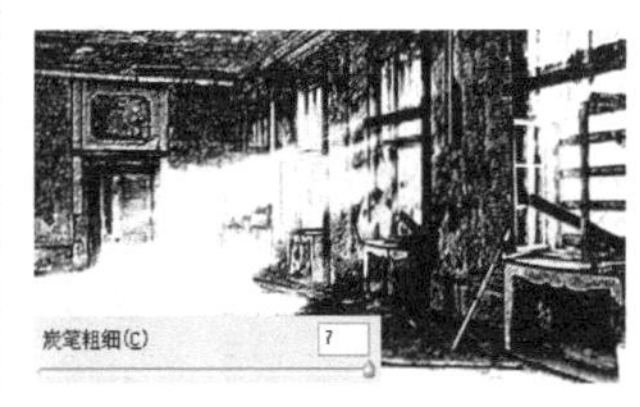

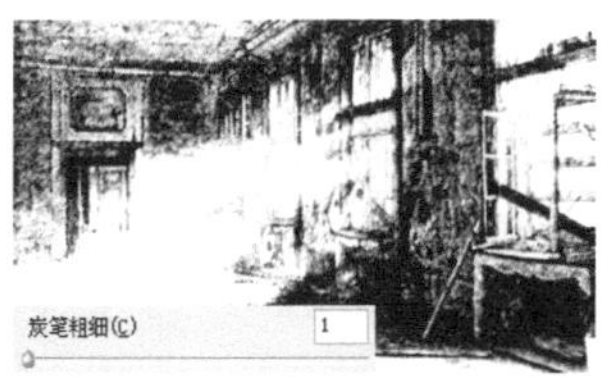

❷ 细节：将滑块向右拖曳会使图像保留的细节更多，将滑块向左拖曳会使图像保留的细节更少。

❸ 明 / 暗平衡：将滑块向右拖曳会使图像暗部区域增大，将滑块向左拖曳会使图像亮部区域增大。

23 炭精笔滤镜

滤镜菜单 > 滤镜库 > 素描

模拟炭精笔的纹理效果。图像暗部区域的颜色由前景色决定，图像亮部区域的颜色由背景色决定。

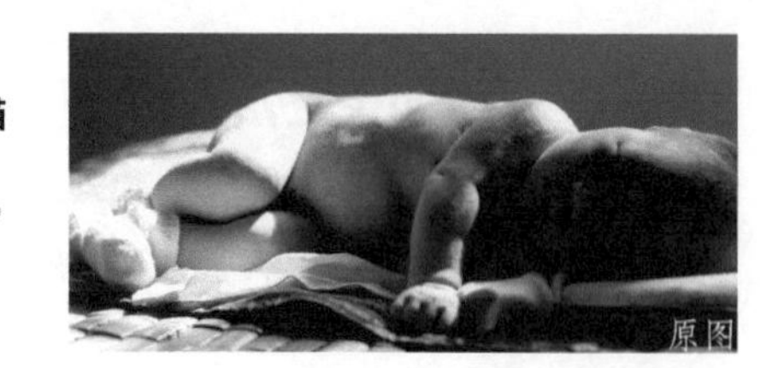
原图

面板

❶ 前景色阶：将滑块向右拖曳会使暗部区域加深，将滑块向左拖曳会使暗部区域减淡。

❷ 背景色阶：将滑块向右拖曳会使亮部区域变亮，将滑块向左拖曳会使亮部区域变暗。

❸ 纹理：设置所要使用的纹理，系统提供 4 种纹理：砖形、粗麻布、画布和砂岩。若这几种不符合要求，还可以单击 按钮，载入其他纹理，但纹理必须是 PSD 格式的。

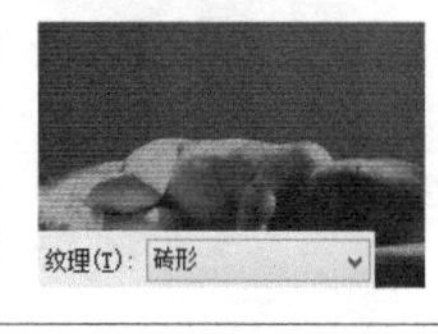

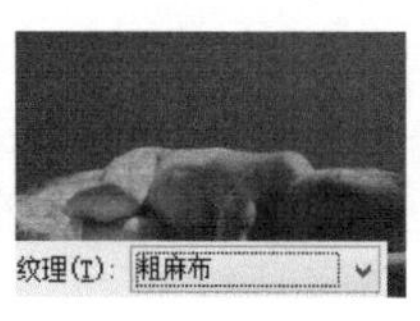

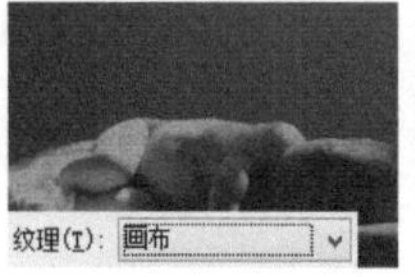

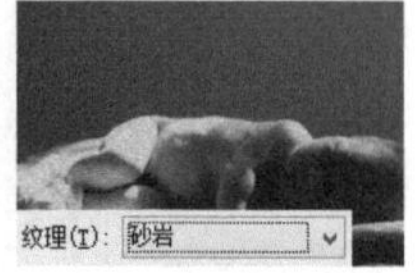

❹ 缩放：将滑块向右拖曳会使纹理变大，同时图像保留的细节更少。将滑块向左拖曳会使纹理变小，同时图像保留的细节更多。

❺ 凸现：将滑块向右拖曳会使纹理立体感增强，将滑块向左拖曳会使纹理立体感减弱。

❻ 光照：在滤镜库面板最右侧有【光照】选项，单击可以设置不同的光照方向。

❼ 反相：反转光照方向。例如：上方光照反转成下方光照，左方光照反转成右方光照。

24 图章滤镜

滤镜菜单 > 滤镜库 > 素描

此滤镜可以使图像呈现图章盖印的效果。该滤镜用于黑白图像时效果最佳。

原图

面板

❶ 明 / 暗平衡：将滑块向右拖曳会使暗部区域增大，将滑块向左拖曳会使亮部区域增大。

❷ 平滑度：将滑块向右拖曳会使平滑度变高，图像保留的细节越少。将滑块向左拖曳会使平滑度变低，图像保留的细节越多。

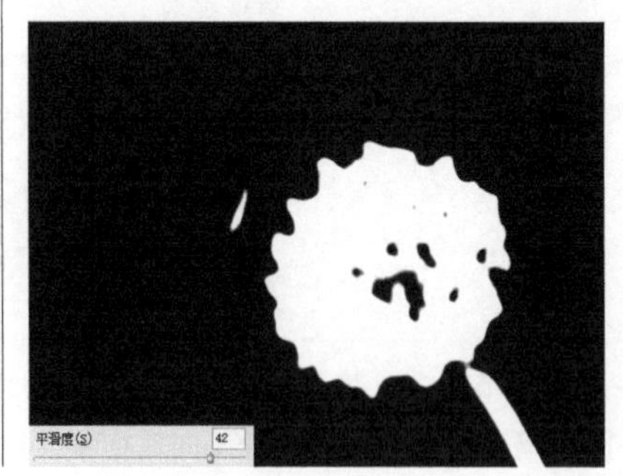

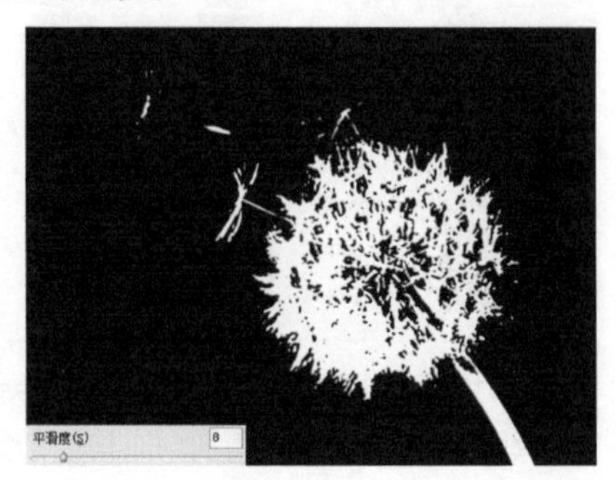

25 网状滤镜

滤镜菜单 > 滤镜库 > 素描

使图像的暗调区域结块，高光区域轻微颗粒化。图像暗部颜色有前景色决定，图像高光部分由背景色决定。

原图

面板

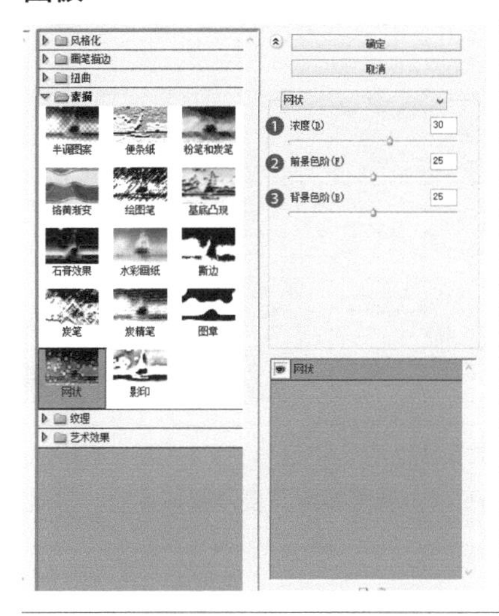

❶ 浓度：将滑块向右拖曳会使网纹密度变高。将滑块向左拖曳会使网纹密度变低。

❷ 前景色阶：将滑块向右拖曳会使暗部区域加深，将滑块向左拖曳会使暗部区域变淡。

❸ 背景色阶：将滑块向右拖曳会使亮部区域变亮，将滑块向左拖曳会使亮部区域变暗。

26 影印滤镜

滤镜菜单 > 滤镜库 > 素描

模拟影印图像的效果。此滤镜对图像暗部区域趋向于边缘的描绘，而中间色调为纯白色或纯黑色。

原图

面板

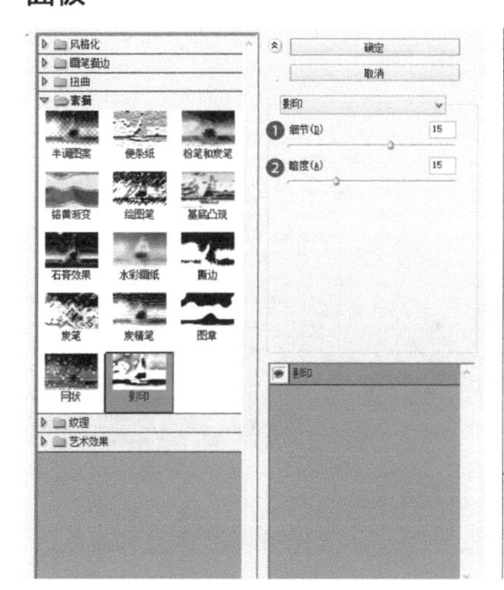

❶ 细节：将滑块向右拖曳会使图像保留的细节增多，将滑块向左拖曳会使图像保留的细节减少。

❷ 暗度：将滑块向右拖曳会使暗部强度增强，将滑块向左拖曳会使暗部强度减弱。

27 龟裂缝滤镜

滤镜菜单 > 滤镜库 > 纹理

模仿在粗糙的石膏表面绘画的效果，图像上形成许多纹理。

原图

面板

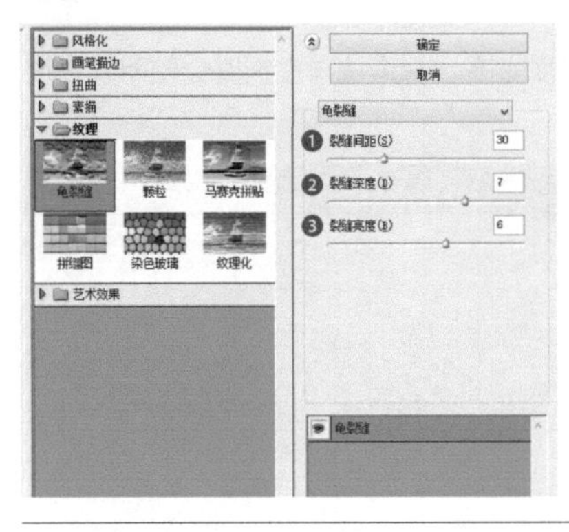

❶ 裂缝间距：将滑块向右拖曳会使裂缝间距变大、疏松，将滑块向左拖曳会使裂缝间距变小、密集。

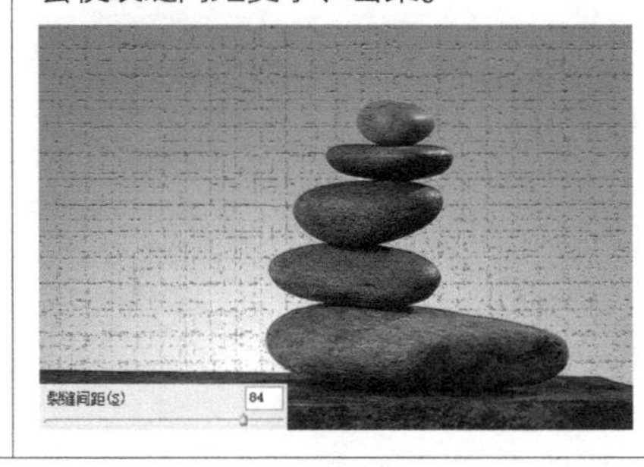

❷ 裂缝深度：将滑块向右拖曳会使裂缝深度变深，将滑块向左拖曳会使裂缝深度变浅。

❸ 裂缝亮度：将滑块向右拖曳会使裂缝亮度变亮，将滑块向左拖曳会使裂缝亮度变暗。调整裂缝亮度是整体调整，只是在图像亮度大的位置效果明显。

28 颗粒滤镜

滤镜菜单 > 滤镜库 > 纹理

用不同种类的颗粒给图像添加纹理。常用颗粒滤镜给图片制作电影效果。

原图

面板

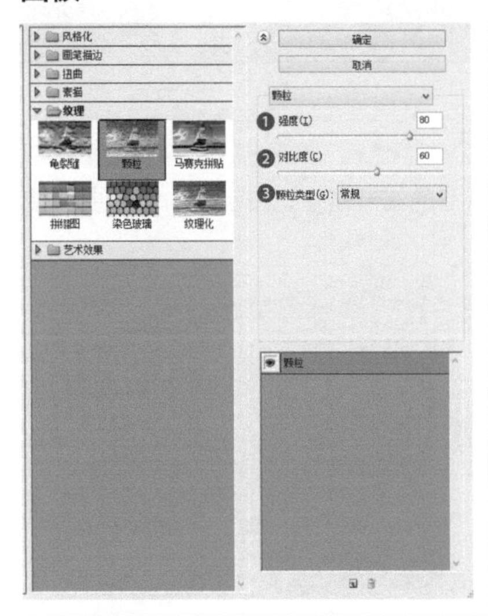

❶ 强度：将滑块向右拖曳会使颗粒感增强，将滑块向左拖曳会使颗粒感减弱。

❷ 对比度：将滑块向右拖曳会使图像对比度增强，将滑块向左拖曳会使图像对比度减弱。

❸ 颗粒类型：设置不同种类的颗粒效果，包括常规、软化、喷洒、结块、强反差、扩大、点刻、水平、垂直和斑点。

29 马赛克拼贴滤镜

滤镜菜单 > 滤镜库 > 纹理

可以渲染图像，将图像分割为若干个形状随机的小块，并且加深小块之间缝隙的颜色。马赛克拼贴滤镜不会像马赛克滤镜那样破坏图像内容。

面板

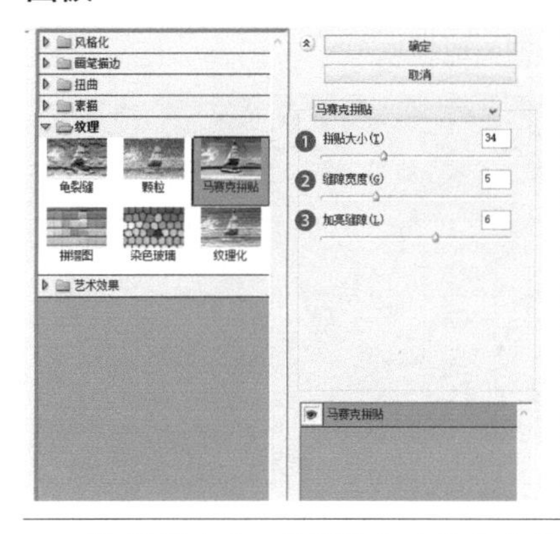

❶ 拼贴大小：将滑块向右拖曳会使拼贴图块变大，将滑块向左拖曳会使拼贴图块变小。

❷ 缝隙宽度：将滑块向右拖曳会使图块间距变大，将滑块向左拖曳会使图块间距变小。

❸ 加亮缝隙：将滑块向右拖曳会使裂缝亮度变暗，将滑块向左拖曳会使裂缝亮度变亮。

30 拼缀图滤镜

滤镜菜单 > 滤镜库 > 纹理

使图像产生一种类似于瓷砖拼成图像的效果，该滤镜将图像变为若干个规则排列的方形图块，图块的颜色有该区域的主色决定。

面板

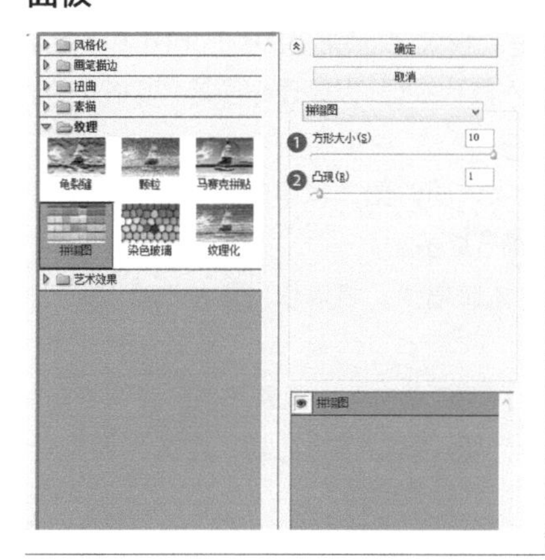

❶ 方块大小：将滑块向右拖曳会使方形图块变大，同时图像保留的细节更少。将滑块向左拖曳会使方形图块变小，同时图像保留的细节更多。

❷ 凸现：将滑块向右拖曳会使方块的立体感增强，将滑块向左拖曳会使方块的立体感减弱。

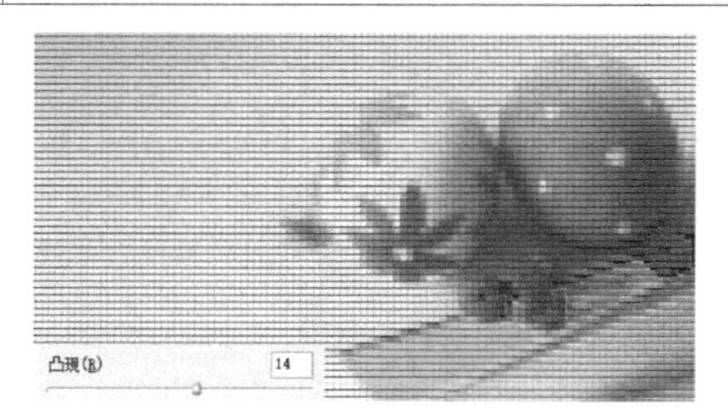

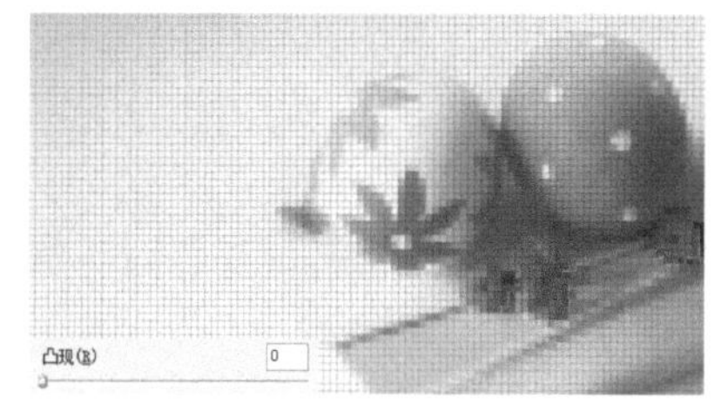

31 染色玻璃滤镜

滤镜菜单 > 滤镜库 > 纹理

将图像变成彩块玻璃效果，边框颜色由前景色决定。

原图

面板

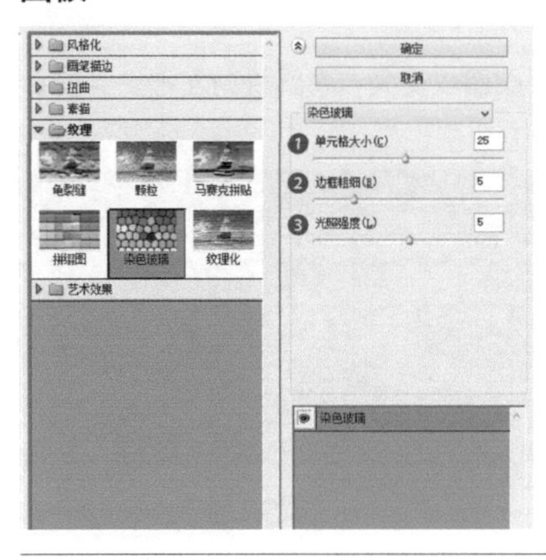

❶ 单元格大小：将滑块向右拖曳会使色块变大，同时图像保留的细节少。将滑块向左拖曳会使色块变小，同时图像保留的细节多。

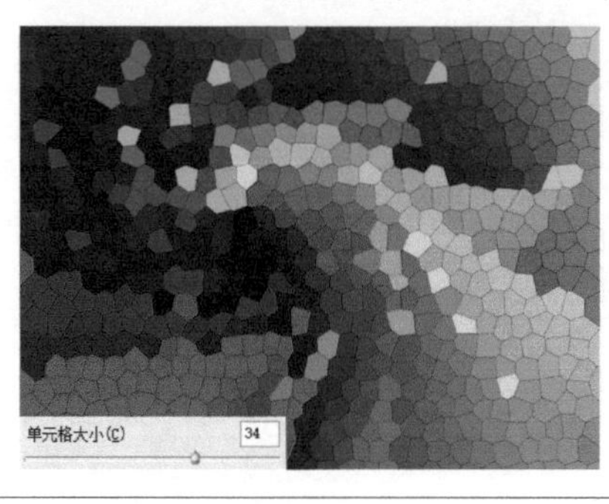

❷ 边框粗细：将滑块向右拖曳会使边框线条变粗，将滑块向左拖曳会使边框线条变细。

❸ 光照强度：设置在图像中心所添加光照的强度，其实这里相当于给图像添加暗角。

32 纹理化滤镜

滤镜菜单 > 滤镜库 > 纹理

对图像直接应用选择的纹理，使图像看起来富有质感。

原图

面板

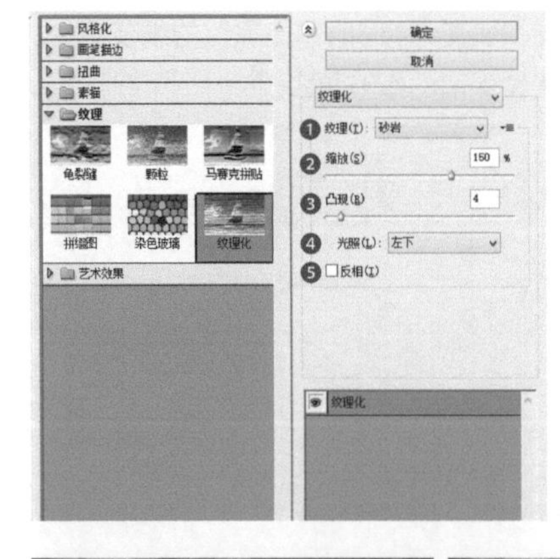

❶ 纹理：设置所要使用的纹理，系统提供4种纹理：砖形、粗麻布、画布和砂岩。若这几种不够理想，还可以单击 按钮，载入其他纹理，但纹理必须是PSD格式的。最下面的4张图片为纹理效果图。

❷ 缩放：将滑块向右拖曳会使纹理变大，同时图像保留的细节更少。将滑块向左拖曳会使纹理变小，同时图像保留的细节更多。

❸ 凸现：将滑块向右拖曳会使纹理立体感增强，将滑块向左拖曳会使纹理立体感减弱。

❹ 光照：在滤镜库面板最右侧有【光照】选项，单击可以设置不同的光照方向。

❺ 反相：反转光照方向。例如：上方光照反转成下方光照，左方光照反转成右方光照。

33 壁画滤镜

滤镜菜单 > 滤镜库 > 艺术效果

使用短而粗的笔触，粗略涂抹在图像上，并给小块颜色加上粗糙边缘，产生粗糙的壁画效果。

原图

面板

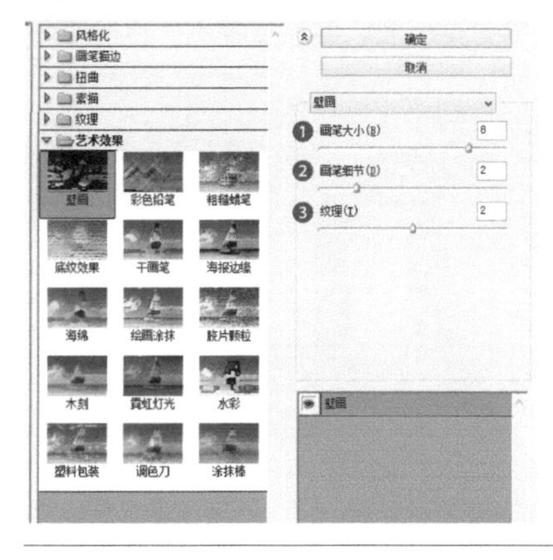

❶ 画笔大小：将滑块向右拖曳会使得画笔笔触变粗，图像更模糊。将滑块向左拖曳会使得画笔笔触变细，图像更清晰。

❷ 画笔细节：将滑块向右拖曳会使图像保留的细节多，将滑块向左拖曳会使图像保留的细节少。

❸ 纹理：将滑块向右拖曳会使纹理效果强，将滑块向左拖曳会使纹理效果弱。

34 彩色铅笔滤镜

滤镜菜单 > 滤镜库 > 艺术效果

用各种颜色的铅笔在单一颜色的背景上沿某一特定的方向勾画图像。图像重要的边缘使用粗糙的画笔勾勒，图像的单一颜色区域将被背景色代替。

原图

面板

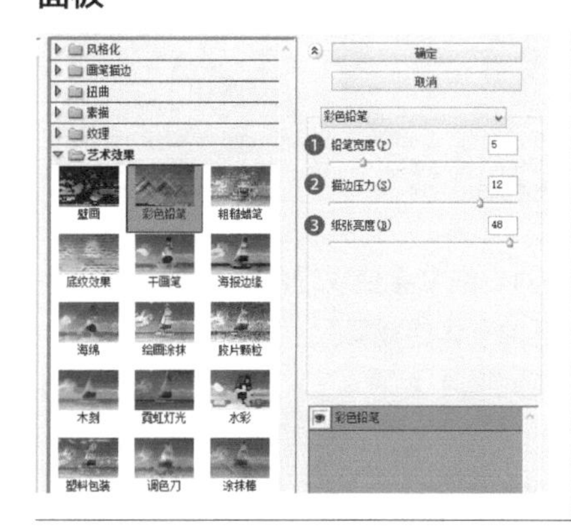

❶ 铅笔宽度：将滑块向右拖曳会使得画笔笔触变粗，图像更模糊。将滑块向左拖曳会使得画笔笔触变细，图像更清晰。

❷ 描边压力：将滑块向右拖曳会使画笔压力变大，同时图像保留的细节多。将滑块向左拖曳会使画笔压力变小，同时图像保留的细节少。

❸ 纸张亮度：将滑块向右拖曳会使画纸变亮，纸张颜色越接近背景色。将滑块向左拖曳会使画纸变暗。

提示：如何识别彩色铅笔的宽度

图像中白色的地方为纸张颜色，彩色的地方为彩色铅笔画的地方。所以看铅笔宽度不要看错位置。

35 粗糙蜡笔滤镜

滤镜菜单 > 滤镜库 > 艺术效果

在带纹理的背景上用蜡笔描绘。图像亮部区域纹理弱，暗部区域纹理强。

面板

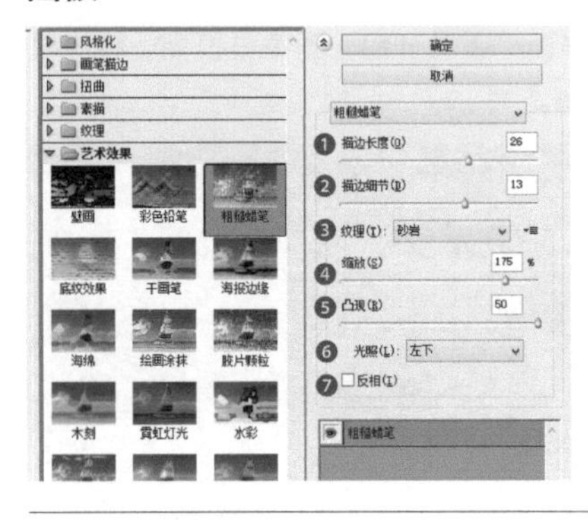

❶ 描边长度：将滑块向右拖曳会使画笔长度变长，图像更模糊。将滑块向左拖曳会使得画笔长度变短，图像更清晰。

❷ 描边细节：将滑块向右拖曳会使描边的细节多，将滑块向左拖曳会使描边的细节少。

❸ 纹理：设置所要使用的纹理，系统提供 4 种纹理：砖形、粗麻布、画布和砂岩。若这几种不符合要求，还可以单击 ▾≡ 按钮，载入其他纹理，但纹理必须是 PSD 格式的。

❹ 缩放：将滑块向右拖曳会使纹理变大，将滑块向左拖曳会使纹理变小。

❺ 凸现：将滑块向右拖曳会使纹理的立体感增强，将滑块向左拖曳会使纹理的立体感减弱。

❻ 光照：在滤镜库面板最右侧有【光照】选项，单击可以设置不同的光照方向。

❼ 反相：反转光照方向。例如：上方光照反转成下方光照，左方光照反转成右方光照。

36 底纹效果滤镜

滤镜菜单 > 滤镜库 > 艺术效果

模拟图像在选择的纹理上绘画的效果。

面板

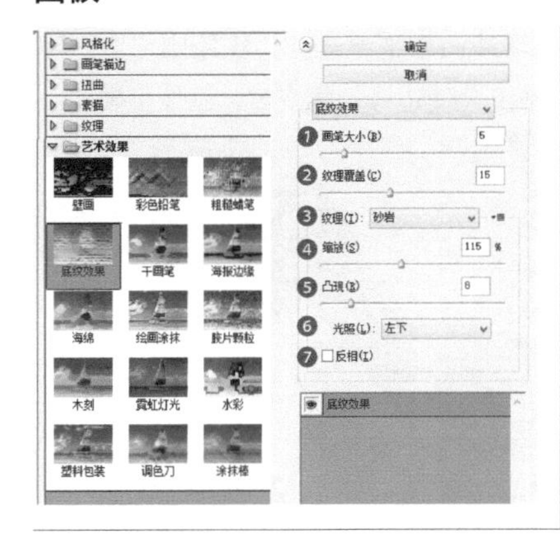

❶ 画笔大小：将滑块向右拖曳会使画笔笔触变粗，图像更模糊。将滑块向左拖曳会使画笔笔触变细，图像更清晰。

❷ 纹理覆盖：将滑块向右拖曳会使纹理覆盖范围大，图像保留的细节少。将滑块向左拖曳会使理覆盖范围小，图像保留的细节多。

❸ 纹理 设置所要使用的纹理，系统提供4种纹理 砖形、粗麻布、画布和砂岩。若这几种不够理想，还可以单击≡按钮，载入其他纹理，但纹理必须是PSD格式的。

❹ 缩放：将滑块向右拖曳会使纹理变大，同时图像保留的细节越少。将滑块向左拖曳会使纹理变小，同时图像保留的细节越多。

❺ 凸现：将滑块向右拖曳会使纹理立体感增强，将滑块向左拖曳会使纹理立体感减弱。

❻ 光照：在滤镜库面板最右侧有【光照】选项，单击可以设置不同的光照方向。

❼ 反相：设反转光照方向。例如：上方光照反转成下方光照，左方光照反转成右方光照。

37 干画笔滤镜

滤镜菜单 > 滤镜库 > 艺术效果

减少图像的颜色来简化图像的细节，使图像呈现出介于油画和水彩之间的效果。

面板

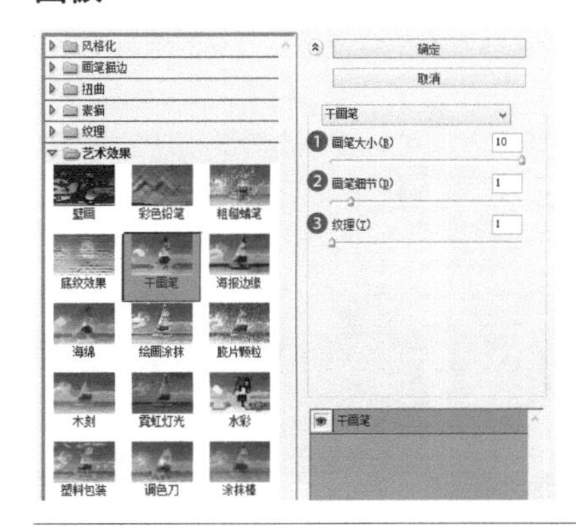

❶ 画笔大小：将滑块向右拖曳会使画笔笔触变粗，图像更模糊。将滑块向左拖曳会使笔笔触变细，图像更清晰。

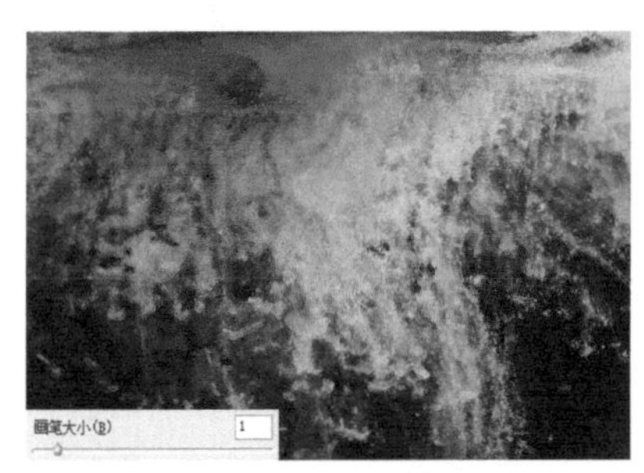

❷ 画笔细节：将滑块向右拖曳会使平滑度变高，图像保留的细节更少。将滑块向左拖曳会使平滑度变低，图像保留的细节更多。

❸ 纹理：将滑块向右拖曳会使纹理效果增强，将滑块向左拖曳会使纹理效果减弱。

38 海报边缘滤镜

滤镜菜单 > 滤镜库 > 艺术效果

减少图像的颜色，查找图像的边缘并在上面加上黑色的轮廓。

面板

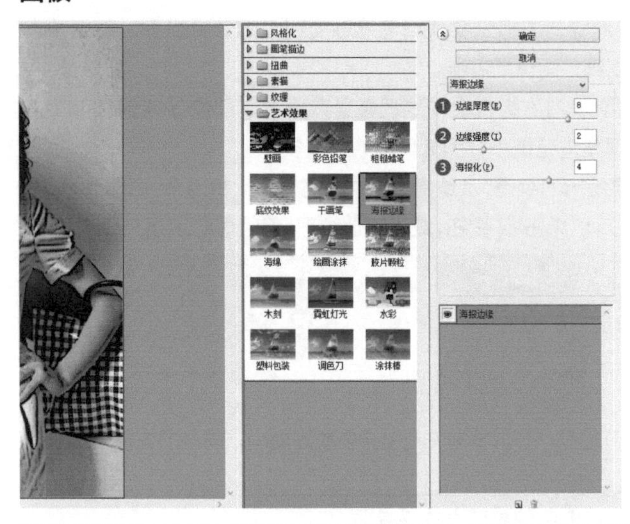

❶ 边缘厚度：将滑块向右拖曳会使边缘轮廓变宽，图像柔和。将滑块向左拖曳会使边缘轮廓变窄，图像生硬。

❷ 海报化：将滑块向右拖曳会使图像颜色变多，将滑块向左拖曳会使图像颜色变少。

❸ 边缘强度：将滑块向右拖曳会使边缘暗度增高，将滑块向左拖曳会边缘暗度降低。

39 海绵滤镜

滤镜菜单 > 滤镜库 > 艺术效果

模拟海绵绘画的效果，使用颜色对比强烈、纹理较重的区域创建图像。

面板

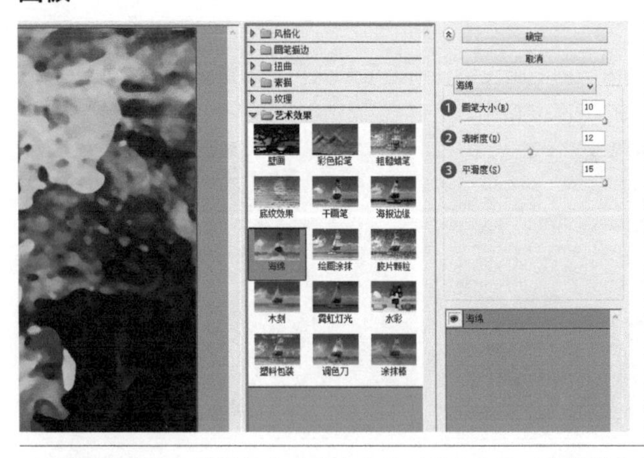

❶ 画笔大小：将滑块向右拖曳会使模拟海绵的画笔变大，图像更模糊。将滑块向左拖曳会使模拟海绵的画笔变小，图像更清晰。

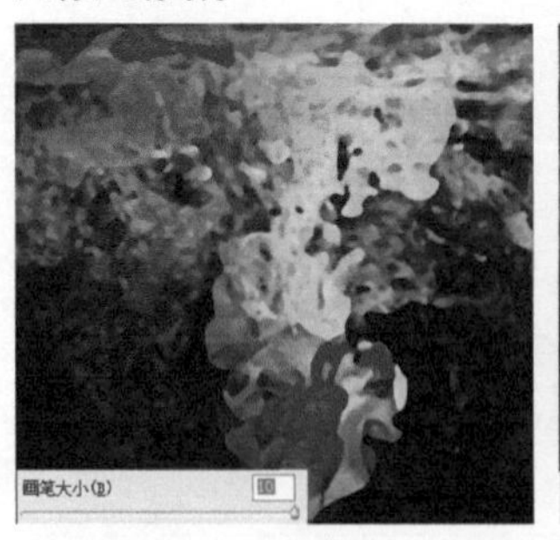

❷ 清晰度：将滑块向右拖曳会使对比度变大。将滑块向左拖曳会使对比度变小。

❸ 平滑度：将滑块向右拖曳会使平滑度变高，图像更柔和。将滑块向左拖曳会使平滑度变低，图像更生硬。

40 绘画涂抹滤镜

滤镜菜单 > 滤镜库 > 艺术效果

使用不同类型的画笔涂抹图像。

原图

面板

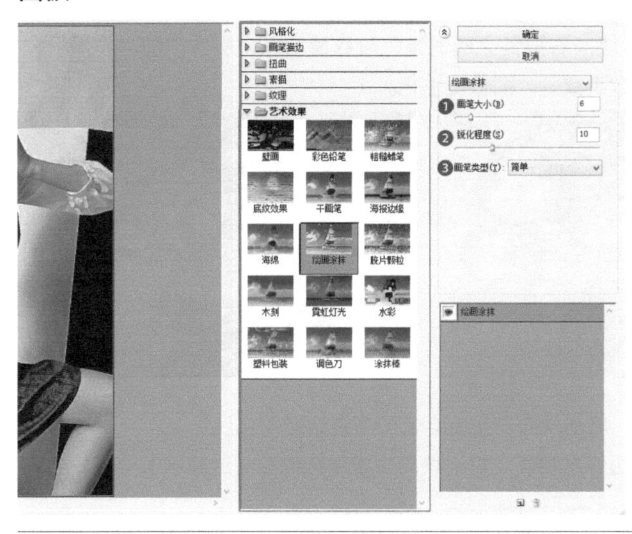

❶ 画笔大小：将滑块向右拖曳会使画笔变大，图像更模糊。将滑块向左拖曳会使笔变小，图像更清晰。

❷ 锐化程度：将滑块向右拖曳会使图像锐化程度变强，将滑块向左拖曳会使图像锐化程度变弱。

❸ 画笔类型：设置使用的画笔类型，分别为：简单、未处理光照、未处理深色、宽锐化、宽模糊和火花。

41 胶片颗粒滤镜

滤镜菜单 > 滤镜库 > 艺术效果

此滤镜对图像的暗色调和中间调区域应用均匀的颗粒，使图像更平滑且饱和度更高。主要用来消除混合的条纹和在视觉上将各种来源的图像进行统一。

原图

面板

❶ 颗粒：将滑块向右拖曳会使颗粒密度增大，将滑块向左拖曳会使颗粒密度减小。

❷ 高光区域：将滑块向右拖曳会使高光区域范围变大，将滑块向左拖曳会使高光区域范围变小。

❸ 强度：当滑块在最右边时只有在暗部区域显示颗粒，当滑块在最左边时整个图像都显示颗粒。

42 木刻滤镜

滤镜菜单 > 滤镜库 > 艺术效果

对图像颜色进行归纳，使其颜色分明。

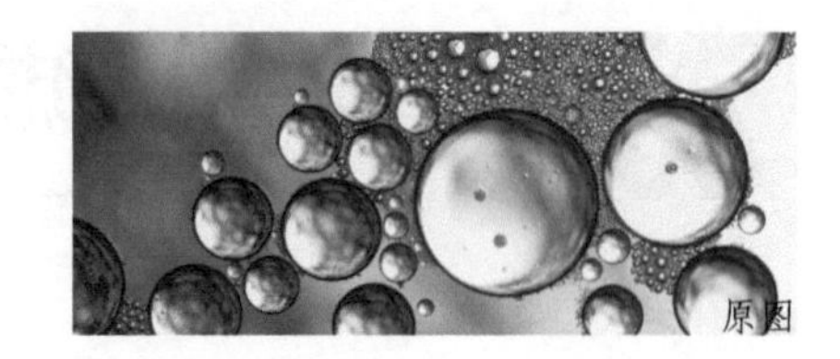
原图

面板

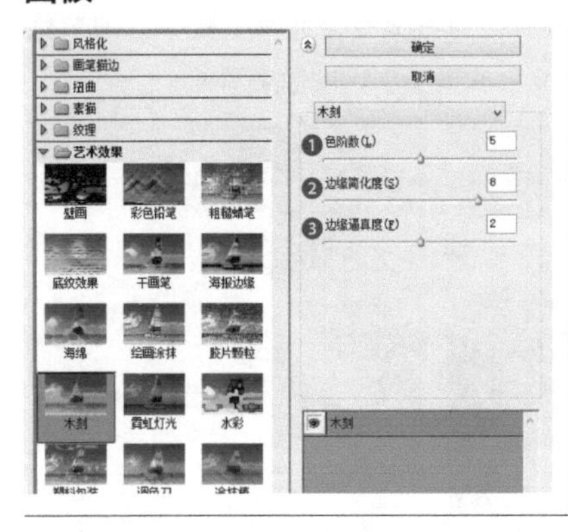

❶ 色阶数：将滑块向右拖曳会使图像色阶数量增多，层次丰富。将滑块向左拖曳会使图像色阶数量减少，图像扁平化。

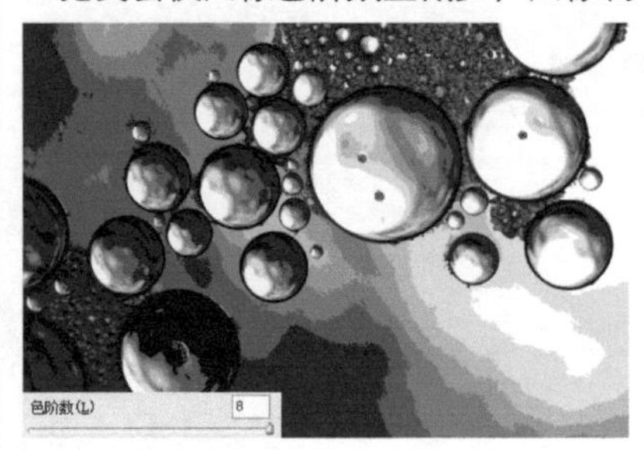

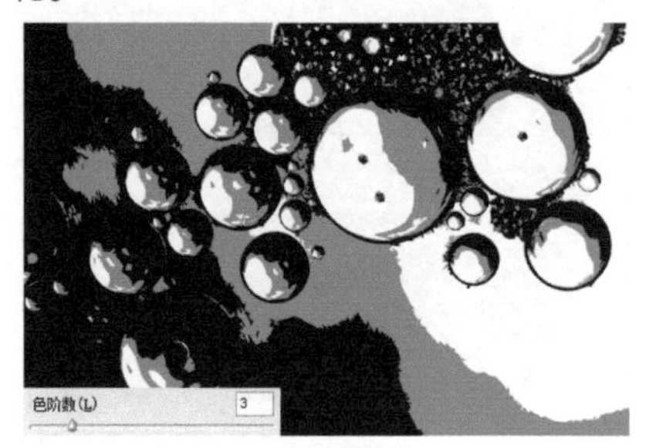

❷ 边缘简化度：将滑块向右拖曳会使图像锐边缘简化度高，将滑块向左拖曳会使图像锐边缘简化度低。

❸ 边缘逼真度：将滑块向右拖曳会使图像边缘细节变多，边缘越精确。将滑块向左拖曳会使图像边缘细节变少，边缘越模糊。

43 霓虹灯光滤镜

滤镜菜单 > 滤镜库 > 艺术效果

模拟霓虹灯光照射图像的效果，图像暗部将使用前景色填充。

原图

面板

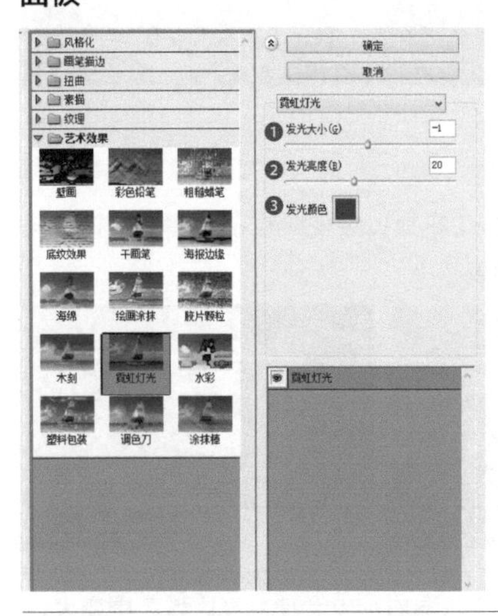

❶ 发光大小：将滑块向右拖曳会使光线向外发射，将滑块向左拖曳会使光线向内发射。

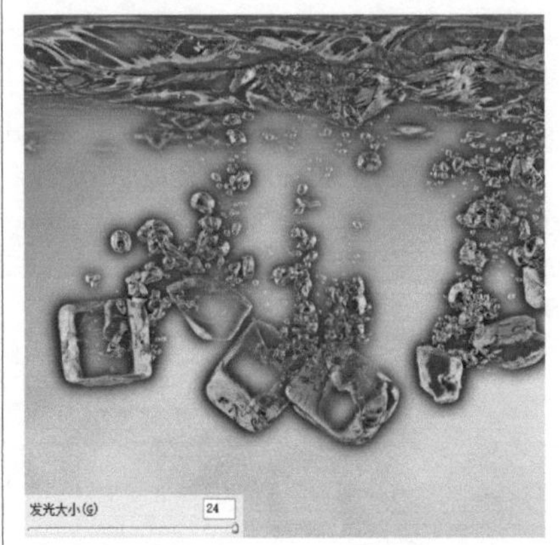

❷ 发光亮度：将滑块向右拖曳会使光线亮度变高，将滑块向左拖曳会使光线亮度变低。

❸ 发光颜色：设置发光的颜色，双击色块可打开拾色器设置颜色。

44 水彩滤镜

滤镜菜单 > 滤镜库 > 艺术效果

产生水彩风格的图像，简化图像的细节，改变图像边界的色调，图像的颜色更加饱满。

原图

面板

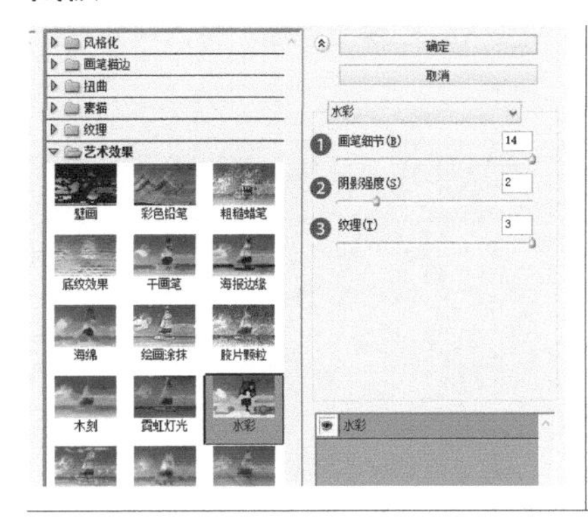

❶ 画笔细节：将滑块向右拖曳会使画笔变大，使画面更细腻。将滑块向左拖曳会使画笔变小，使画面更粗糙。

❷ 阴影强度：将滑块向右拖曳会使图像暗调范围变大，将滑块向左拖曳会使图像暗调范围变小。

❸ 纹理：将滑块向右拖曳会使纹理效果增强且越明显，将滑块向左拖曳会使纹理效果减弱且越不明显。

45 塑料包装滤镜

滤镜菜单 > 滤镜库 > 艺术效果

产生将图像的细节部分涂上一层发光的塑料的效果。

原图

面板

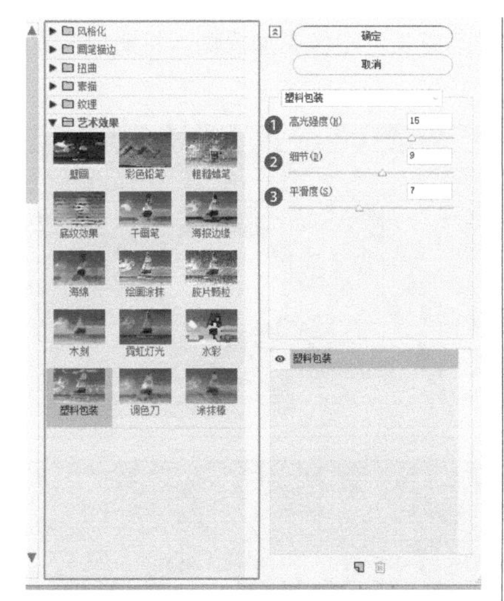

❶ 高光强度：将滑块向右拖曳会使图像高光亮度增高，同时塑料感增强。将滑块向左拖曳会使图像高光亮度降低，同时塑料感降低。

❷ 细节：将滑块向右拖曳会使高光区域保留的细节增多，将滑块向左拖曳会使高光区域保留的细节减少。

❸ 平滑度：将滑块向右拖曳会使平滑度变高，将滑块向左拖曳会使平滑度变低。

46 调色刀滤镜

📍 滤镜菜单 > 滤镜库 > 艺术效果

降低图像的细节并淡化图像，使图像呈现出调色刀涂抹画布的效果。

原图

面板

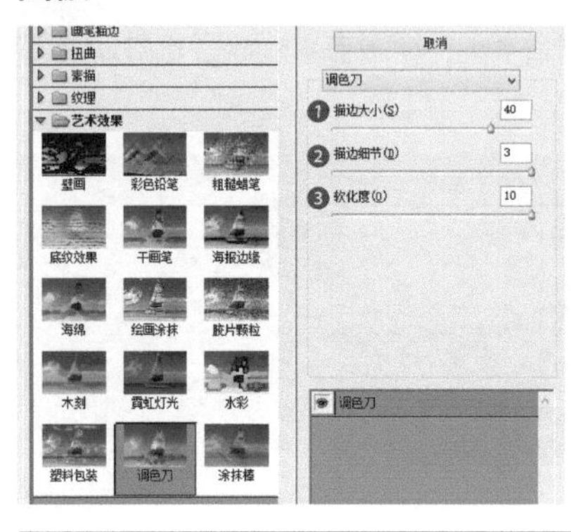

❶ 描边大小：将滑块向右拖曳会使色块变大，图像更模糊。将滑块向左拖曳会使色块变小，图像更清晰。

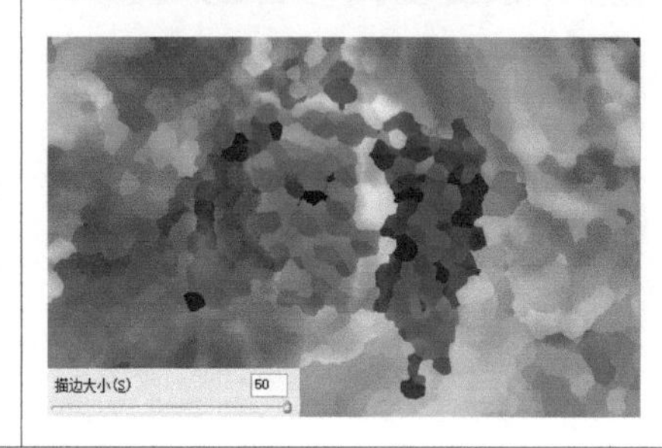

❷ 描边细节：将滑块向右拖曳会使图像保留的细节增多，将滑块向左拖曳会使图像保留的细节减少。

❸ 软化度：将滑块向右拖曳会使图像边缘模糊，将滑块向左拖曳会使图像边缘清晰。

47 涂抹棒滤镜

📍 滤镜菜单 > 滤镜库 > 艺术效果

使用较短的对角线条涂抹图像中的暗部区域，从而柔化图像。

原图

面板

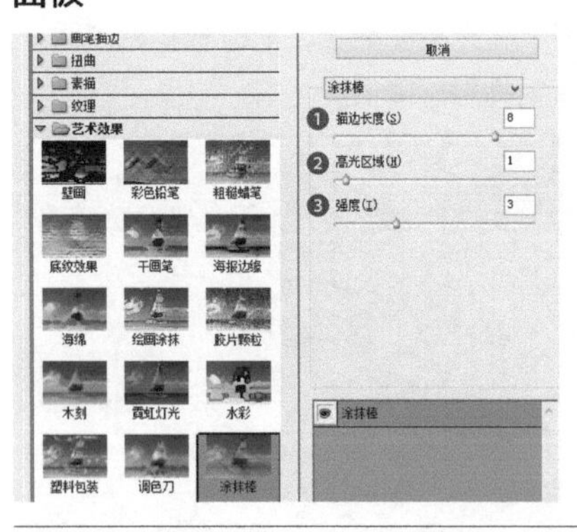

❶ 描边长度：将滑块向右拖曳会使线条变长，图像更加模糊。将滑块向左拖曳会使线条变短，图像更加清晰。

❷ 高光区域：将滑块向右拖曳会使高光区域范围增大，将滑块向左拖曳会使高光区域范围减小。如右侧两图所示。

❸ 强度：将滑块向右拖曳会使高光亮度增强，将滑块向左拖曳会使高光亮度减弱。

48 查找边缘

滤镜菜单 > 风格化

它可以使图像形成清晰轮廓，通常用来把一张照片变成手绘线稿图效果。

实例：制作线稿效果

通过查找边缘滤镜自动搜索图像中对比度变化剧烈的边缘，再使用去色命令使图像呈现手绘线稿图效果。

01 打开素材图片“查找边缘 .png”。

02 执行【滤镜】-【风格化】-【查找边缘】命令，滤镜自动搜索图像像素对比度变化剧烈的边界，硬边变为线条，而柔边变粗，形成一个清晰的轮廓。

03 按 Ctrl+Shift+U 组合键对图像进行去色处理，使图像去除色彩制作出线稿的效果。

49 等高线

滤镜菜单 > 风格化

它可以寻找颜色反差较大的边缘，围绕边缘勾勒出较细的线条。该滤镜最终效果类似于地理上的等高线图。

面板

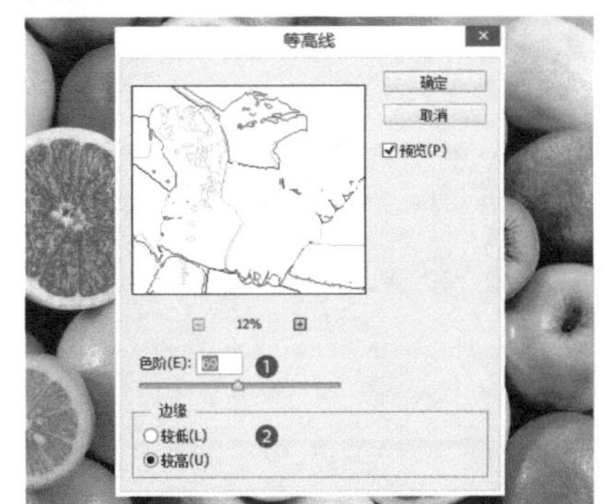

❶ 色阶：以某个色阶数值为参考，勾画等高线。如，色阶数值为 31 时，以亮度为 31 的像素为参考，勾画等高线。

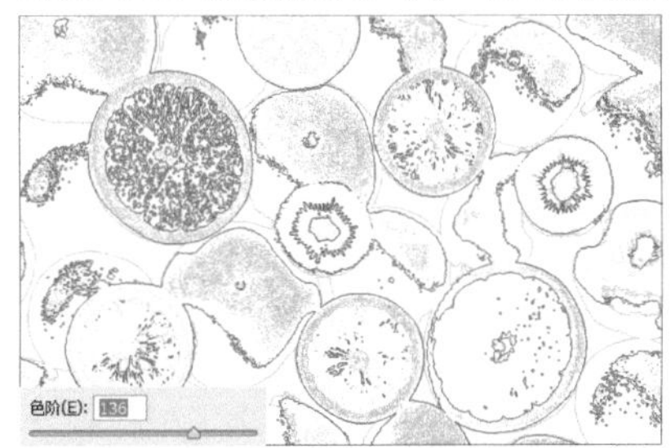

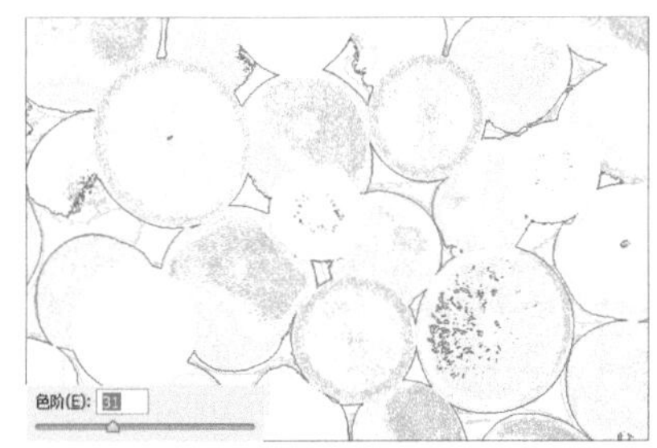

❷ 边缘：设置处理图像边缘的位置，以及边界的产生方法，分为较高和较低。较低勾画较暗的区域，较高勾画较亮的区域。

实例：制作闪电效果

通过等高线滤镜制作闪电效果。

01 打开素材图片“等高线.tif”。

02 选择图层 1，并单击按钮显示该图层内容。

03 执行【滤镜】-【风格化】-【等高线滤镜】命令，设置【色阶】为 138，【边缘】为较高。

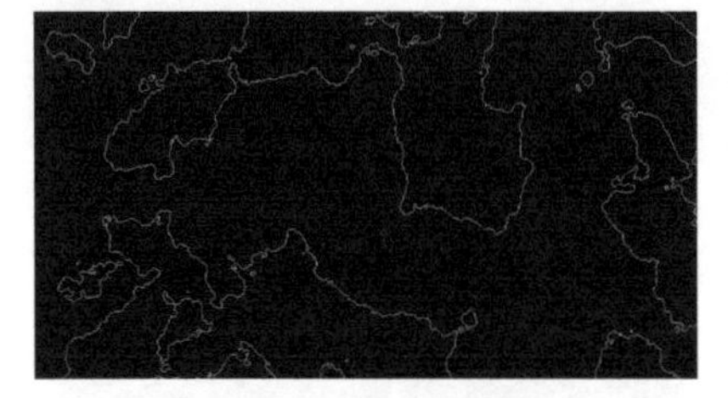

04 按 Ctrl+I 组合键使图像颜色反相。

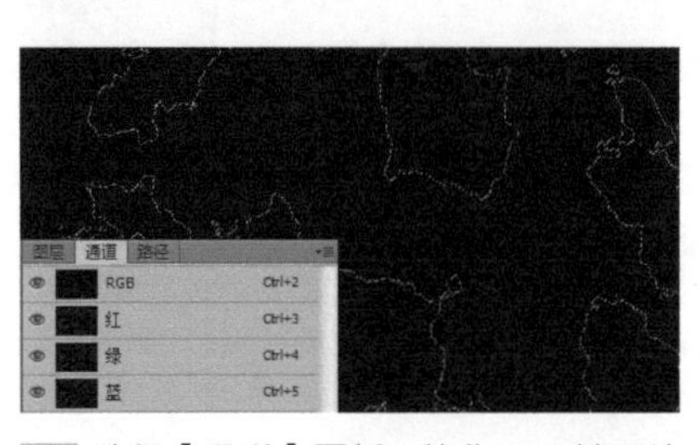

05 选择【通道】面板，按住 Ctrl 键不放单击 RGB 通道的缩览图，建立选区。

06 按 Ctrl+Shift+I 组合键反相选区，按 Delete 键删除选区里的内容，按 Ctrl+D 组合键取消选区。

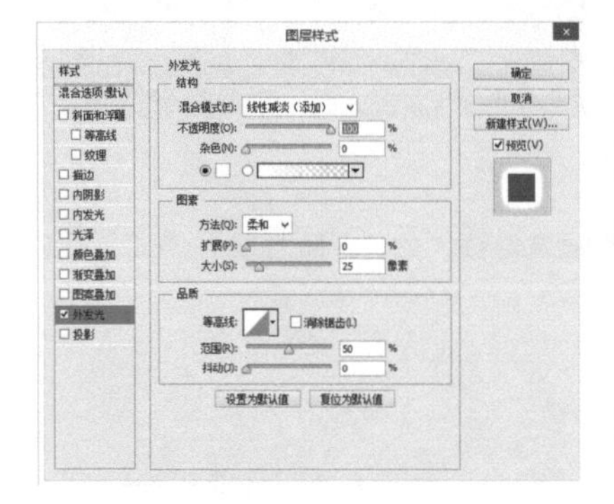

07 **设置闪电的外发光效果** 选择图层 1，单击【图层】面板下方的按钮，选择【外发光】样式。设置【混合模式】为线性减淡，【不透明度】为 100%，【发光颜色】为白色，【大小】为 25 像素。至此案例完成。

50 风滤镜

滤镜菜单 > 风格化

风滤镜可以模拟风吹效果，原理是图像中增加一些细小的水平线。

面板

提示：风滤镜在图片上的作用效果

该滤镜应用在低分辨率的图片时效果明显，在高分辨率的图片上应用不明显。

❶ 方法：设置在图像上添加风的类型，分为风、大风和飓风。如下所示，图片依次是风、大风和飓风的效果图。

❷ 方向：设置风吹的方向，分为从右和从左。如下图所示，图片依次是风从右吹和风从左吹的效果图。

51 浮雕效果滤镜

滤镜菜单 > 风格化

浮雕效果滤镜可以产生不同光照角度的浮雕效果，图像的亮部区域凸起，图像的暗部区域凹陷。

面板

❶ 角度：设置照射的浮雕的光照角度，可以在文本框里直接输入，也可以拖动圆盘里的指针来调整方向。改变光照角度，浮雕的最终效果也会不一样。

❷ 高度：将滑块向右拖曳会使浮雕凸起部分的高度增高，将滑块向左拖曳会使浮雕凸起部分的高度降低。

❸ 数量：将滑块向右拖曳会使图像边界变得清晰，将滑块向左拖曳会使图像边界变得模糊。

52 扩散 滤镜菜单 > 风格化

它可以使图像呈现出透过磨砂玻璃观察图像的效果。

原图

面板

❶ 正常：图像的所有区域都进行扩散处理，与图像的颜色值没有关系。

❷ 变暗优先：图像暗部扩散，较暗像素替换较亮像素。相对于正常模式得到较暗的图片。

❸ 变亮优先：图像亮部扩散，较亮像素替换较暗像素。相对于正常模式得到较亮的图片。

❹ 各向异性：最低限度地改变图像颜色的前提下，使画面变得更加柔和。

53 拼贴 滤镜菜单 > 风格化

它可以将图片变为由许多有空隙的瓷砖拼凑在一起的效果，生成的空隙还可以选择填充的内容。

原图

面板

❶ 拼贴数：设置图像拼贴块的数量。横图中该数量控制的是列分裂出的最小拼贴块数，竖图中该数量控制的是行分裂出的最小拼贴块数。

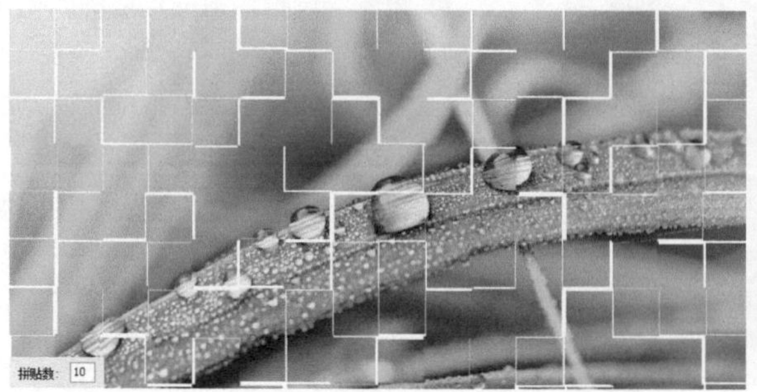

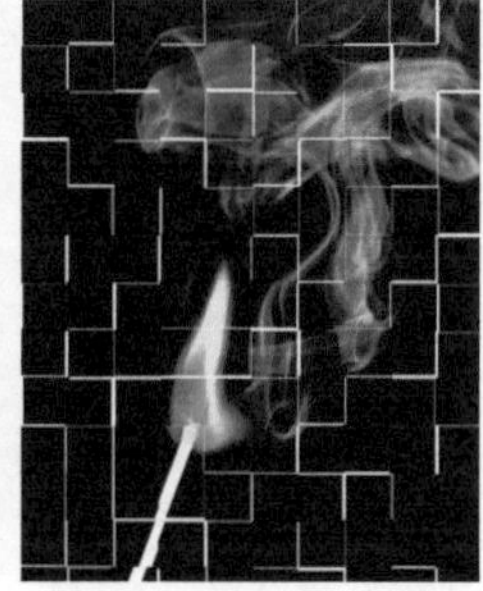

❷ 最大位移：设置图像拼贴块的间隙，该数量控制的是为贴块偏移其原始位置的最大距离。

❸ 填充空白区域：设置生成的空隙填充的内容，分别为背景色、前景颜色、反向图像和未改变的图像。背景色：用背景色填充拼贴块之间的缝隙。前景颜色：用前景色填充拼贴块之间的缝隙。反向图像：原图像的反相色图像填充拼贴块之间的缝隙。未改变的图像：使用原图像填充拼贴块之间的缝隙。

54 曝光过度

滤镜菜单 > 风格化

使图像产生原图像与原图像的反相进行混合后的效果。该滤镜不能应用 Lab 模式的图片。

实例：曝光过度效果

通过曝光过度滤镜模拟摄影中增加光线强度而产生的过度曝光效果。

01 打开素材图片“曝光过度 .jpg”。

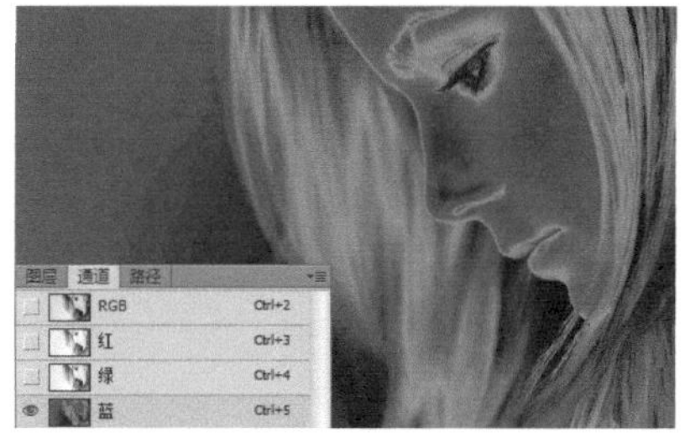

02 选择【通道】面板，单击【蓝】通道，执行【滤镜】-【风格化】-【曝光过度滤镜】命令，使【蓝】通道的图像与其负片混合的效果。

03 单击 RGB 通道，使图像通道全部显示混合。至此案例完成。

55 照亮边缘

滤镜菜单 > 滤镜库 > 风格化

它可以搜索图像中颜色变化较大的区域，标识颜色的边缘，并向其添加类似霓虹灯的光亮。该滤镜不能应用 Lab、CMYK 和灰度模式的图像。

面板

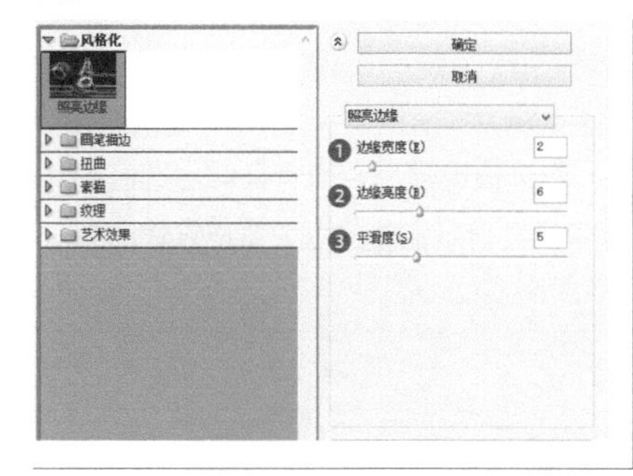

❶ 边缘宽度：图像的所有区域都进行扩散处理，与图像的颜色值没有关系。

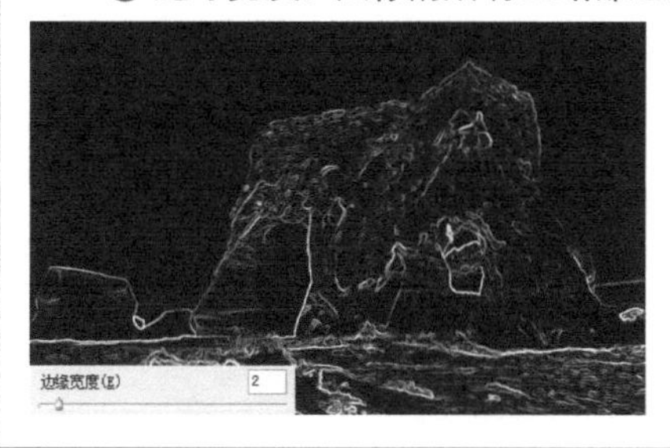

❷ 边缘亮度：将滑块向右拖曳会使发光边缘的亮度提高，将滑块向左拖曳会使发光边缘的亮度降低。

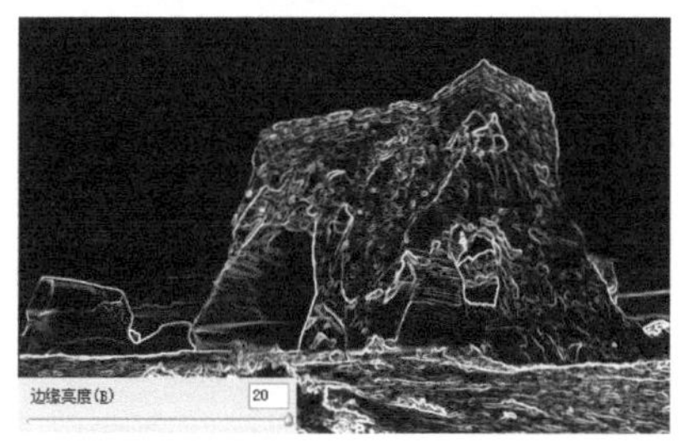

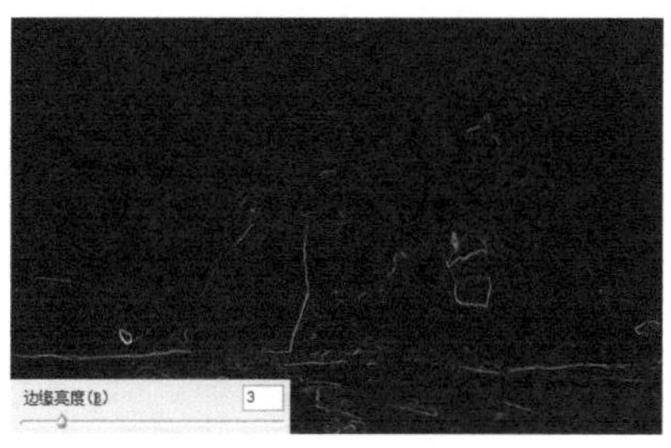

❸ 平滑度：将滑块向右拖曳会使发光边缘的平滑程度越高，同时图像细节保留更少。将滑块向左拖曳会使发光边缘的平滑程度越低，同时图像细节保留更多。

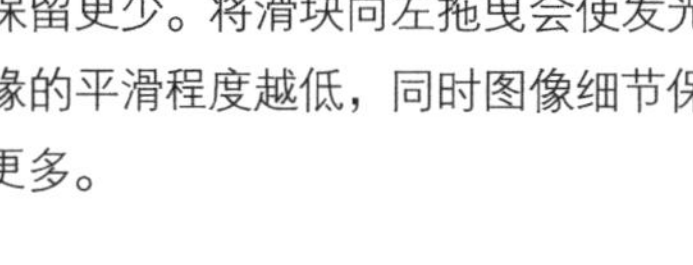

56 凸出

滤镜菜单 > 风格化

它可以将图像分为一系列大小相同且有机重叠的立方体或锥体，该滤镜可以产生特殊的3D效果。

原图

面板

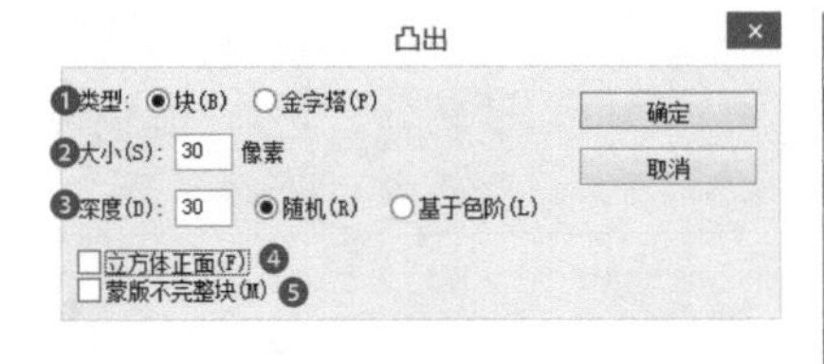

提示：凸出滤镜的效果与图片大小有关

根据不同图片大小，设置不同的立方体或金字塔底面的大小。若大图设置小数值会导致生成的凸起特别小。

❶ 类型：设置凸起的方式，分为块和金字塔。块：它可以创建具有一个方形的正面和4个侧面的对象。金字塔：即锥体，创建具有相交于一点的4个三角形侧面的对象。

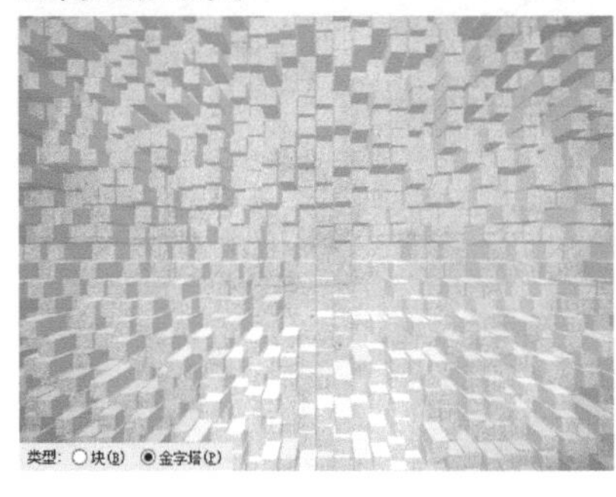

❷ 大小：设置立方体或金字塔底面的大小。该值越低，生成的立方体和锥体越小。数值越高，生成的立方体和锥体越大。

❸ 深度：设置凸起的高度。随机：每个块或金字塔设置一个任意的深度。基于色阶：每个对象的深度与其亮度对应，越亮凸出得越多，越暗凸出得越少。

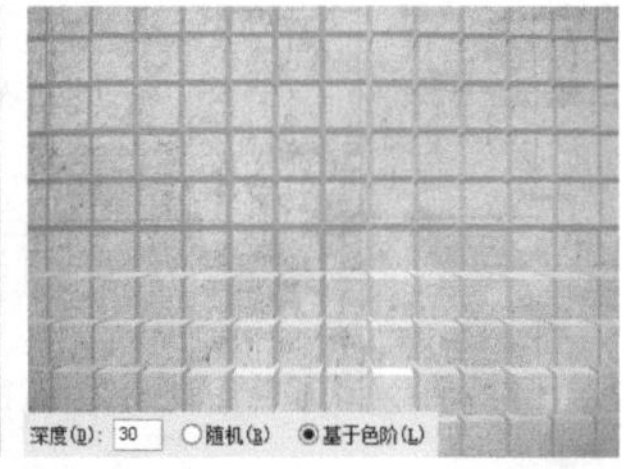

❹ 立方体正面：勾选该选项后，将失去图像整体轮廓，生成的立方体上只显示单一的颜色。下图为不勾选状态。

❺ 蒙版不完整块：勾选该选项后，所有延伸出选区的对象都会被隐藏，即图像中只会显示完整的立方体或锥体凸起。

57 表面模糊滤镜 滤镜菜单 > 模糊

表面模糊滤镜能够在保留图像边缘的前提下模糊图像，它可以消除杂色或颗粒，在实际工作中常用于磨皮。

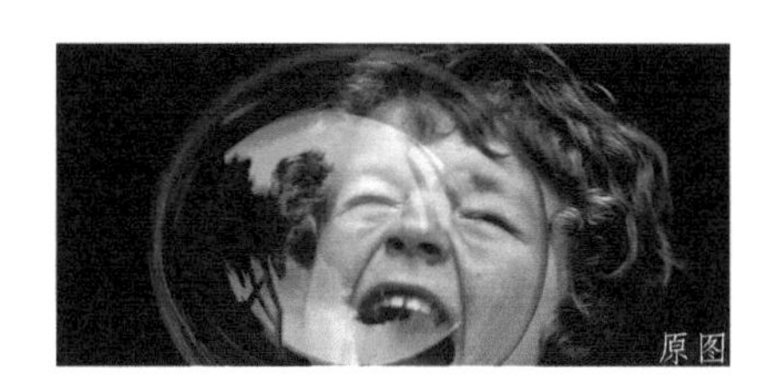

面板

❶ 半径：设置模糊取样区域的大小。将滑块向右拖曳会使取样区域变大，模糊效果变弱。将滑块向左拖曳会使取样区域变小，模糊效果变强。

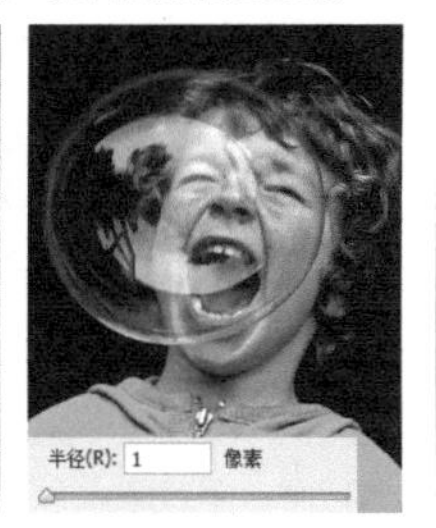

❷ 阈值：设置相异像素的临界值。将滑块向右拖曳会使临界值变大，模糊效范围增大。将滑块向左拖曳会使取临界值变小，模糊效范围减小。

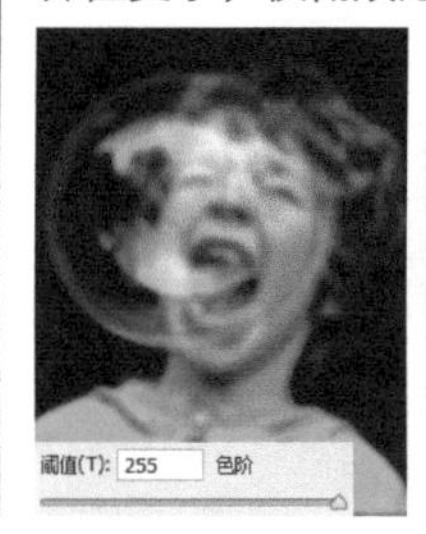

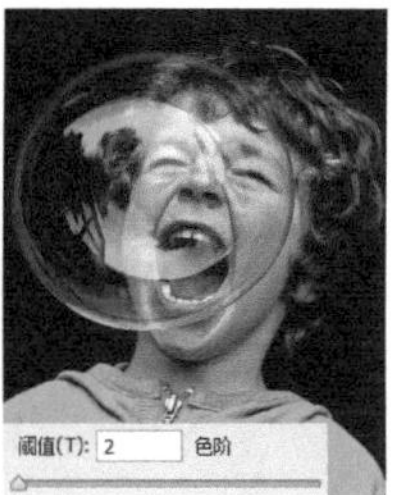

实例：粗糙皮肤变光滑

通过表面模糊滤镜使女模特的皮肤变得更加光滑。

01 在 Photoshop 中打开"美女模特 .JPG"文件。

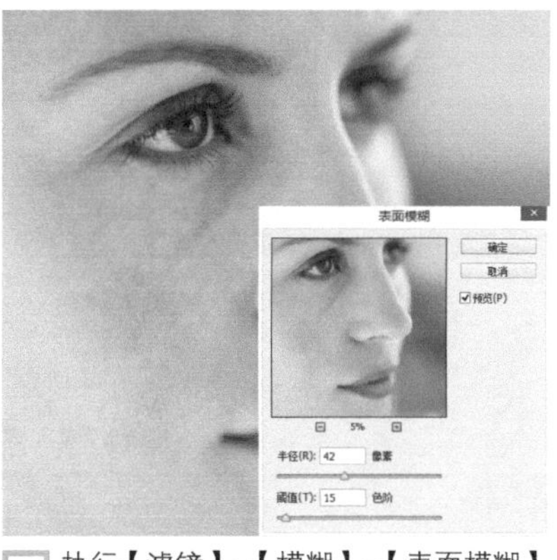

02 执行【滤镜】-【模糊】-【表面模糊】命令，设置【半径】为 42，【阈值】为 15。

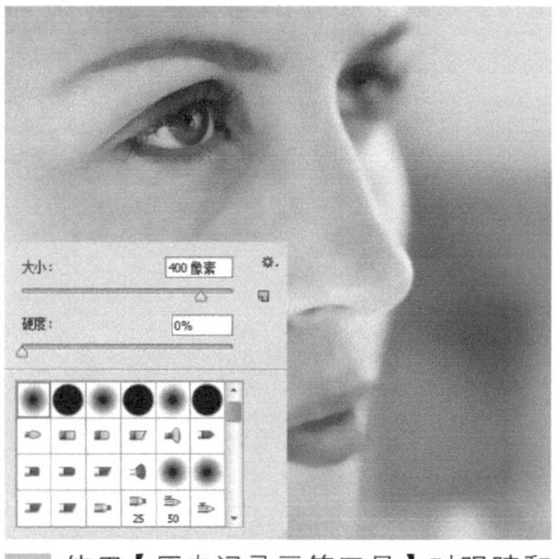

03 使用【历史记录画笔工具】对眼睛和嘴巴涂抹，设置【笔头】为第一个笔头，【不透明度】为 50%，笔头大小注意随时调整。这样操作使眼睛重新变得清亮。

04 表面模糊滤镜使皮肤变模糊，达到磨皮效果，同时图像的边缘并没有受到任何的影响。

提示：快照的作用

在图片打开时，Photoshop 会为图像创建一张快照。历史记录画笔可以使用该快照对图像进行恢复，恢复状态为当前选定的快照。在实际工作中经常用于给工具恢复眼睛的清亮状态。

58 场景模糊

滤镜菜单 > 模糊

场景模糊滤镜通过创建多个可以控制模糊度的模糊点来达到模糊的效果，最终结果是合并图像上所有模糊图钉的效果。

❶ 面板

❶ 预览图：它是场景模糊的预览效果图，预览图上的◎图标代表的是当前选中的模糊点，预览图上的◉图标代表的是未选中的模糊点。

❷ 确定：单击即可提交当前的设置，也可以按 Enter 快捷键。

❸ 取消：单击即可取消当前的设置，也可以按 Esc 快捷键。

❹ 模糊：将滑块向右拖曳会使当前模糊点的模糊度提高，将滑块向左拖曳会使当前模糊点的模糊度降低。

❺ 光源散景：设置高光区域的亮度和范围，呈现出光斑效果。将滑块向右拖曳会使高光区域的亮度增强，范围增大。将滑块向左拖曳会使高光区域的亮度减弱，范围减小。

提示：什么是散景和景深

散景也可以叫作“焦外”，是指在景深较浅的摄影成像中，落在景深以外的画面会有逐渐产生松散模糊的效果，具有光斑效果。

最常见到的景深就是拍摄花、昆虫等的照片中，将背景拍得很模糊，主题清晰，该景深也称为小景深。在拍摄纪念照或集体照，风景等的照片一般会把背景拍摄得和拍摄对象一样清晰，该景深也称为大景深。

❻ 散景颜色：它可以把鲜艳的颜色添加到没有到白色程度的高光区域。将滑块向右拖曳会使添加的颜色更鲜艳，将滑块向左拖曳会使添加的颜色更暗淡。

❼ 光照范围：它可以调整散景效果的色调范围。黑色滑块（▲图标）控制散景效果暗调区域的亮度范围，白色滑块（△图标）控制散景效果亮调区域的亮度范围。当两滑块距离增大时图像亮度增强，当两滑块距离减小时图像亮度减弱。

❷ 移动模糊点

单击模糊点中间的圆点不放并拖曳，即可移动模糊点的位置。

❸ 调整模糊点的模糊度

将鼠标放在模糊点圆环上，单击并拖动即可调整当前模糊点的模糊度，也可以在右侧【模糊工具】面板上调节【模糊】选项。

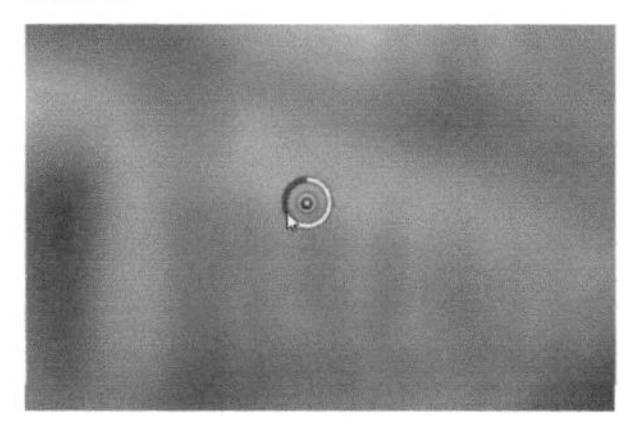

❹ 添加多个模糊点

将鼠标指针放在预览图上，当鼠标指针变为图钉样式 时，单击图像即可。单击图像外部甚至可以在图像外部添加模糊点，以对边角应用模糊效果。

❺ 删除模糊点

单击需要删除的模糊点，按 Delete 键即可删除选中的模糊点。

实例：给汽车制作景深效果

通过场景模糊滤镜模糊汽车周围的环境，汽车不做模糊效果。

01 在 Photoshop 中打开素材图片“汽车景深 .jpg”。

02 执行【滤镜】-【模糊】-【场景模糊】命令，将初始的模糊点移动到车头部分，设置【模糊】为 0。

03 在汽车左上角添加一个模糊点，设置【模糊】为 7。调整该模糊点位置使其刚好模糊到汽车边缘。

04 在图像右上角添加一个模糊点，设置【模糊】为 7，使模糊点刚好模糊到汽车尾部。

05 在图像右下部分添加一个模糊点，设置【模糊】为 7，使模糊点刚好模糊到汽车车轮。

提示：制作景深的关键点

在制作景深效果时要注意不要将模糊度设置得太高，否则会导致最终的效果不真实。如果在大场景上制作景深效果，注意多添加模糊点，每个模糊点的模糊度都不要设置的太高，根据需要逐渐增大或减少，这样给景深一个过度感，显得更加自然。

59 动感模糊

滤镜菜单 > 模糊

动感模糊滤镜经常用来表现图像的速度感，原因是它的效果类似于以固定曝光时间给一个移动的对象拍照。

原图

面板

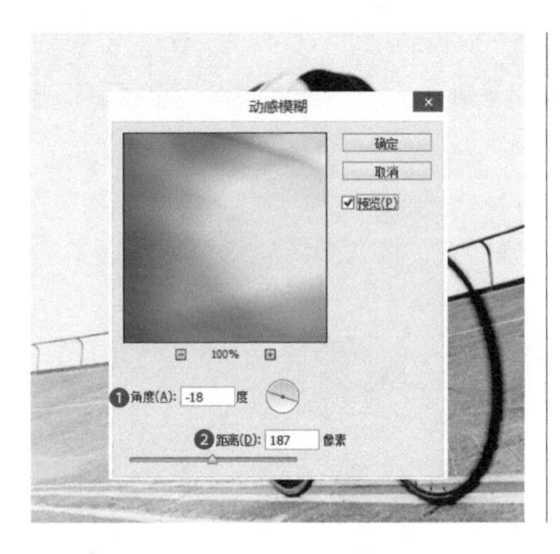

❶ 角度：设置模糊的方向，范围是 -360° 至 +360° 。设置可以在文本框里直接输入，也可以拖动圆盘里的指针来调整方向。

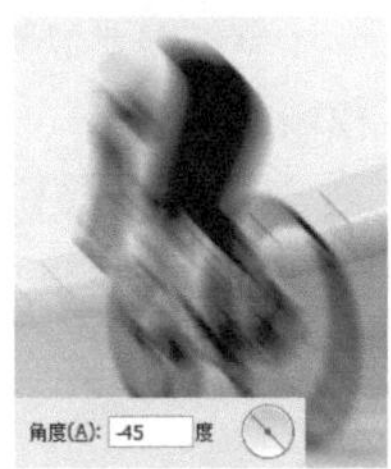

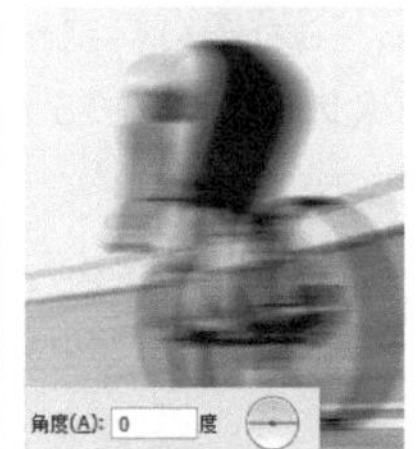

❷ 距离：设置图像模糊的程度。将滑块向右会使图像变模糊，将滑块向左拖曳会使图像变清晰。

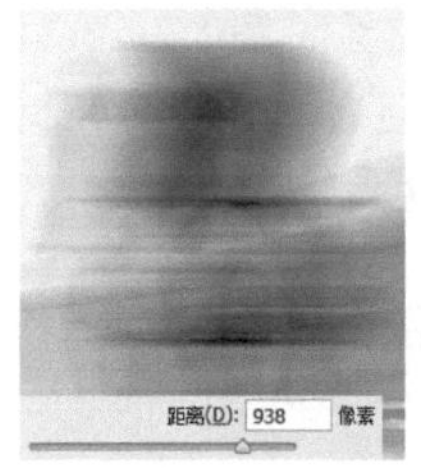

实例：制作起飞加速的效果

通过动感模糊滤镜使飞机身后的背景沿某一方向模糊，产生起飞加速的动感效果。

01 打开文件“飞机升空.psd”。

02 执行【选择】-【载入选区】命令，单击【确定】按钮，载入该文件里的选区。

03 按 Ctrl+Shift+I 组合键，反向该选区，使选区选中飞机以外的内容。

04 执行【滤镜】-【模糊】-【动感模糊】命令，设置【角度】为 -45°，【距离】为 200，使选区内图像沿着设定的方向进行模糊。

05 按 Ctrl+D 组合键，取消选区。

第3章 滤镜

60 方框模糊

滤镜菜单 > 模糊

方框模糊滤镜可以产生方块状的特殊模糊效果，原理是基于相邻像素的平均颜色值来模糊图像。

原图

面板

半径：设置图像模糊的范围。将滑块向右会使模糊范围增大，模糊效果增强。将滑块向左拖曳会使模糊范围减小，模糊效果减弱。

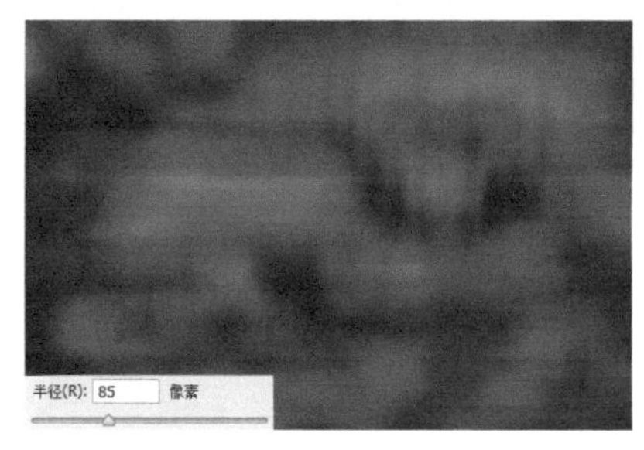

61 模糊和进一步模糊

滤镜菜单 > 模糊

模糊滤镜可以对边缘特别清晰，对比度特别强烈的区域进行轻微的模糊，使图像变柔和。进一步模糊滤镜产生的效果比模糊滤镜强 3~4 倍。它们都可以在图像中有显著颜色变化的地方消除杂色。

原图

使用方法：（1）打开图像；（2）执行【滤镜】-【模糊】-【模糊】（或进一步模糊）。效果如下图所示。注意这两个滤镜效果并不是很明显。

模糊

进一步模糊

62 高斯模糊

滤镜菜单 > 模糊

高斯模糊滤镜可以快速模糊图像，产生朦胧效果。该滤镜是工作中最常用到的模糊滤镜。

面板

半径：设置图像模糊的范围。将滑块向右会使模糊范围增大，模糊效果增强。将滑块向左拖曳会使模糊范围减小，模糊效果减弱。

实例 1：制作汽车阴影

在汽车下面的添加黑色色块，并通过高斯模糊滤镜使色块模糊化，产生阴影的效果。

01 在 Photoshop 中打开“高斯模糊 - 背景.jpg”文件。

02 执行【文件】-【置入】命令，载入素材图片“高斯模糊 - 汽车.psd”，并且按住 Shift 键不放，等比例放大汽车图片。

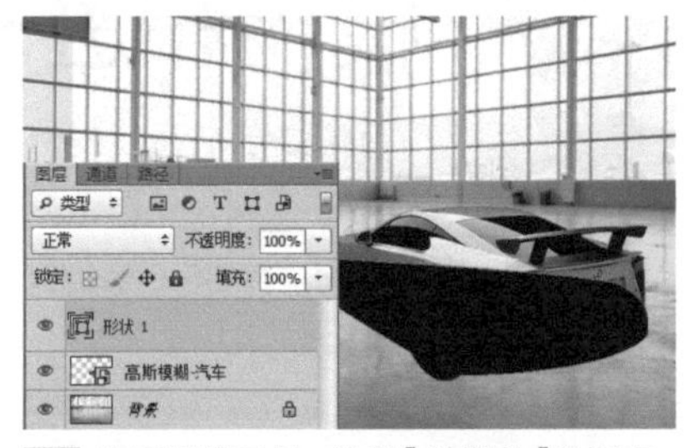

03 使用钢笔工具，设置【前景色】为黑色，【工具模式】为形状，沿着汽车形状，进行勾画。注意只要勾选汽车下半部分，并且形状略微大一些。

04 选择【形状 1】图层，右键单击选择【栅格化图层】，使其变为普通图层。将【形状 1】图层下移一层。

05 执行【滤镜】-【模糊】-【高斯模糊】命令，设置【半径】为 5。按 Ctrl+T 组合键进行自由变换，按 Ctrl 键不放，单击控制点调整色块位置和大小，注意下边车轮处的阴影要重一点。

实例 2：制作唯美背景

通过高斯模糊滤镜使图像变得模糊，使得图像颜色融合，形成渐变自然的颜色背景。

01 在 Photoshop 中打开“彩色气球 .jpg”文件。

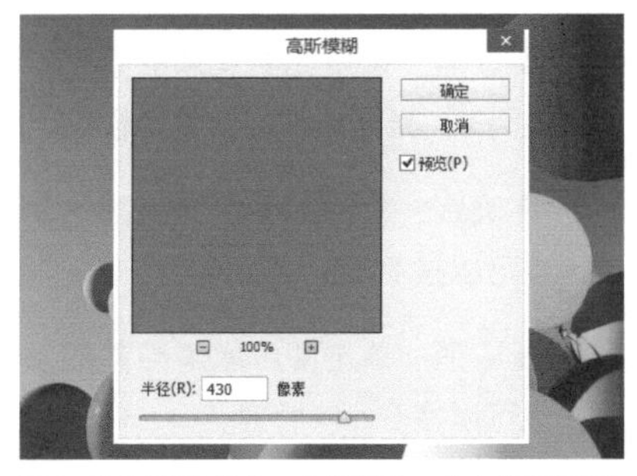

02 执行【滤镜】-【模糊】-【高斯模糊】命令，设置【半径】为 430。

03 经过模糊处理图像的颜色相互融合，产生渐变自然的唯美背景。

63 形状模糊

滤镜菜单 > 模糊

形状模糊滤镜可以在模糊图像时，按照设置的形状产生特殊的模糊效果。

面板

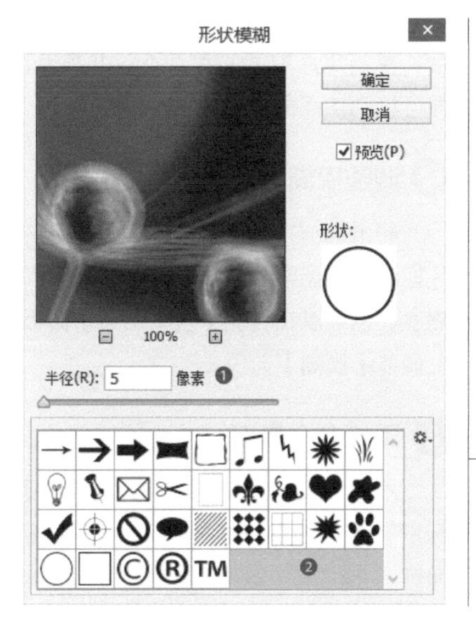

❶ 半径：设置模糊的范围，并且控制形状的大小。将滑块向右拖曳会使模糊的范围增大，同时形状变大。将滑块向左拖曳会使模糊的范围减小，同时形状变小。

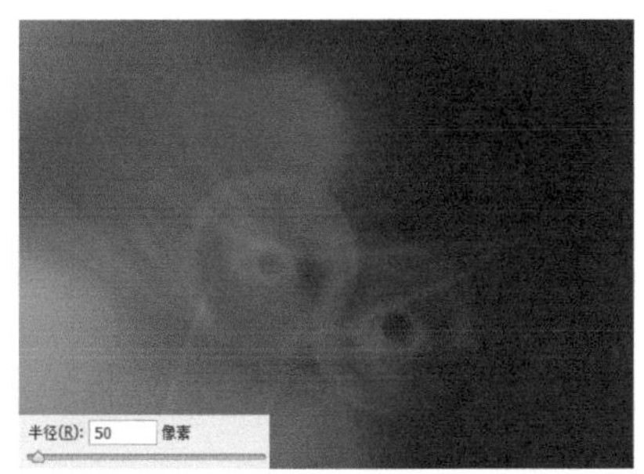

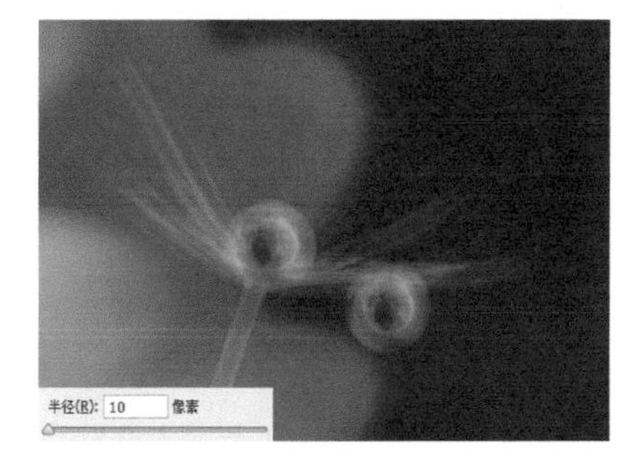

❷ 形状列表：单击列表里面的形状即可给模糊指定应用的形状。选择形状之后，会在预览图右侧的【形状】里显示，它表示当前使用形状。单击列表右上角的⚙按钮，可以打开下拉菜单载入其他的形状库。

64 光圈模糊

滤镜菜单 > 模糊

光圈模糊滤镜通过创建多个焦点，并且可以控制焦点范围和模糊区域的模糊度，模拟出浅景深效果。

原图

❶ 面板

❶ 预览图：它是光圈模糊的预览效果图，预览图上的◉按钮代表的是当前选中的焦点，预览图上的●按钮代表的是未选中的焦点。

❷ 聚焦：调整光圈聚焦的效果。如果值为 0，光圈内部也会跟着模糊。

❸ 确定：单击即可提交当前的设置，也可以按 Enter 快捷键。

❹ 取消：单击即可取消当前的设置，也可以按 Esc 快捷键。

❺ 模糊：将滑块向右拖曳会使当前焦点周围模糊区域的模糊度提高，将滑块向左拖曳会使当前焦点周围模糊区域的模糊度降低。

❻ 光源散景：设置高光区域的亮度和范围，呈现出光斑效果。将滑块向右拖曳会使高光区域的亮度增强，范围增大。将滑块向左拖曳会使高光区域的亮度减弱，范围减小。

❼ 散景颜色：它可以把鲜艳的颜色添加到没有到白色程度的高光区域。将滑块向右拖曳会使添加的颜色更鲜艳，将滑块向左拖曳会使添加的颜色更暗淡。

❽ 光照范围：它可以调整散景效果的色调范围。黑色滑块▲控制散景效果暗调区域的亮度范围，白色滑块△控制散景效果亮调区域的亮度范围。当两滑块距离增大时图像亮度增强，当两滑块距离减小时图像亮度减弱。

❷ 焦点结构图

A 区域代表焦点区域，即该区域的图像会清晰显示，不会被模糊。B 区域代表渐隐区，即该区域的图像的清晰度从里到外逐渐降低，直到到达设定的模糊度。C 区域代表模糊区域，即该区域的图像会被模糊。

a 点是羽化控制点，它控制渐隐区域的大小，即光圈外部和内部的过渡范围。b 点是控制点，它控制光圈方的范围。c 点是圆度控制点，它可以改变光圈的圆度，由椭圆变成圆角矩形。

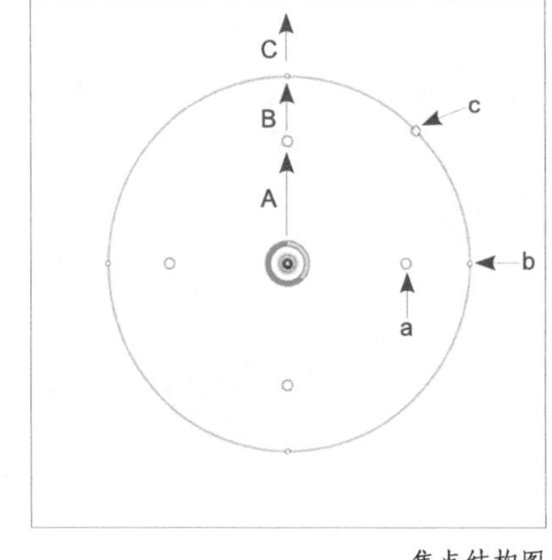

焦点结构图

❸ 移动焦点

单击焦点中间的圆点不放并拖曳，即可移动焦点的位置。

❹ 调整模糊区域的模糊度

将鼠标放在焦点的小圆环上，单击并拖动即可调整当前焦点模糊区域的模糊度，也可以在右侧【模糊工具】面板上调节【模糊】选项。

❺ 添加多个焦点

将鼠标指针放在预览图上，当鼠标指针变为图钉样式时，单击图像即可。

❻ 删除焦点

单击需要删除的焦点，按 Delete 键即可删除选焦点。

❼ 调整渐隐区域大小

单击羽化控制点不放，进行拖动即可缩放渐隐区域。

❽ 调整光圈大小和方向

单击左右控制点不放，进行左右拖动即可调整光圈宽度，单击上下控制点不放，进行上下拖动即可调整光圈高度。将鼠标指针放在圈环上进行拖动，即可等比例缩放光圈大小。将鼠标指针靠近控制点，鼠标指针变为⤾，单击并拖动即可调整光圈方向。

❾ 椭圆光圈变为圆角矩形光圈

单击圆度控制点不放，进行拖动即可将椭圆形光圈变为圆角矩形状光圈。

实例：给水珠制作景深效果

通过光圈模糊滤镜模糊叶子上面的小水珠，较大的两颗水珠凸显出来。

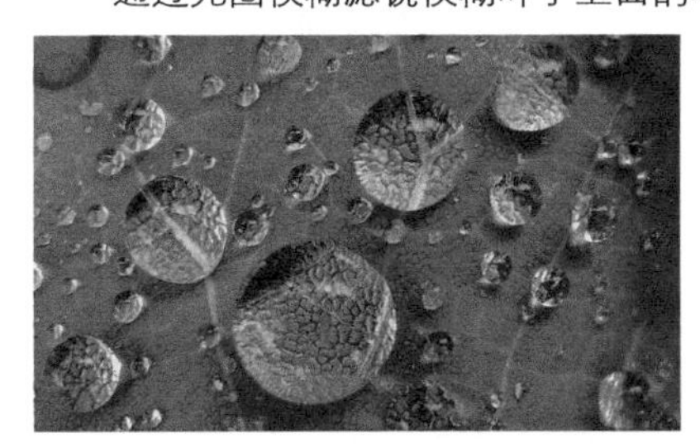

01 在Photoshop中打开素材图片“水滴.JPEG”。

02 执行【滤镜】-【模糊】-【光圈模糊】命令，将初始的焦点移动到最大水滴处，设置【模糊】为 10。

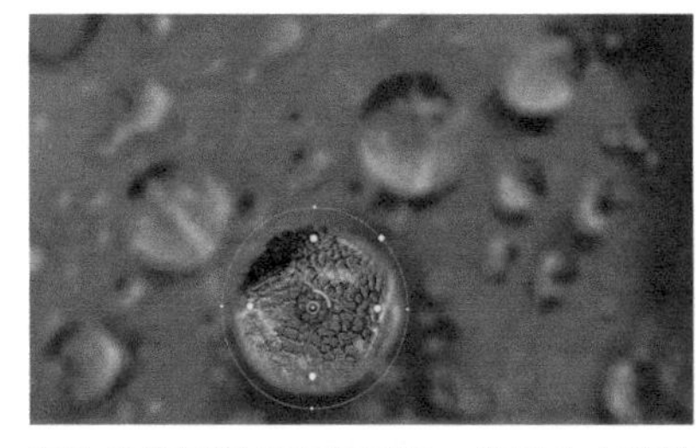

03 将光圈形状变为圆形，光圈大小略微比水珠大，羽化控制点在水珠里面一点，使水珠边缘模糊。

04 在较大的水珠上创建一个焦点，设置【模糊】为 10。接下来重复步骤 03 的操作。

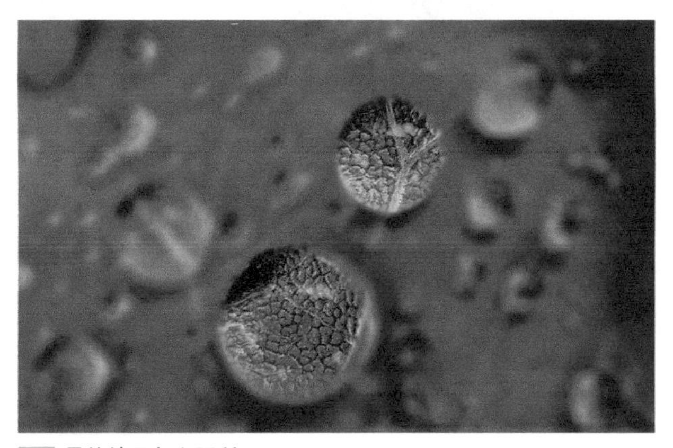

05 最终效果如上图所示。

65 径向模糊

滤镜菜单 > 模糊

径向模糊滤镜可以模拟相机旋转或相机前后移动拍摄照片的效果。

面板

❶ 模糊方法：它分为旋转和缩放两种。【旋转】即图像沿着同心圆环线产生旋转相机的模糊效果。“缩放”即图像沿着放射性线条产生推拉相机的模糊效果。

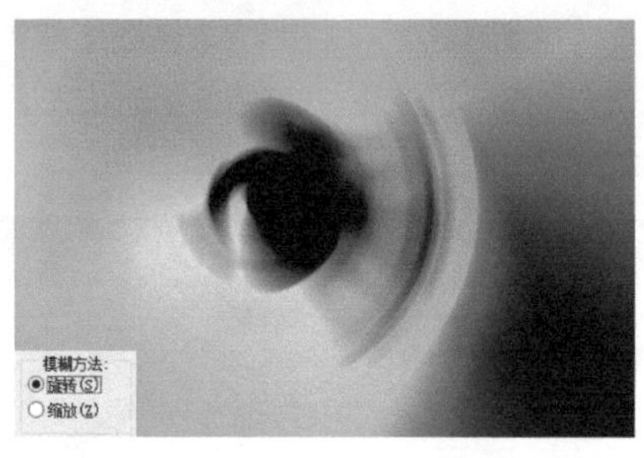

❷ 数量：将滑块向右拖曳会使模糊效果增强，同时图像细节保留更少。将滑块向左拖曳会使模糊效果减弱，同时图像细节保留更多。

❸ 中心模糊：单击界面可以控制中心点的位置，一般将位置放在图像主体上面。因为在界面中找到图像主体位置不容易，可能需要多次设置。

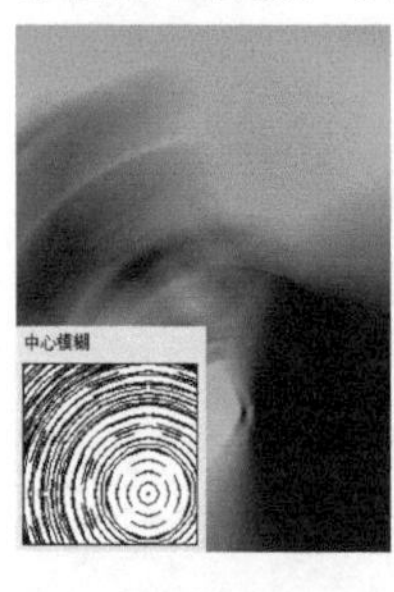

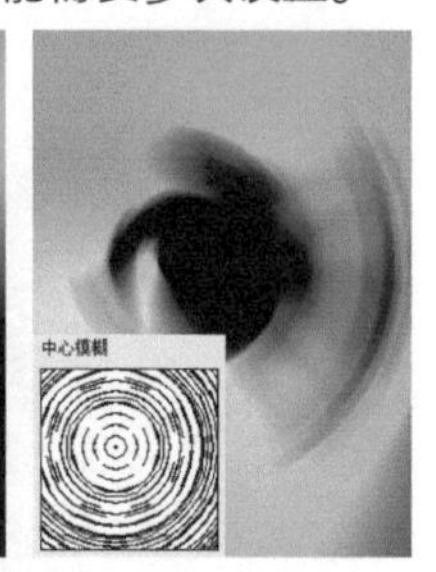

❹ 品质：设置处理完毕的图像显示的品质，分别为草图、好和最好。草图品质处理速度最快，但会产生颗粒状效果。好和最好品质都可以产生平滑的效果，但除非在较大的图片上，否则看不出两者的区别。

建议：如果图片尺寸过大，应该先选择草图品质，观察效果如何，尤其是中心点位置是否正确，然后再提高品质，原因是该滤镜需要进行大量计算，高品质会导致处理速度慢，修改影响工作效率。

实例：制作动感滑雪

通过径向模糊滤镜在滑雪照片中添加动感，以模拟滑雪者的高速移动。

01 在 Photoshop 中打开素材图片“动感滑雪.jpg”。

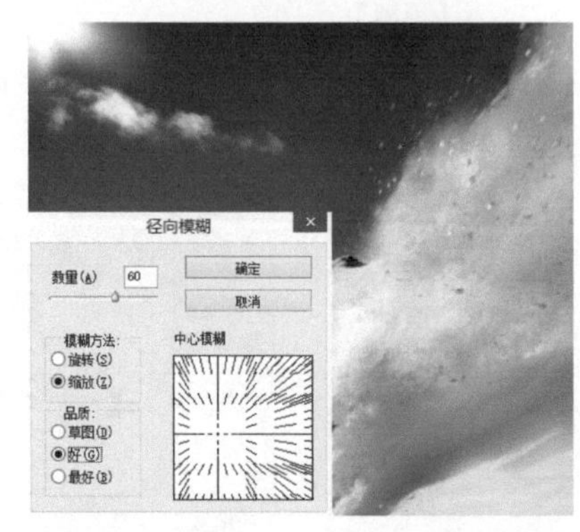

02 执行【滤镜】-【模糊】-【径向模糊】命令，设置【数量】为 60，【模糊方法】为缩放，【品质】为好，径向模糊的中心点放在滑雪者的身体上。

03 如果中心点设置的不对可以多设置几次，直到满意为止。

66 平均

滤镜菜单 > 模糊

平均滤镜可以查找图像上平均的颜色，并将该颜色填充到图像上。注意填充后图像为纯色，该滤镜没有任何参数设置。

原图

实例：校正偏色

通过平均滤镜使偏色图片还原到正常状态。

提示：图片存在的问题及解决方法

在拍摄的过程中，由于光线或角度的问题，拍摄的照片有可能存在偏色的情况。如该案例的图片，观察会发现图片整体发蓝，即图片偏蓝色。这是由于拍摄时的光线不太好，并且摄影师是透过飞机的机窗进行拍摄的，图片颜色严重不符合实际生活中事物的颜色。

在应用平均滤镜进行校正图片偏色问题时，如果偏色并不严重，只是有轻微的偏色，那么在设置【混合模式】时可以设置为“柔光”，因为“强光”容易将颜色校正的太过。

01 在 Photoshop 中打开素材图片“平均.jpg”。按 Ctrl+J 组合键，复制“背景”层。

02 执行【滤镜】-【模糊】-【平均】命令，使得查找到的颜色填充整个图像。

03 按 Ctrl+I 组合键，反相图像颜色。

04 设置图层 1 的【混合模式】为亮光。

67 特殊模糊

滤镜菜单 > 模糊

特殊模糊滤镜可以精确地模糊图像，还可以给模糊的图像添加特殊效果，原因是该滤镜里面包含多种选项可以进行设置。

原图

面板

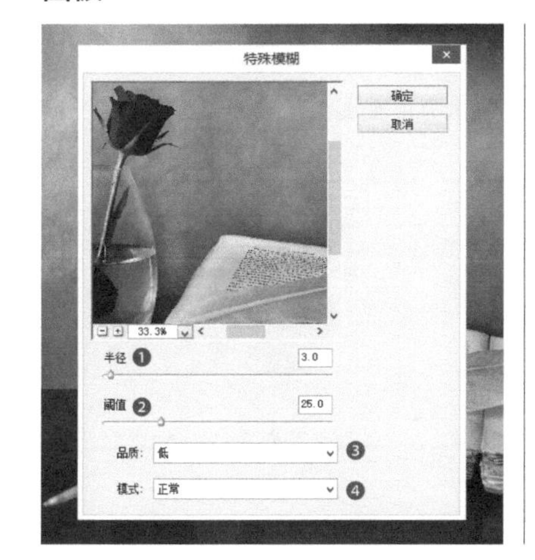

❶ 半径：将滑块向右拖曳会使模糊的范围增大，将滑块向左拖曳会使模糊的范围减小。

❷ 阈值：设置像素具有多大差异后才会被模糊处理。

❸ 品质：设置处理完毕的图像显示的品质，分为低、中和高。

❹ 模式：分为正常、仅限边缘和叠加边缘。正常：没有特殊效果；仅限边缘：用黑色显示图像，用白色描绘图像边缘对比度高的区域；叠加边缘：用白色描绘图像边缘对比度高的区域。下面图片依次是为正常、仅限边缘和叠加边缘的效果。

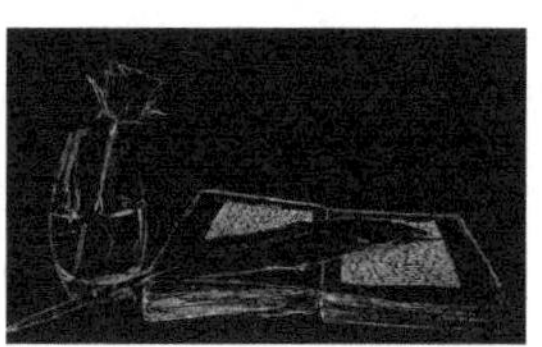

第3章 滤镜

68 倾斜偏移

滤镜菜单 > 模糊

倾斜偏移可以模拟出使用倾斜偏移镜头拍摄的图像，它常用来模拟拍摄微型对象的照片。

原图

❶ 面板

❶ 预览图：它是倾斜偏移的预览效果图，预览图上的◎按钮代表的是当前选中的焦点，预览图上的◉按钮代表的是未选中的焦点。

❷ 聚焦：调整光圈聚焦的效果。如果值为 0，光圈内部也会跟着模糊。

❸ 确定：单击即可提交当前的设置，也可以按 Enter 快捷键。

❹ 取消：单击即可取消当前的设置，也可以按 Esc 快捷键。

❺ 模糊：将滑块向右拖曳会使当前焦点周围模糊区域的模糊度提高，将滑块向左拖曳会使当前焦点周围模糊区域的模糊度降低。

❻ 扭曲度：控制模糊扭曲的形状，但只控制下方模糊区域的扭曲形状。勾选【扭曲度】下面的对称扭曲选项，可以将上方模糊区域也如下方模糊区域一样进行扭曲。

❼ 光源散景：设置高光区域的亮度和范围，呈现出光斑效果。将滑块向右拖曳会使高光区域的亮度增强，范围增大。将滑块向左拖曳会使高光区域的亮度减弱，范围减小。

❽ 散景颜色：它可以把鲜艳的颜色添加到没有到白色程度的高光区域。将滑块向右拖曳会使添加的颜色更鲜艳，将滑块向左拖曳会使添加的颜色更暗淡。

❾ 光照范围：它可以调整散景效果的色调范围。黑色滑块▲控制散景效果暗调区域的亮度范围，白色滑块△控制散景效果亮调区域的亮度范围。当两滑块距离增大时图像亮度增强，当两滑块距离减小时图像亮度减弱。

❷ 焦点结构图

A 区域代表焦点区域，即该区域的图像会清晰显示，不会被模糊。B 区域代表渐隐区，即该区域的图像的清晰度从里到外逐渐降低，直到到达设定的模糊度。C 区域代表模糊区域，即该区域的图像会被模糊。

a 点是控制点，它可以旋转模糊方向，如横向模糊变为纵向模糊。

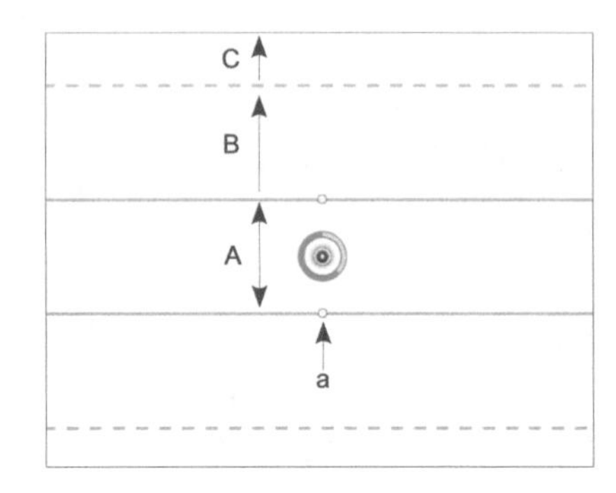

焦点结构图

❸ 移动焦点

单击焦点中间的圆点不放并拖曳，即可移动焦点的位置。

❹ 调整模糊区域的模糊度

将鼠标指针放在焦点的小圆环上，单击并拖动即可调整当前焦点模糊区域的模糊度，也可以在右侧【模糊工具】面板上调节【模糊】选项。

❺ 添加多个焦点

将鼠标指针放在预览图上，当鼠标指针变为图钉样式 时，单击图像即可。

❻ 删除焦点

单击需要删除的焦点，按 Delete 键即可删除选焦点。

❼ 调整光圈的大小

将鼠标指针靠近线条，鼠标指针变为↕，单击并拖动即可调整各区域的大小。如拖动两条实线可以调整焦点区域大小，拖动实线和虚线可以调整渐隐区域大小。

❽ 调整光圈的方向

将鼠标指针靠近控制点，鼠标指针变为 ，单击并拖动即可调整光圈方向。

实例：给街景制作景深效果

通过倾斜偏移滤镜模糊建筑周围的景色，突出街景上的店铺招牌。

01 在 Photoshop 中打开素材图片“欧洲街景.jpg”。

02 执行【滤镜】-【模糊】-【倾斜偏移】命令，设置【模糊】为 6，【扭曲度】为 0%，不勾选【对称扭曲】。

03 单击控制点，拖动使焦点向左倾斜 20° 左右。扩大焦点区域，使其包含所有店铺招牌。略微扩大一些渐隐区域，使其模糊过渡更加自然。

04 最终效果如上图所示。

69 波浪滤镜

📍 滤镜菜单 > 扭曲

波浪滤镜能够调整波长和振幅控制波状起伏图案的形状，它可以产生波浪的效果。

面板

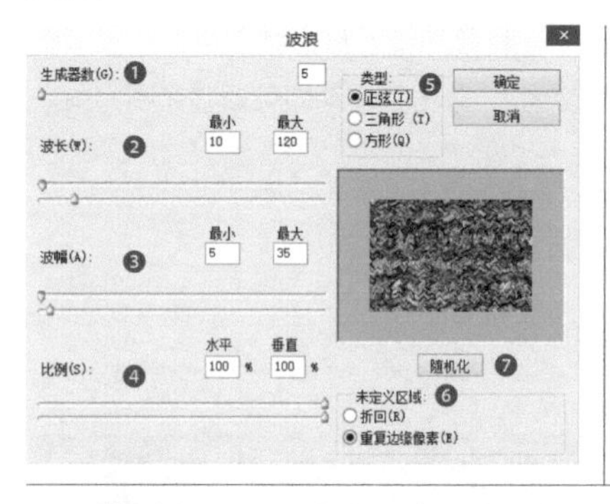

❶ 生成器数：设置产生的震源数量。数值越高，震源数量越多，波纹越多。

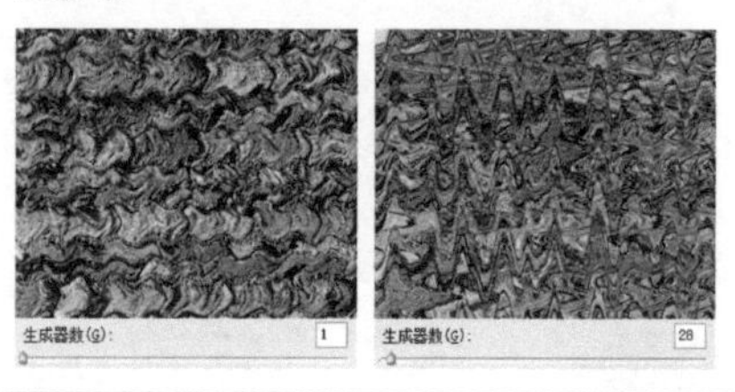

❷ 波长：设置两个波峰之间的距离。数值越大，波长越长，图像上的波纹数量越少。注意最小波长不能大于最大波长。

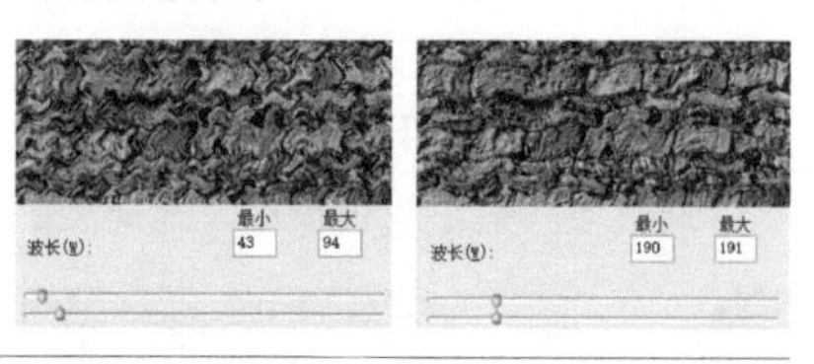

❸ 波幅：设置波峰到波谷的距离。数值越大，波幅越大，图像上的波纹效果越强。注意最小振幅不能大于最大波幅。

❹ 比例：它用来控制水平和垂直方向的波动幅度。

❺ 类型：设置波浪的形态，分为正弦、三角形和方形。如下图所示，依次为正弦、三角形和方形。

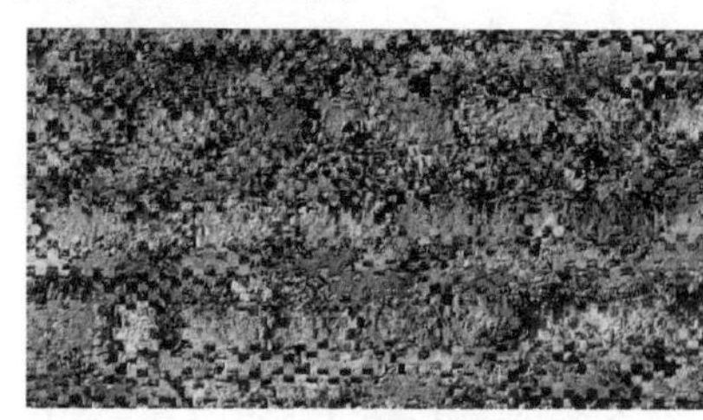

❻ 未定义区域：设置处理图像中出现空白区域的方法，分为折回和重复边缘像素。折回：它可以在空白区域填入溢出的内容。重复边缘像素：它可以在空白区域填入扭曲边缘的像素颜色。

❼ 随机化：单击该按钮，可在当前参数设置下随机改变波浪效果。

实例：制作波浪状的纹理

通过波浪滤镜使图片转变为有波浪效果的纹理图片。

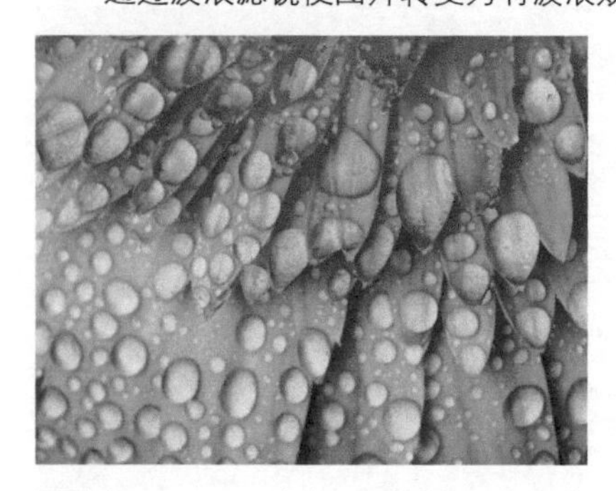

01 在 Photoshop 中打开素材图片“花瓣.jpg”。

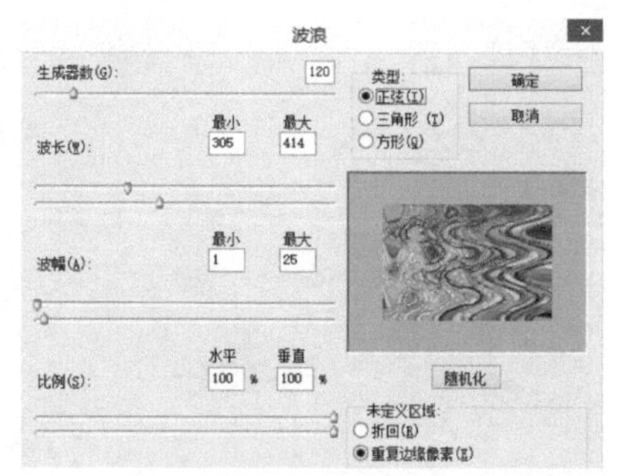

02 执行【滤镜】-【扭曲】-【波浪】命令，设置【生成器数】为 120，【波长】为 306 和 414，【波幅】为 1 和 25，【比例】为 100% 和 100%。勾选【正弦】和【重复边缘像素】。

03 图像产生波浪效果。

70 波纹滤镜

滤镜菜单 > 扭曲

波纹滤镜和波浪滤镜的原理方式相同，但它只可以控制波纹的数量和波纹大小。

面板

❶ 数量：拖动滑块可控制图像上波纹的数量，滑块越靠近中心图像上的波纹，数量越少；滑块越靠近两端图像上的波纹，数量越多。

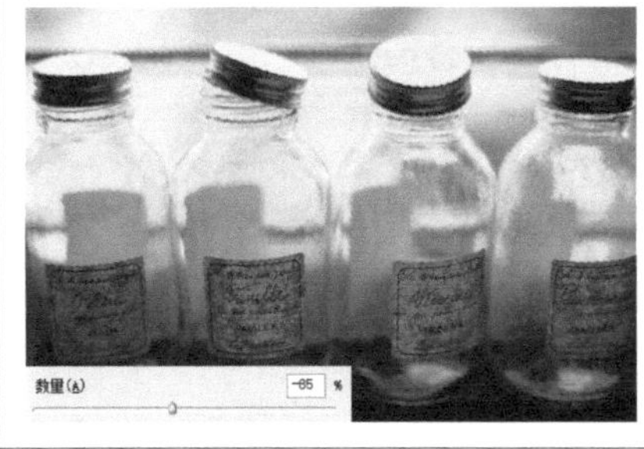

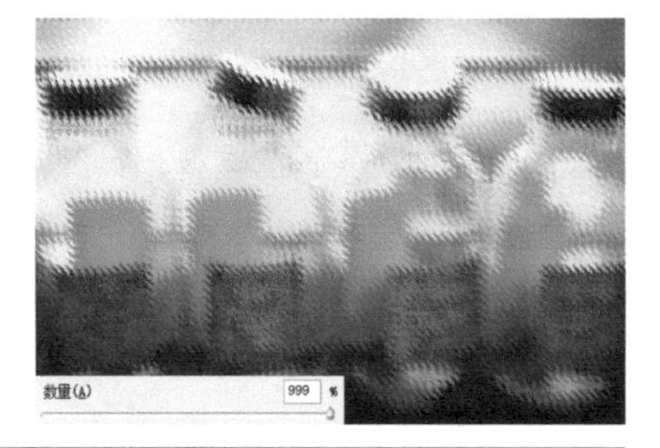

❷ 大小：设置波纹的大小，分为小、中和大。如下图所示，图片依次是小波纹、中波纹和大波纹，它们的【数量】数值都是 999。

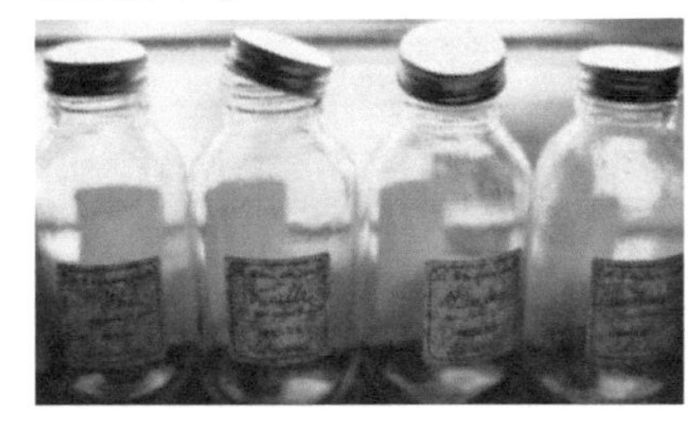

71 海洋波纹滤镜

滤镜菜单 > 滤镜库 > 扭曲

海洋波纹滤镜可以产生图像在水中的效果。

面板

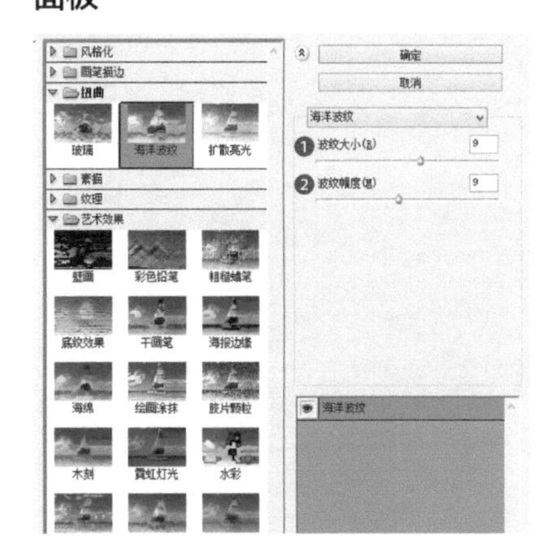

❶ 波纹大小：将滑块向右拖曳会使产生的波纹更大，将滑块向左拖曳会使产生的波纹更小。

❷ 波纹幅度：将滑块向右拖曳会使波纹幅度增大，滤镜效果更明显。将滑块向左拖曳会使波纹幅度减小，滤镜效果更微弱。

72 极坐标滤镜

滤镜菜单 > 扭曲

极坐标滤镜可以用特定的算法扭曲图像，产生特殊的效果。

面板

算法：极坐标滤镜包含的特定算法分为平面坐标到极坐标和极坐标到平面坐标。如下图所示。

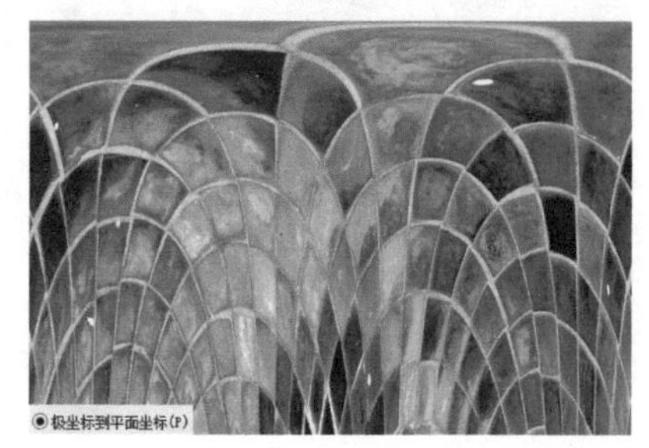

73 切变滤镜

滤镜菜单 > 扭曲

切变滤镜可以使图像沿着设定的曲线进行扭曲。

面板

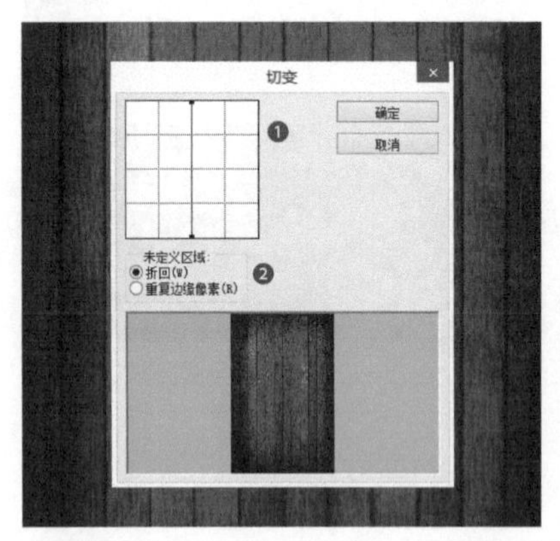

❶ 曲线控制区：它可以控制曲线的形状，默认状态为一条垂直的直线。单击控制区线段的任意的位置，都可以添加一个控制点。拖动控制点可以调整曲线的形状，而该曲线形状控制图像的扭曲方式。将控制点拖动出控制区即可删除该控制点。

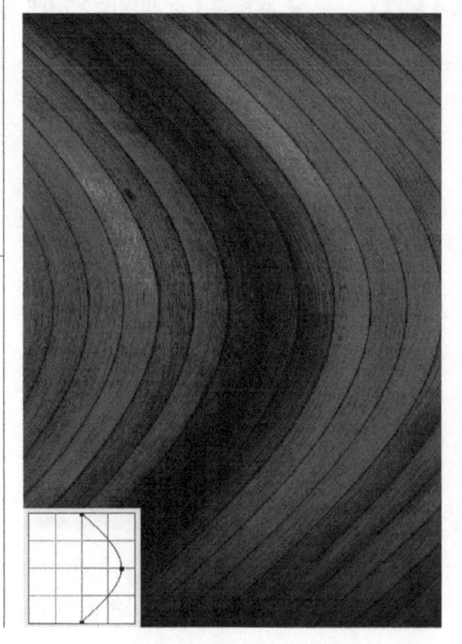

❷ 未定义区域：设置填充偏移生成的空缺区域的方式，分别为：重复边缘像素和折回。

提示：恢复曲线

如果想要取消当前曲线状态，恢复到初始的直线状态，按 Alt 键，【取消】按钮会变为【复位】按钮，这时单击即可。

74 挤压滤镜

📍 滤镜菜单 > 扭曲

挤压滤镜可以从图像中心产生向内挤压和向外凸出的效果。

面板

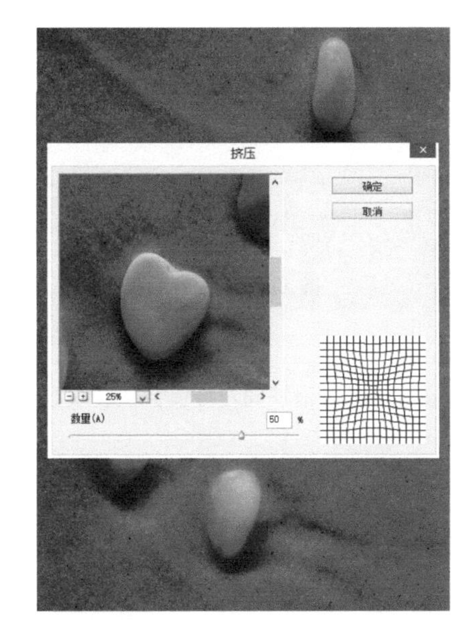

数量：控制图像中心挤压或凸出的程度。数值为正值时，图像中心向内挤压，数值越大挤压程度越大。数值为负值时，图像中心向外凸出，数值越大凸出程度越大。

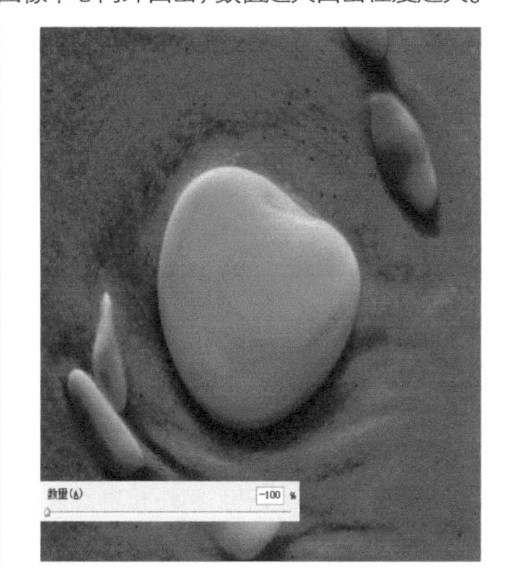

75 球面化滤镜

📍 滤镜菜单 > 扭曲

球面化滤镜可以将图像扭曲成球形，产生 3D 效果。

面板

❷ 模式：设置凸出或挤压的方式，分为正常、水平优先和垂直优先。

❶ 数量：控制图像挤压或凸出的程度。数值为正值时，图像产生凸出效果，数值越大凸出效果越强。数值为负值时，图像产生挤压效果，数值越大挤压效果越强。

76 水波滤镜

滤镜菜单 > 扭曲

水波滤镜可以模拟水面的波纹效果。

原图

面板

❶ 数量：控制波纹的大小。数值为正值时，产生上凸的波纹，数值越大波纹越大。数值为负值时，产生下凹的波纹，数值越小波纹越大。

❷ 起伏：将滑块向右拖曳会使波纹数量增多，将滑块向左拖曳会使波纹数量减少。

❸ 样式：控制波纹产生的方式，分为围绕中心、从中心向外和水池波纹。围绕中心：它可以围绕图像的中心产生波纹。从中心向外：波纹从中心向外扩散，水池波纹：可以产生同心状波纹。

提示：水波滤镜的使用方法

一般应用在水面上，且使用该滤镜之前会在水面上创建一个选区。本小节也在图片右下侧水面上建立了一个椭圆选区，然后添加滤镜效果，如右图所示。

77 旋转扭曲滤镜

滤镜菜单 > 扭曲

旋转扭曲滤镜的旋转围绕图像中心进行，中心旋转的程度比边缘大，它可以产生旋转的风轮效果。

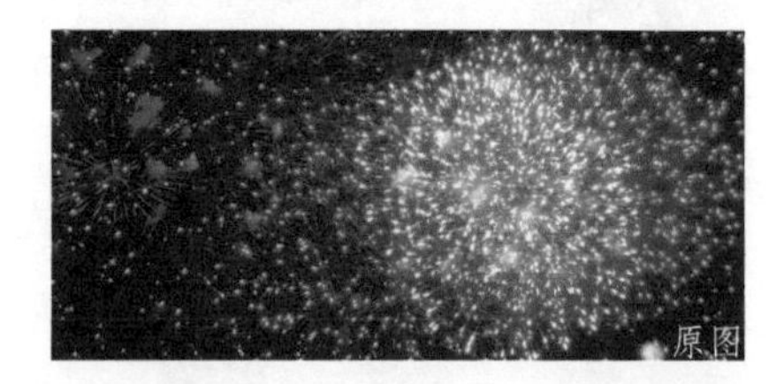
原图

面板

角度：它可以控制图像旋转的角度和程度。数值为正值时，图像沿顺时针方向扭曲，数值越大扭曲程度越大。数值为负值时，图像沿逆时针方向扭曲，数值越大扭曲程度越大。

78 USM 锐化

滤镜菜单 > 锐化

USM 锐化滤镜提供了多个选项，可以更好地调整边缘细节的对比度。

面板

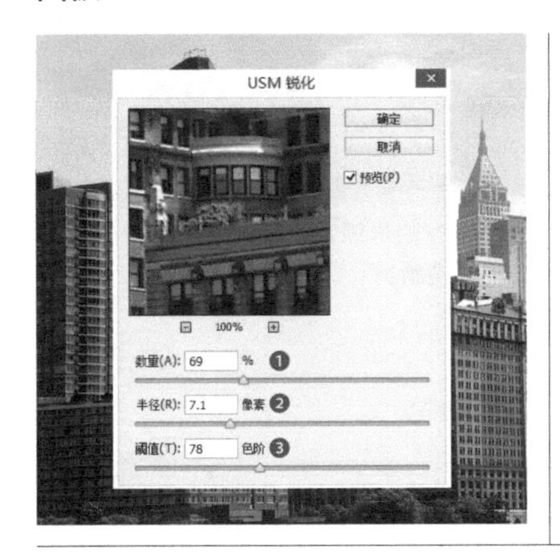

❶ 数量：设置像素交界处对比度的强度。将滑块向右拖曳会使边缘像素之间的对比度增强，图像更加锐利。将滑块向左拖曳会使边缘像素之间的对比度减弱，图像更加柔和。

❷ 半径：设置受锐化影响的边缘像素的数量。将滑块向右拖曳会使受影响的边缘像素增加，锐化范围增大。将滑块向左拖曳会使受影响的边缘像素减少，锐化范围减小。

❸ 阈值：只有相邻像素间的差值达到该值所设定的范围时才会被锐化，将滑块向右拖曳会使相异像素的临界值增大，将滑块向左拖曳会使相异像素的临界值减小。数值越高，被锐化的像素就越少。

提示：USM 锐化是常用锐化滤镜

USM 锐化滤镜是工作中最常使用的锐化滤镜。

实例 1：锐化罗马斗兽场

通过 USM 锐化滤镜使不是很清晰的罗马斗兽场变得清晰。注意锐化建筑一般会将数值设置的比较大。

01 在 Photoshop 中打开素材图片“模糊建筑物 .jpg”。

02 执行【滤镜】-【锐化】-【USM 滤镜】命令，设置【数量】为 138，【半径】为 8，【阈值】为 0。

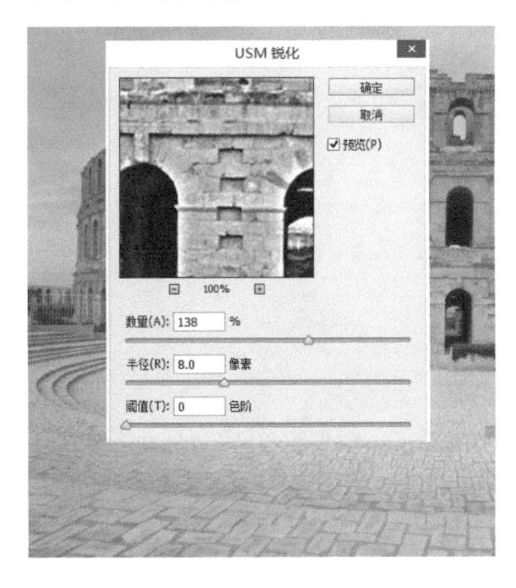

03 图像的边缘对比度增强，图像变得更加清晰。

实例 2：锐化香水瓶

通过 USM 锐化滤镜使不是很清晰的香水瓶，变得清晰。注意锐化场景一般会比锐化建筑的数值小。

01 在 Photoshop 中打开素材图片“香水.jpg”。

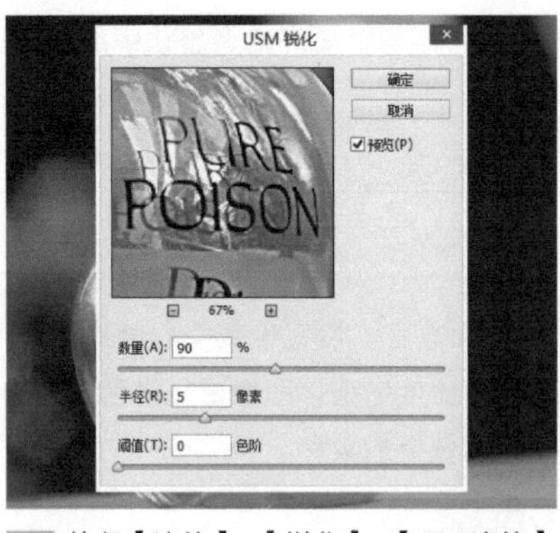

02 执行【滤镜】-【锐化】-【USM 滤镜】命令，设置【数量】为 90，【半径】为 5，【阈值】为 0。

03 图像的边缘对比度增强，图像变得更加清晰。

实例 3：锐化人像

通过 USM 锐化滤镜使拍摄模糊的人像，变得清晰。注意锐化人像一般会将数值设置的比较小。

01 在 Photoshop 中打开素材图片“美女特写.jpg”。

02 执行【滤镜】-【锐化】-【USM 滤镜】命令，设置【数量】为 60，【半径】为 3，【阈值】为 0。

03 图像的边缘对比度增强，图像变得更加清晰，尤其是人眼处效果更加明显。

提示：不同图片 USM 锐化要求

USM 锐化滤镜对不同类型的图片有些注意事项，在设置各项参数时应该是如下关系：

建筑图片 > 场景图片 > 人像图片

注意人像如果参数数值设置过大，会导致人像皮肤变得粗糙，画面整体不真实。

79 锐化与进一步锐化

滤镜菜单 > 锐化

锐化滤镜是通过增加像素间的对比度使图像变得清晰，但是锐化效果不是很明显。进一步锐化滤镜相当于应用了 2、3 次锐化滤镜，效果比锐化滤镜的效果要强。

原图

❶ 锐化原理

锐化图像时，Photoshop 会提高图像中两种相邻颜色交界处的对比度，使它们的边缘更加明显，令其看上去更加清晰，造成锐化的错觉。锐化滤镜组中包含 5 种滤镜，都是这样的原理。

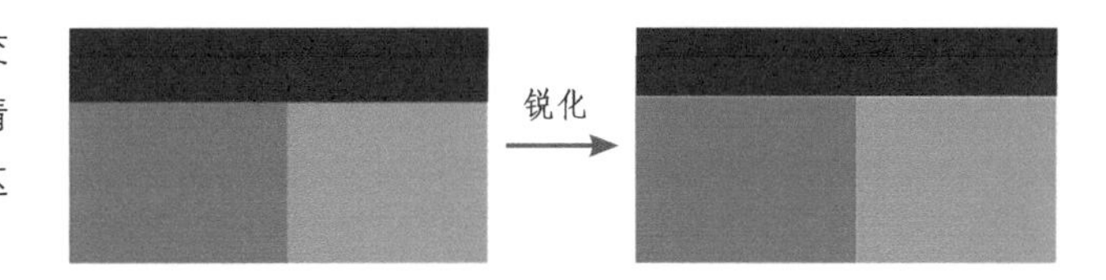

❷ 效果图

操作方法：打开图片，执行【滤镜】-【锐化】-【锐化滤镜】（或进一步锐化滤镜）命令，即可锐化图像。

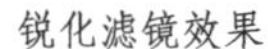
锐化滤镜效果

进一步锐化滤镜效果

80 锐化边缘

滤镜菜单 > 锐化

锐化边缘滤镜在保持总体平滑度的前提下，锐化图像的边缘。

原图

效果图

操作方法：打开图片，执行【滤镜】-【锐化】-【锐化边缘滤镜】命令，即可锐化图像边缘。

提示：各种锐化滤镜的区别

Photoshop 的锐化滤镜组中，锐化滤镜、进一步锐化滤镜和锐化边缘滤镜并没有任何参数，只有 USM 锐化滤镜和智能锐化滤镜有参数设置。

81 智能锐化

滤镜菜单 > 锐化

智能锐化滤镜与 USM 锐化滤镜比较类似，但它与 USM 锐化滤镜相比拥有更多的参数选项。智能锐化滤镜包含基本和高级两种锐化模式。

原图

❶ 基本锐化模式

勾选基本选项可以设置最常用的锐化参数。

❶ 数量：设置像素交界处对比度的强度。将滑块向右拖曳会使边缘像素之间的对比度增强，图像更加锐利。将滑块向左拖曳会使边缘像素之间的对比度减弱，图像更加柔和。

❷ 半径：设置受锐化影响的边缘像素的数量。将滑块向右拖曳会使受影响的边缘像素增加，锐化范围增大。将滑块向左拖曳会使受影响的边缘像素减少，锐化范围减小。

❸ 移去：单击可弹出下拉菜单选择锐化的算法，分别为高斯模糊、镜头模糊和动感模糊。“角度”选项只有选择动感模糊算法才可以使用。

❹ 更加准确：勾选该项，使锐化的效果更精确，但 Photoshop 需要更长的时间来处理文件。

❷ 高级锐化模式

勾选高级选项后，会出现 3 个选项卡。【锐化】选项卡与基本锐化模式的选项完全相同，而【阴影】和【高光】选项卡则可以分别调整阴影和高光区域的锐化强度。

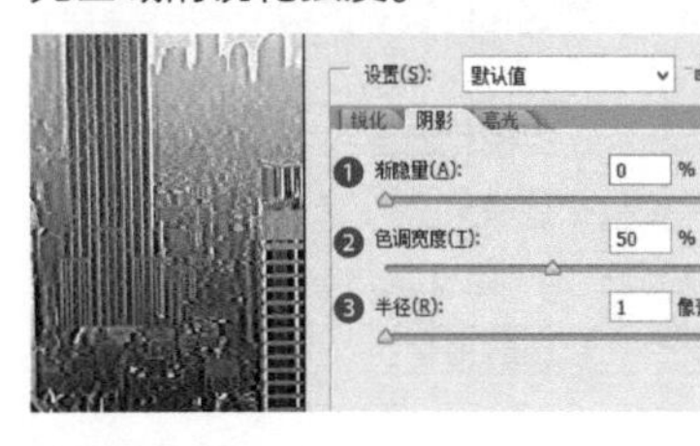

❶ 渐隐量：用来设置阴影或高光中的锐化强度。将滑块向右拖曳降低锐化效果，将滑块向左拖曳增强锐化效果。如果锐化导致高光细节消失，可以选择【高光】选项卡，向右拖曳【渐隐量】滑块来降低锐化效果。

❷ 色调宽度：调整阴影或高光中应用渐隐的色调范围。将滑块向右拖曳增大色调范围，将滑块向左拖曳减小色调范围。

❸ 半径：控制每个像素周围的区域的大小，它决定了像素是在阴影还是在高光中。将滑块向右拖曳增大半径区域，将滑块向左拖曳减小径区域。

提示：智能锐化滤镜需要注意的地方

使用智能锐化滤镜时，建议在高级模式下进行锐化图像，这样可以更好地控制图像的锐化效果。

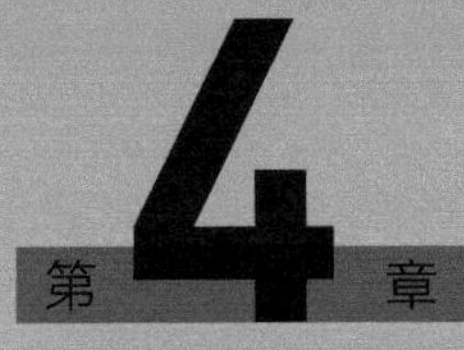

第4章 综合实战案例

本章主要讲解如何运用 Photoshop 完成复杂的视觉案例，包括图形绘制案例、特效案例、人物修图案例等。通过本章的学习，读者可以对各工具的用法融会贯通，并能用 Photoshop 解决实际问题。

放大镜图标

椭圆工具　圆角矩形工具

放大镜图标是由圆环和许多个圆角矩形组成的，学会如何组合图形，掌握图形之间的关系是本案例的要点。

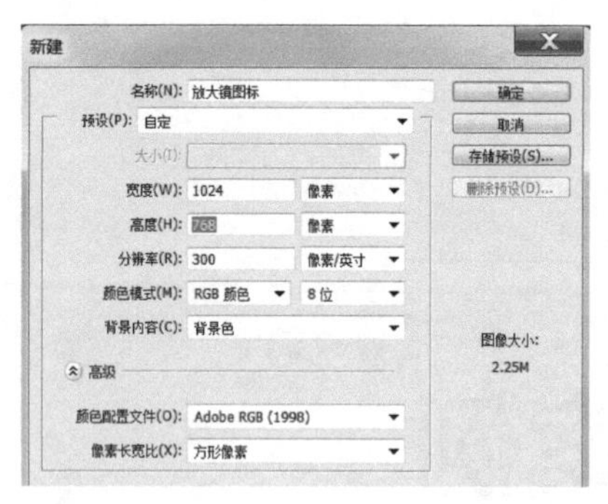

01 选择【文件】-【新建】，设置【宽度】为 1024 像素，【高度】为 768 像素，【分辨率】为 300 像素/英寸，单击【确定】按钮。

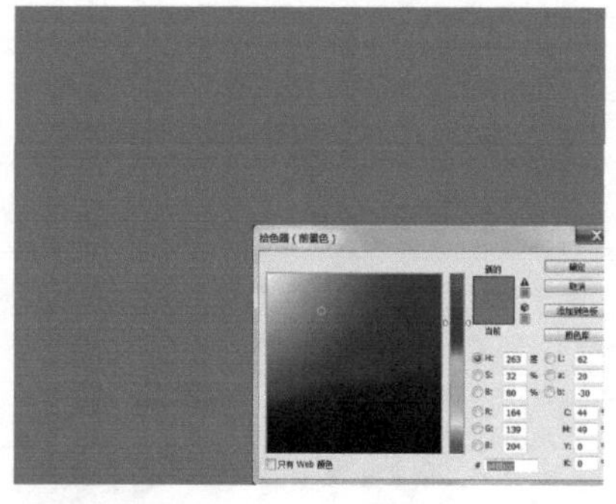

02 **制作背景。**设置前景色为（R164，G139，B204），在工具箱中选择油漆桶工具单击画布。

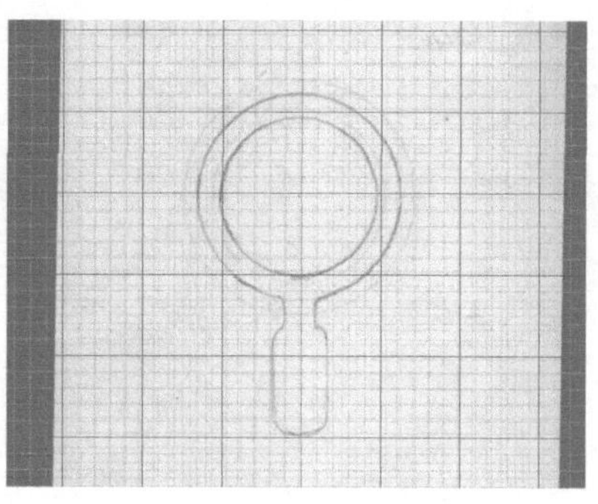

03 置入事先画好的放大镜图标的草稿，尽量让放大镜的边缘贴近网格。

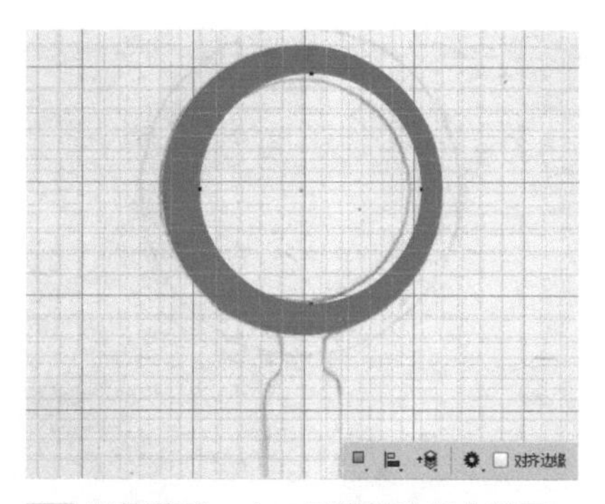

04 **拓印草稿。**在工具箱里选择【椭圆工具】，按住 Shift 键拖曳一个圆，单击属性栏中的【路径操作】，选择【减去顶层形状】，用椭圆工具按住 Shift 键再拖曳一个圆。

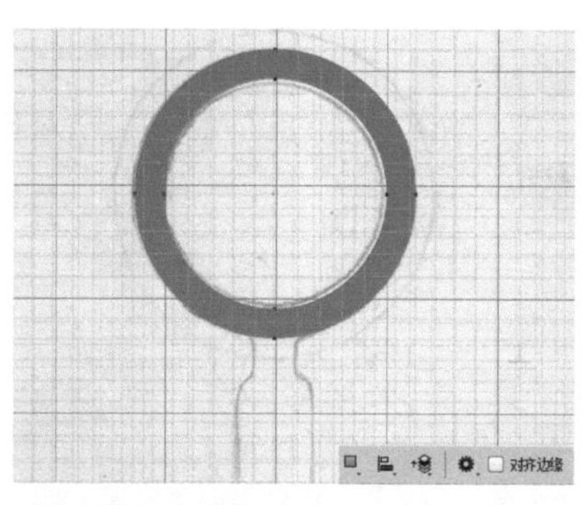

05 **制作放大镜的圆环。**用直接选择工具选择内圆与外圆的路径，单击【路径对齐方式】，选择水平、垂直居中。将图层命名为“圆环”。

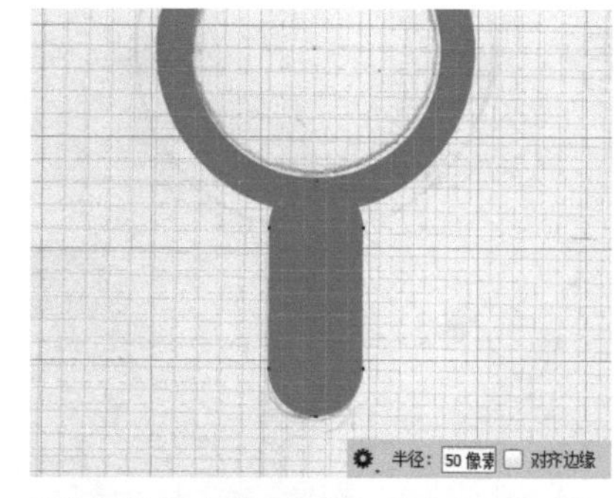

06 **制作放大镜的柄部。**选择圆角矩形工具，在属性栏中，设置圆角【半径】为 50 像素，拖曳绘制圆角矩形。将图层命名为“中间部分”。

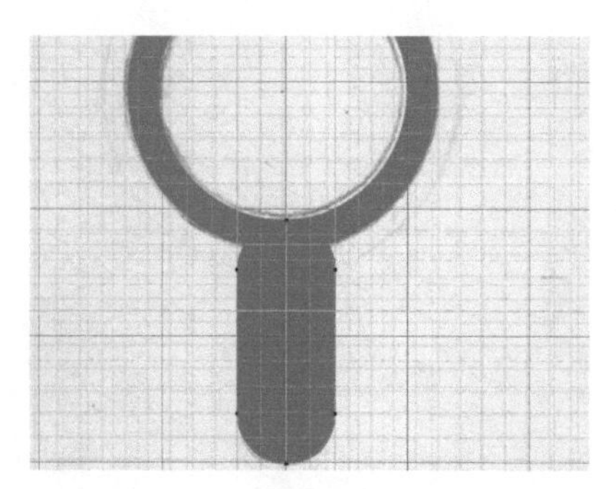

07 按 Ctrl+R 组合键调出参考线，拖曳出如图所示的参考线。

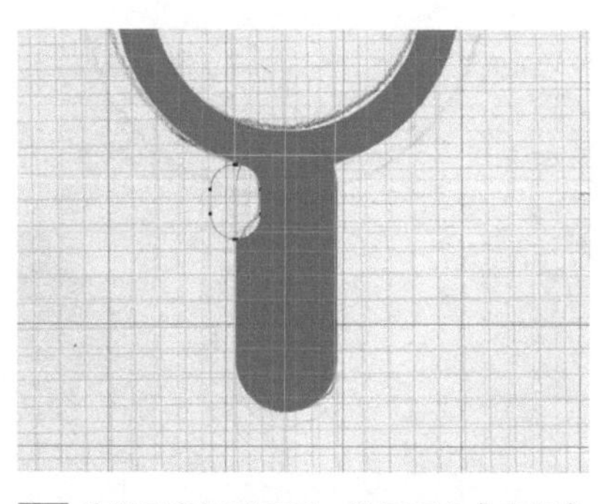

08 选择圆角矩形工具，设置圆角【半径】为 30 像素，单击【减去顶层形状】，在如图所示的位置拖曳，绘制圆角矩形。

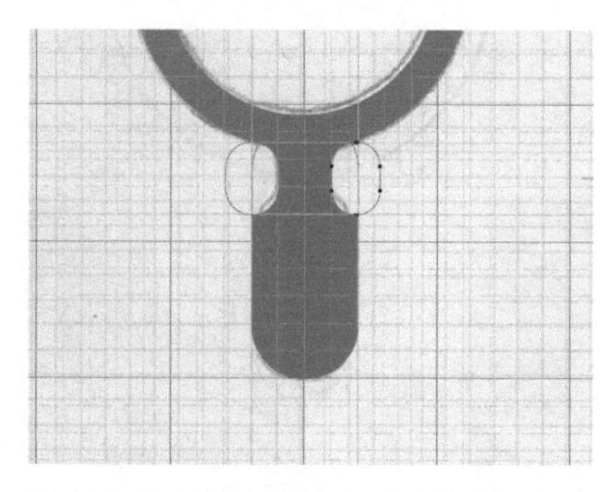

09 按 Alt 键拖曳复制一个圆角矩形，使两个圆角矩形分别跟圆环相切。

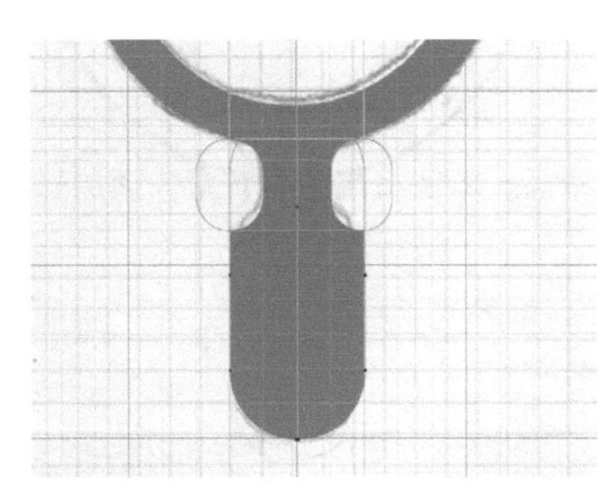

10 复制当前图层，将图层命名为“柄部”，选择圆角矩形工具，设置圆角【半径】为 50 像素，选择【与形状区域相交】，拖曳绘制圆角矩形。

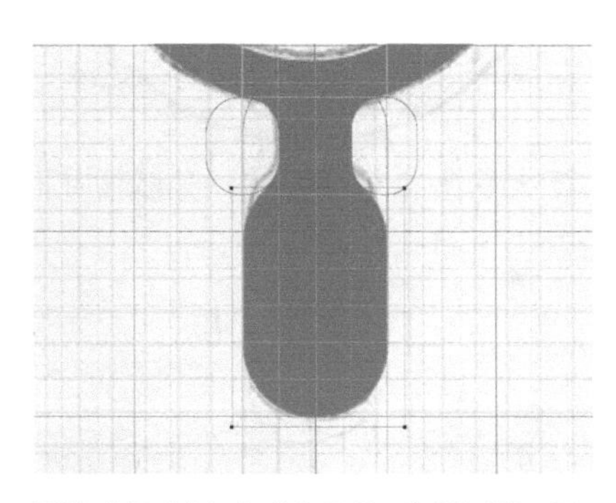

11 选择“中间部分”图层，选择矩形工具，单击【减去顶层形状】，拖曳绘制矩形，使得放大镜手柄部分变圆滑。

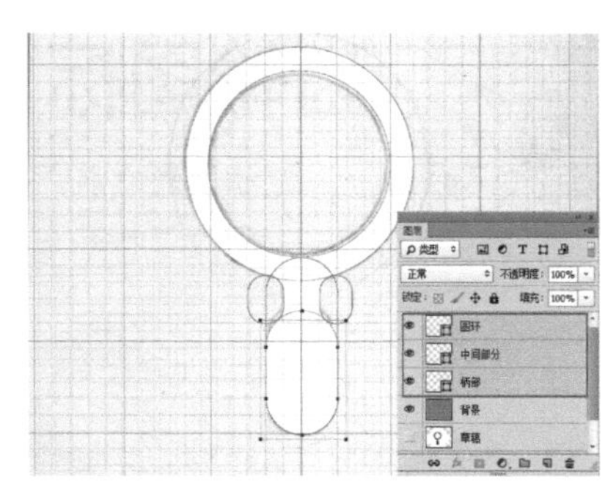

12 **设置放大镜的颜色。**按 Ctrl 键选择“圆环”图层、“中间部分”图层和“柄部”图层。单击矩形工具，在属性栏中，设置【填充】颜色为白色。

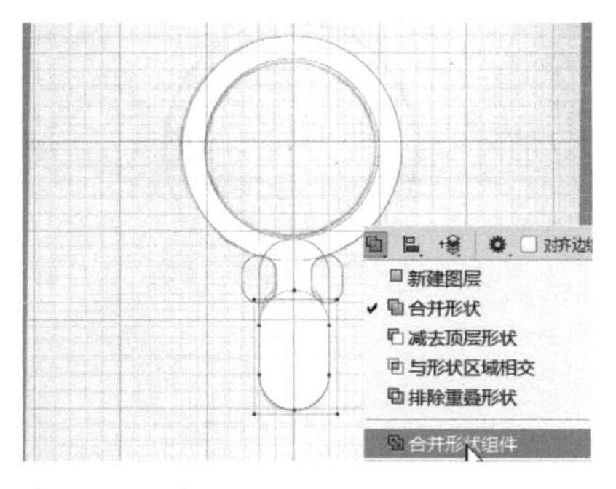

13 依次选择“圆环”图层、“中间部分”图层和“柄部”图层，单击属性栏里的【路径操作】，选择【合并形状组件】。

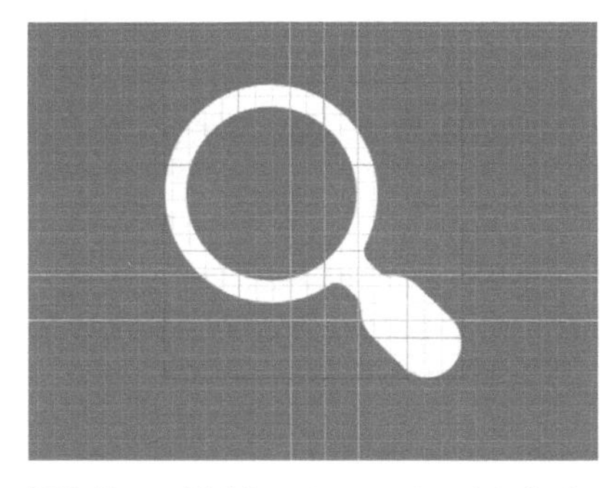

14 按 Ctrl 键选择“圆环”图层、“中间部分”图层和“柄部”图层，单击右键【合并图层】，将图层命名为“放大镜图标”。按 Ctrl+T 组合键，在属性栏中设置【旋转】为 -45°，按 Enter 键，隐藏草图图层。

15 按 Ctrl 键选择“放大镜”图层和“背景”图层，选择移动工具，在属性栏中单击【水平居中对齐】按钮和【垂直居中对齐】按钮，按 Ctrl+H 组合键隐藏参考线，放大镜图标至此完成。若想制作线标，可在此基础上拓展。

16 选择矩形工具，在属性栏中单击【填充】，选择无颜色。隐藏放大镜图层。

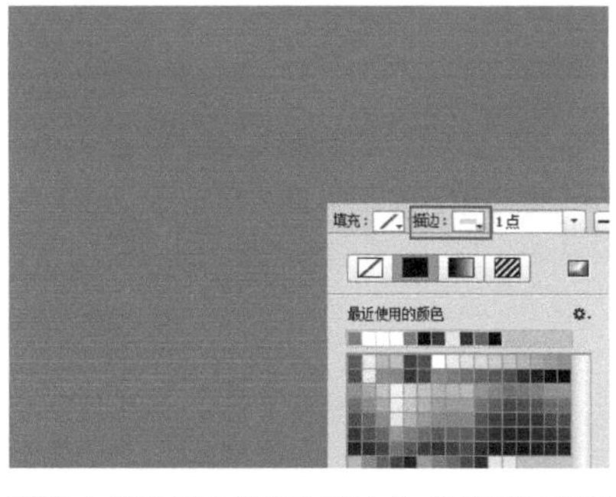

17 在属性栏中选择【描边】，设置描边【颜色】为白色，【大小】为 1 点。

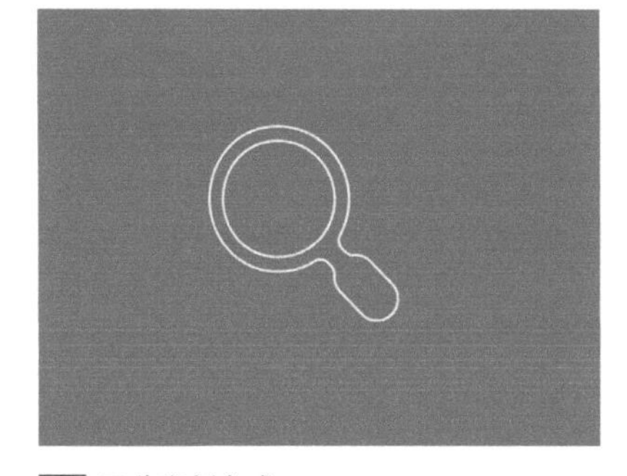

18 至此案例完成。

提示：工具使用小技巧

选择椭圆工具按 Shift 键拖曳一个圆，在【路径操作】中选择【减去顶层形状】时图层会发生如图所示的状况。按 Ctrl+Z 组合键即可继续操作。

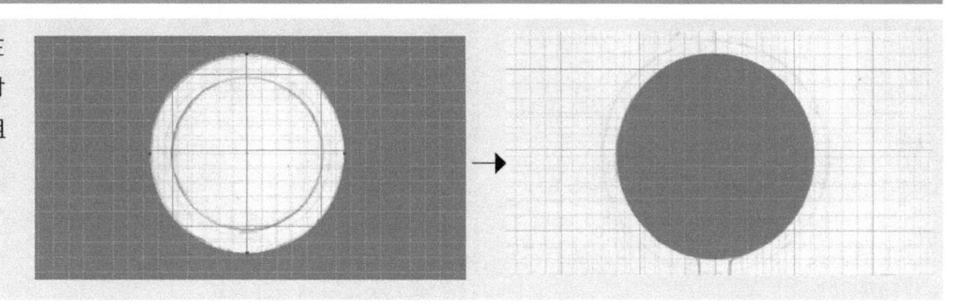

02 齿轮图标

减去顶层形状　透视　等角度复制

绘制齿轮之前，应参阅大量齿轮相关图片，并抓住其形状特征。本例将用透视、减去顶层形状、等角度复制等方法绘制齿轮图标。

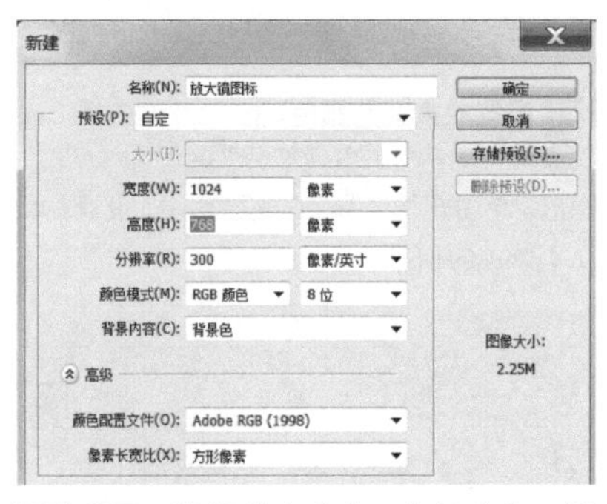

01 **背景。选择**【文件】-【新建】，设置【宽度】为 1024 像素，【高度】为 768 像素，【分辨率】为 300 像素/英寸，单击【确定】按钮。

02 单击工具箱的【设置前景色】按钮，在拾色器设置【前景色】为 R1、G108、B158，单击【确定】按钮按 Alt+Delete 组合键填充前景色。

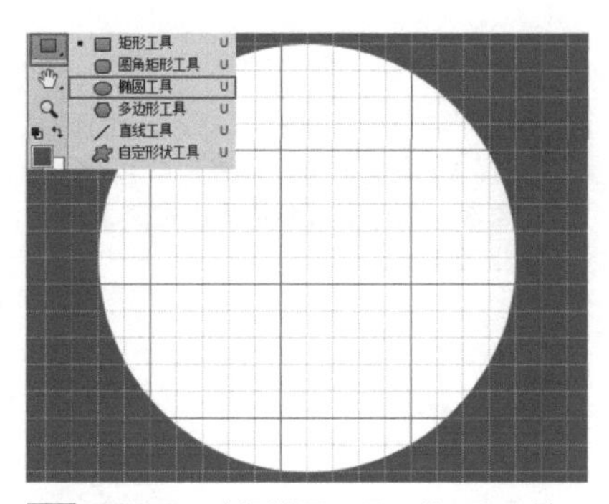

03 **画圆环。**选择椭圆工具，按 Shift 键，拖曳鼠标指针绘制圆形，得到“椭圆 1”图层。

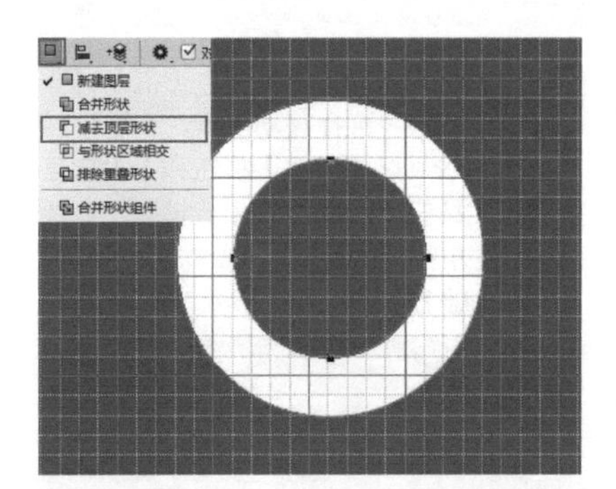

04 选择椭圆工具，单击属性栏【路径操作】按钮，选择【减去顶层形状】，在“椭圆 1”图层的中心位置按 Shift+Alt 组合键，拖曳一个小圆，得到圆环。

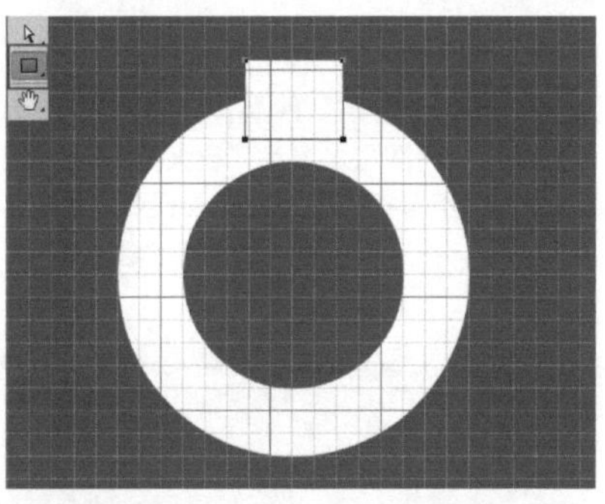

05 **做齿轮。**在工具箱选择矩形工具拖曳一个矩形，得到“矩形 1”图层。

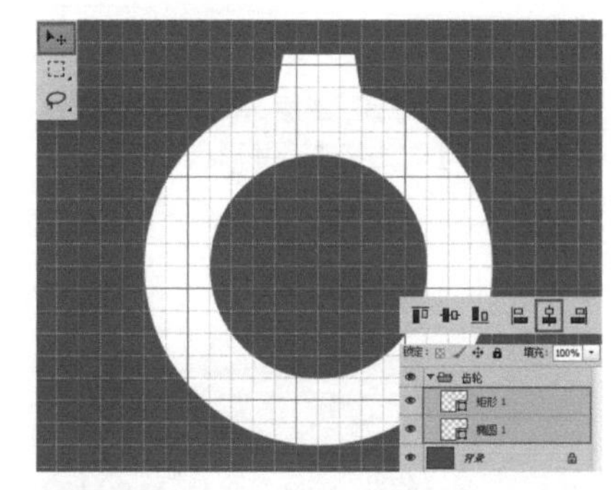

06 按 Ctrl+T 组合键，单击右键，选择透视，按 Shift 键将右上角锚点向里拖曳，得到梯形。单击工具箱中的移动工具，按 Ctrl 键选择“矩形 1”图层和“椭圆 1”图层，在属性栏选择【水平居中对齐】按钮。

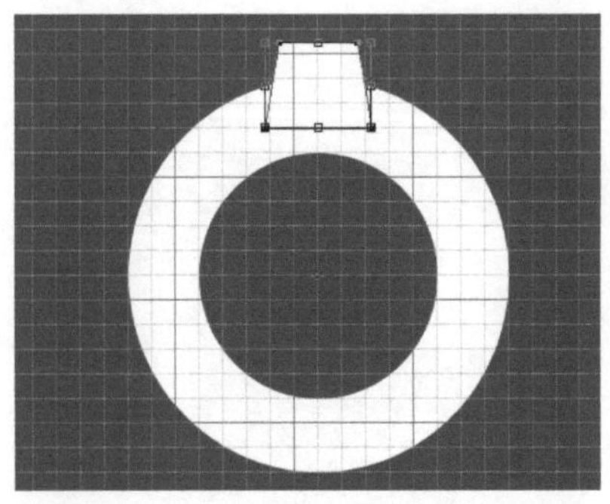

07 按 Ctrl+J 组合键复制得到“矩形 1 拷贝”图层，按 Ctrl+T 组合键将中心锚点拖曳到圆环中心。

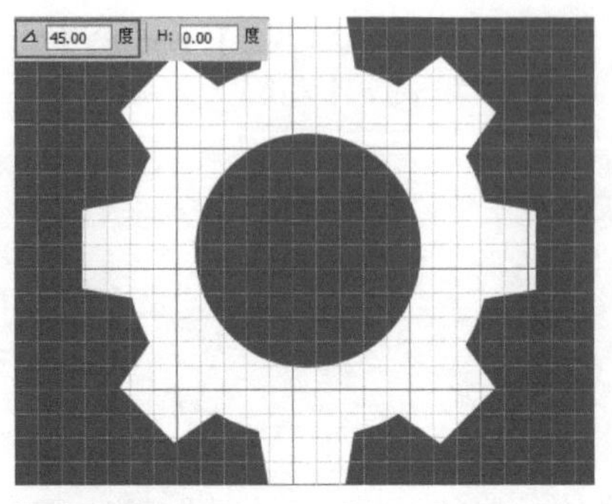

08 在属性栏中，设置【旋转】为 45°，长按 Shift+Alt+Ctrl 组合键不放，并按 T 键 7 次，得到全部齿轮。

09 按 Ctrl+T 组合键，调整齿轮大小，至此案例完成。

03 话筒图标

减去顶层形状 填充 圆角矩形工具 描边 矩形工具

这个图标主要运用圆角矩形工具和矩形工具，通过设置它们的填充和描边绘制出了不同形式的图标，同时也要注意观察图标的形状结构，通过使用路径操作工具对其进行巧妙组合。

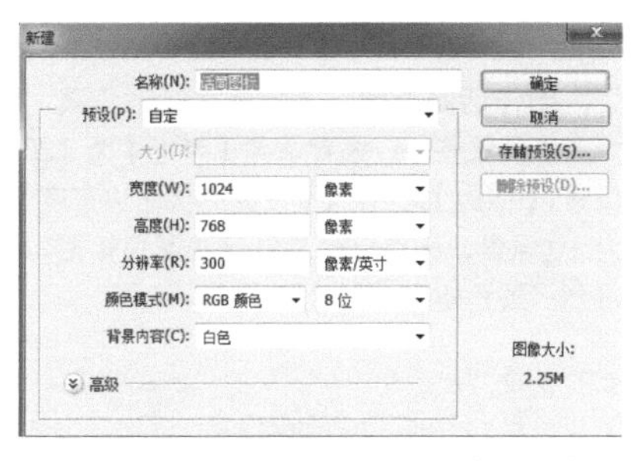

01 新建文件。选择【文件】-【新建】，设置【宽度】为1024像素，【高度】为768像素，【分辨率】为300像素/英寸，单击【确定】按钮。

02 制作背景。单击工具箱的【设置前景色】按钮，在【拾色器】设置【前景色】为R53，G177，B108，按Alt+Delete组合键填充前景色。

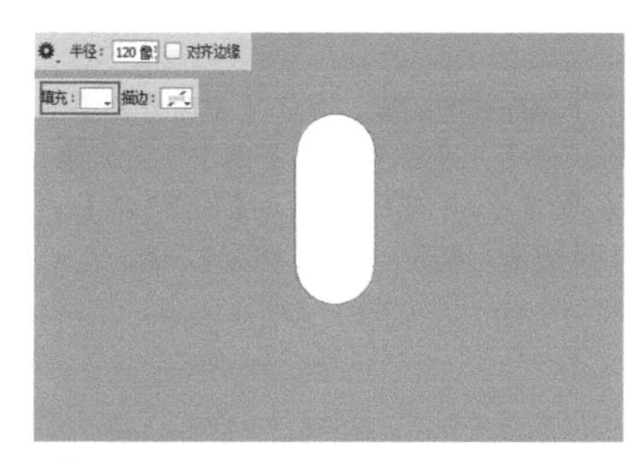

03 制作话筒上部。选择圆角矩形工具，在属性栏中，设置圆角【半径】为120像素，【填充】为白色，拖曳鼠标指针绘制圆角矩形，得到“圆角矩形1”图层。

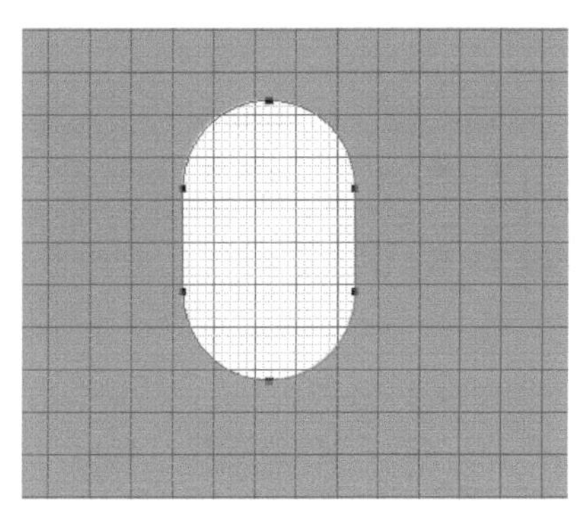

04 制作半环状。选择圆角矩形工具，在属性栏中，设置圆角【半径】为120像素，沿网格拖曳鼠标指针绘制大圆角矩形，得到“圆角矩形2”图层。

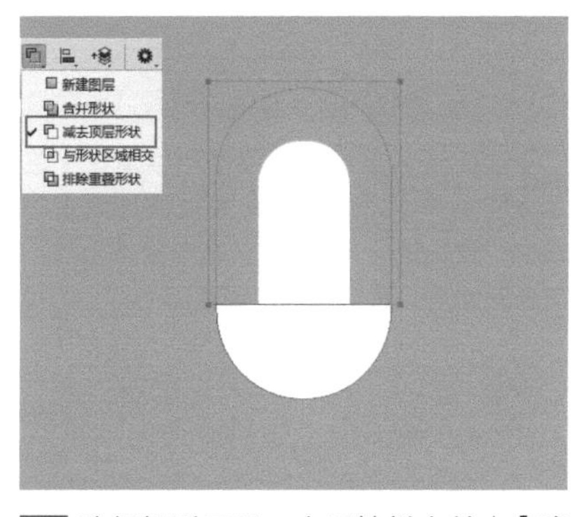

05 选择矩形工具，在属性栏中单击【路径操作】，选择【减去顶层形状】，选中“圆角矩形2”图层，拖曳鼠标指针，减去三分之二左右的圆角矩形。

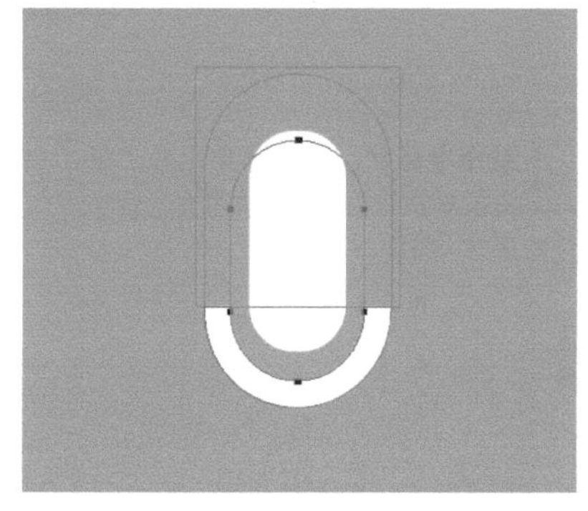

06 选择圆角矩形工具，选中“圆角矩形2”图层，选择【减去顶层形状】，沿网格拖曳鼠标指针绘制圆角矩形。

07 制作话筒底部。选择矩形工具，以话筒对称轴为参考线，基于网格拖曳鼠标指针绘制矩形，得到“矩形1”图层。

08 按Ctrl键单击“圆角矩形1”图层、“圆角矩形2”图层、“矩形1”图层，选择移动工具，在属性栏中单击【垂直居中对齐】按钮，使话筒各部分对齐。

09 将选中图层拖曳到【创建新组】按钮，得到“组1”，按Ctrl键单击“组1”和“背景”图层，单击【垂直居中对齐】按钮和【水平居中对齐】按钮，至此实心图标完成。下面拓展学习线型图标。

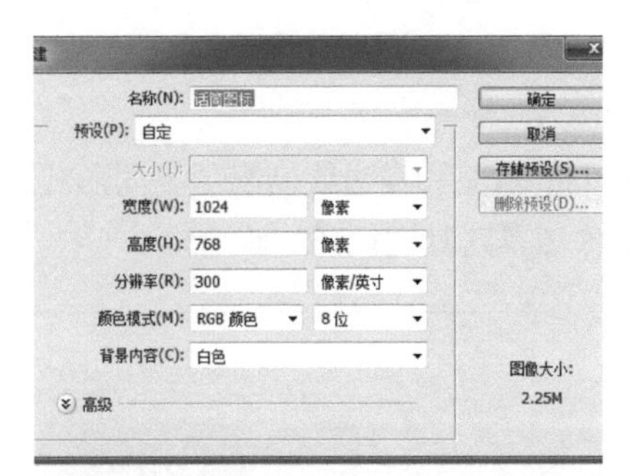

01 **制作线型图标。**选择【文件】-【新建】，设置【宽度】为 1024 像素，【高度】为 768 像素，【分辨率】为 300 像素 / 英寸，单击【确定】按钮。

02 **制作背景。**单击工具箱的【设置前景色】按钮，在【拾色器】设置【前景色】为 R53、G177、B108，按 Alt+Delete 组合键填充前景色。

03 **制作话筒上部。**选择圆角矩形工具，在属性栏中，设置圆角【半径】为 120 像素，【描边】为白色，【设置形状描边宽度】为 10 像素，拖曳鼠标指针绘制圆角矩形，得到“圆角矩形 1”图层。

04 **制作半环状。**选择圆角矩形工具，拖曳鼠标指针绘制大圆角矩形，得到“圆角矩形 2”图层。

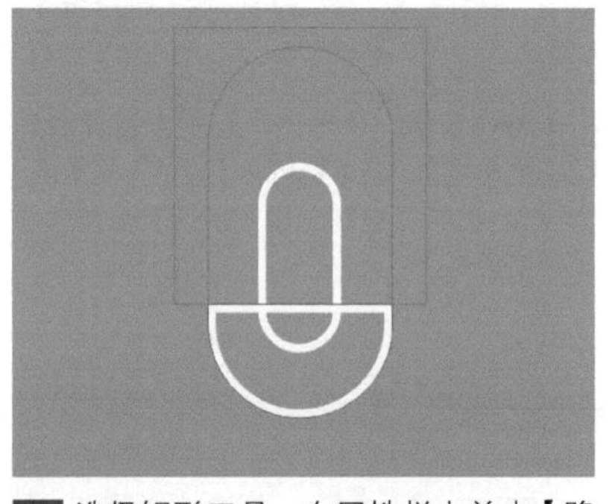

05 选择矩形工具，在属性栏中单击【路径操作】，选择【减去顶层形状】，选中“圆角矩形 2”图层，拖曳鼠标指针，减去三分之二左右的圆角矩形。

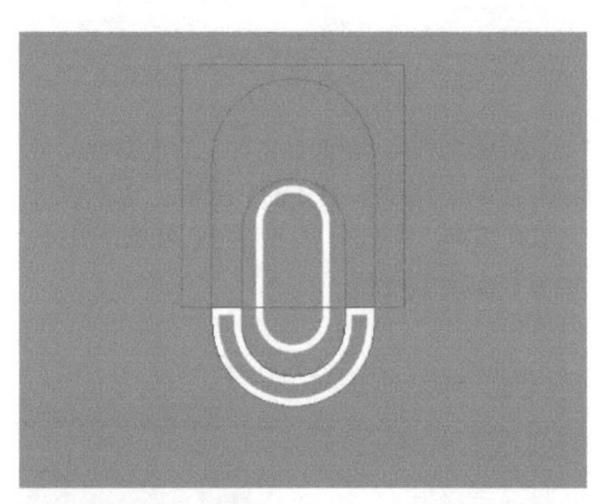

06 选择圆角矩形工具，选中“圆角矩形 2”图层，选择【减去顶层形状】，沿网格拖曳鼠标指针绘制圆角矩形。

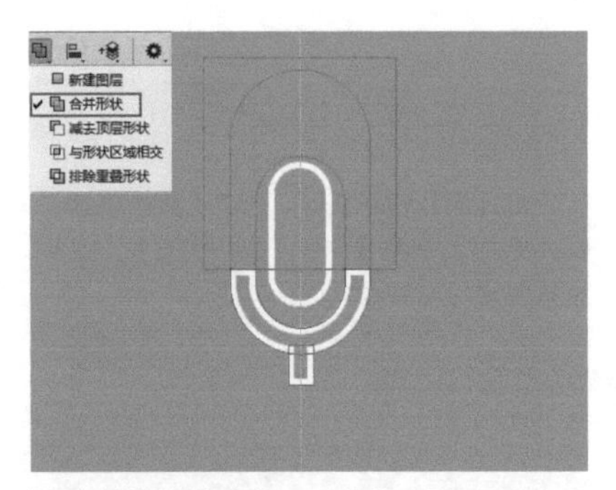

07 **制作话筒底部。**选择矩形工具，在属性栏中单击【路径操作】，选择【合并形状】，以话筒对称轴为参考线，基于网格拖曳鼠标指针绘制矩形。

08 按 Ctrl 键单击“圆角矩形 1”图层、“圆角矩形 2”图层，选择移动工具，在属性栏中单击【垂直居中对齐】按钮使话筒各部分对齐。

09 将选中图层拖曳到【创建新组】按钮，得到【组 1】，按 Ctrl 键单击【组 1】和“背景”图层，在属性栏单击【垂直居中对齐】按钮和【水平居中对齐】按钮，至此线型图标完成。

提示：工具使用小技巧

在绘制图标时，要分析每一部分的形状关系，并理解【路径操作】中，【合并形状】【减去顶层形状】等图形组合方法，根据图标结构特点进行巧妙运用。

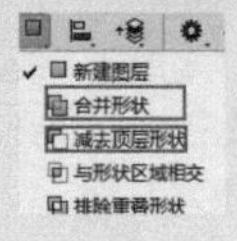

使用图形工具绘制图标时，使用填充，适合绘制实心效果图标；使用描边，适合绘制线型效果图标。

04 锁形图标

图形　减去顶层形状　合并形状　路径选择工具

绘制本案例前，需要考虑好各部分之间的相加相减关系，以便于更快捷地绘制本图标。

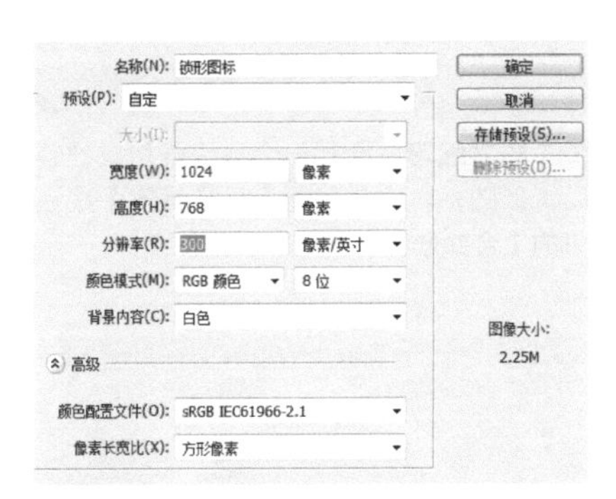

01 **背景。**选择【文件】-【新建】，设置【名称】为“锁形图标”，【宽度】为1024像素，【高度】为768像素，【分辨率】为300像素/英寸，单击【确定】按钮。

02 单击工具箱的【设置前景色】按钮，在拾色器设置【前景色】为R56、G158、B1，单击【确定】按钮，按Alt+Delete组合键填充前景色。

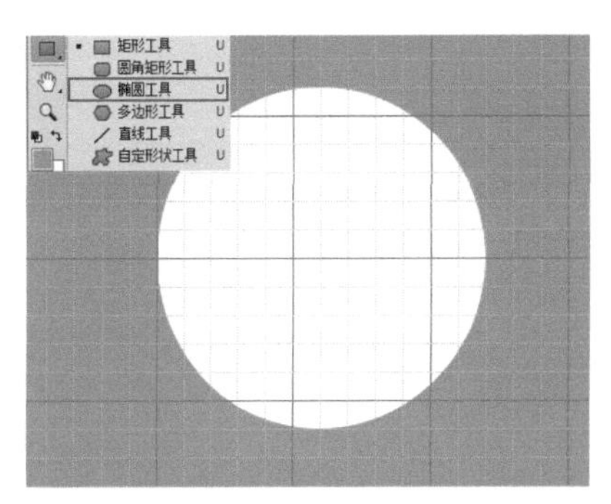

03 **锁上半部分。**在工具箱选择椭圆工具，按Shift键，拖曳鼠标指针绘制圆形，得到“椭圆1”图层。

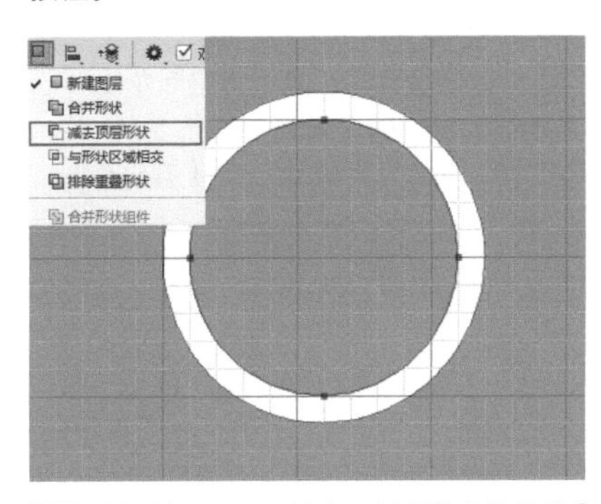

04 选择椭圆工具，单击属性栏【路径操作】按钮，选择【减去顶层形状】，在“椭圆1”图层的中心位置，按Shift+Alt组合键，拖曳一个小圆，得到圆环。

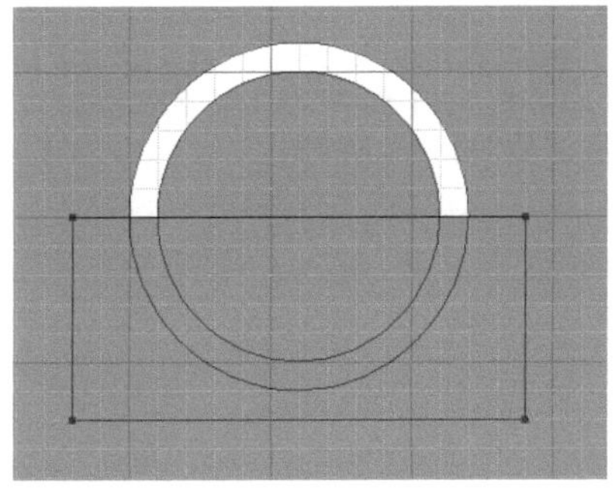

05 选择矩形工具，单击属性栏【路径操作】按钮，选择【减去顶层形状】，在圆环的中间拖曳一个矩形，得到半圆环。

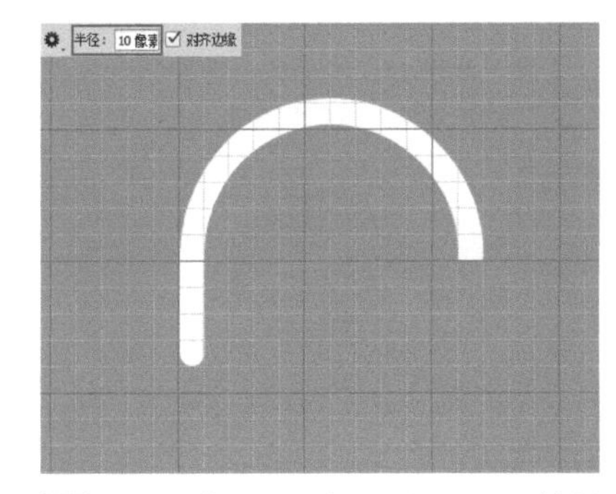

06 在工具箱选择圆角矩形工具，属性栏【半径】设置为10像素，拖曳一个圆角矩形，按Ctrl键，选中两个图层，在【移动工具】下的属性栏，选择【左对齐】。

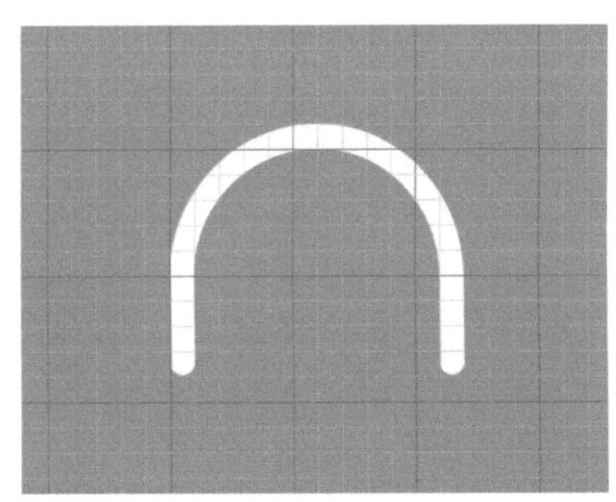

07 按Ctrl+J组合键，复制得到“圆角矩形1拷贝”图层，在工具箱选择移动工具，选中本图层和“椭圆1”图层，选择【右对齐】。

08 **锁下半部分。**在工具箱选择圆角矩形工具，将属性栏中【半径】设置为5像素，拖曳鼠标指针绘制一个圆角矩形。

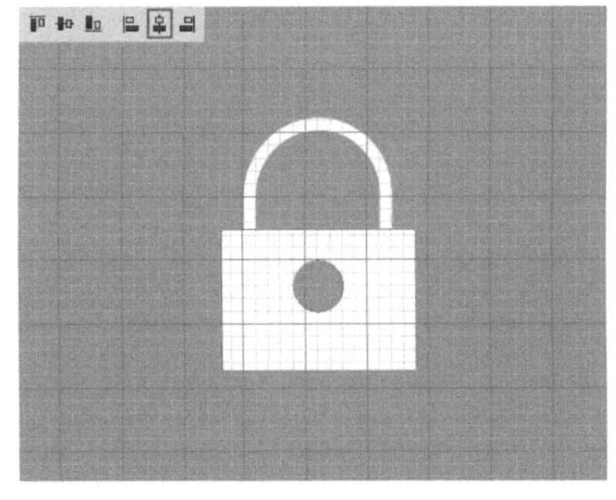

09 选择椭圆工具，单击属性栏【路径操作】按钮，选择【减去顶层形状】，用路径选择工具做【水平居中】对齐。

10 选择圆角矩形工具，将属性栏【半径】设置为 10 像素，在圆形下方用鼠标指针拖曳一个小圆角矩形。

11 **完成。**在工具箱单击路径选择工具，按 Shift 键，单击圆形路径和小圆角矩形路径，选择【路径对齐方式】按钮下的【水平居中】，调整位置，至此案例完成。

12 **拓展练习。**绘制一个用线条构成的锁形图标，主要用到【路径操作】按钮下的【合并形状】【减去顶层形状】。

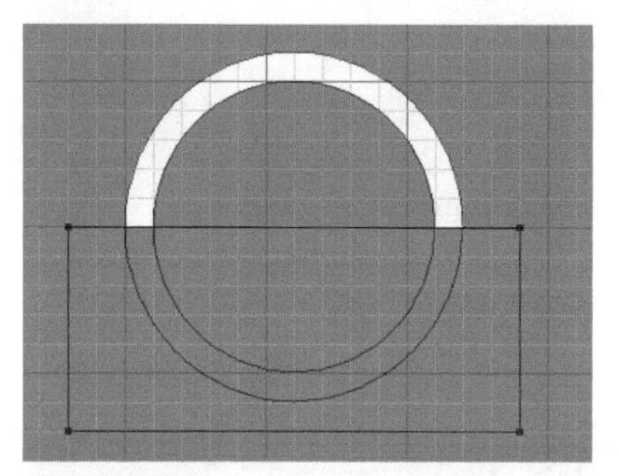

13 **锁上半部分。**按照实心锁形图标案例的绘制方法，绘制出半圆环。

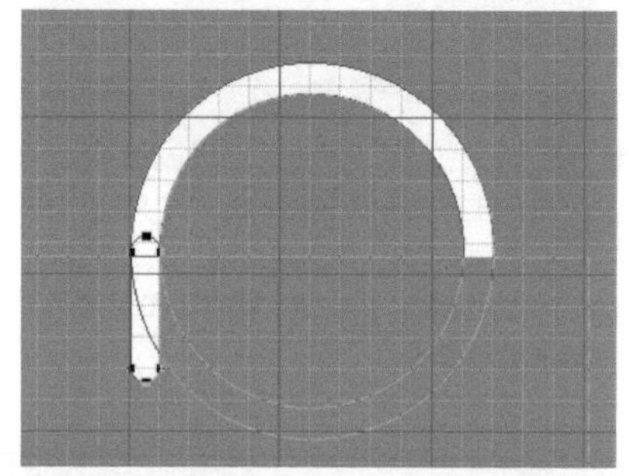

14 选择圆角矩形工具，单击【路径操作】按钮下的【合并形状】，绘制圆角矩形，按 Shift 键，选中两个路径，做【左对齐】。

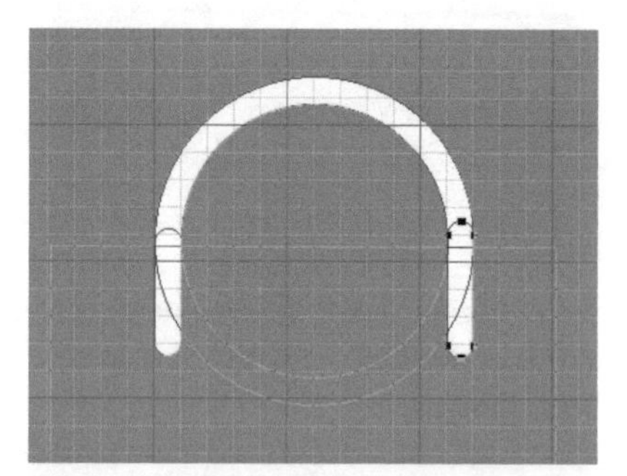

15 单击路径选择工具，选中圆角矩形，按 Ctrl+J 组合键复制，按 Shift 键，选中本路径和半圆环路径，做【右对齐】。

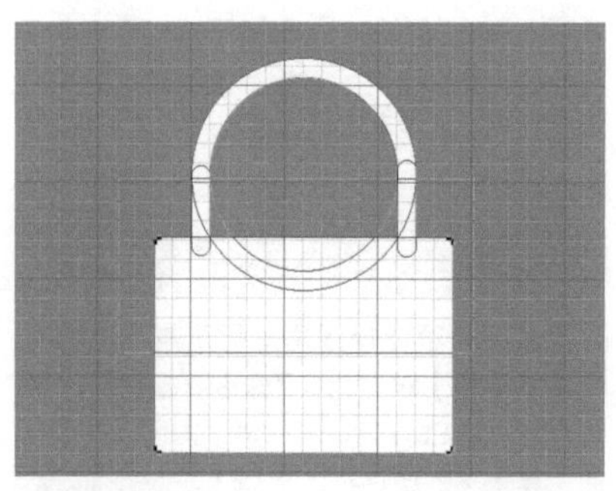

16 **锁下半部分。**选择圆角矩形工具，单击【路径操作】按钮下的【合并形状】按钮，设置【半径】为 5 像素，绘制圆角矩形。

17 单击圆角矩形工具，选择【路径操作】按钮下的【减去顶层形状】按钮，设置【半径】为 3 像素，绘制内部圆角矩形。

18 选择椭圆工具，单击【路径操作】按钮下的【合并形状】按钮，按 Shift 键，绘制圆形，并做【水平居中】。

19 单击椭圆工具，选择【路径操作】按钮下的【减去顶层形状】按钮，按 Shift 键，绘制小圆形，做垂直、水平居中。

20 选择圆角矩形工具，单击【路径操作】按钮下的【合并形状】按钮，绘制圆角矩形，并做【水平居中】。

21 **完成。**隐藏参考线，至此案例完成。

05 心形图标

矩形工具　椭圆工具　自由变换

通过矩形和圆形这两个简单的图形组合绘制心形图标。在绘制过程中要注意对齐网格，并且在旋转过程中注意分多次旋转，这样可以避免产生锯齿，使边缘更圆滑。

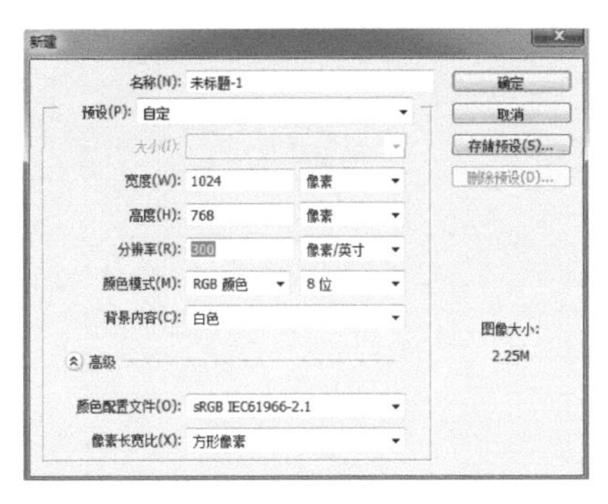

01 选择【文件】-【新建】，设置【宽度】为1024像素，【高度】为768像素，【分辨率】为300像素/英寸，单击【确定】按钮。

02 单击工具箱的【设置前景色】按钮，在拾色器设置【前景色】为R0、G158、B150，按Alt+Delete组合键填充前景色。

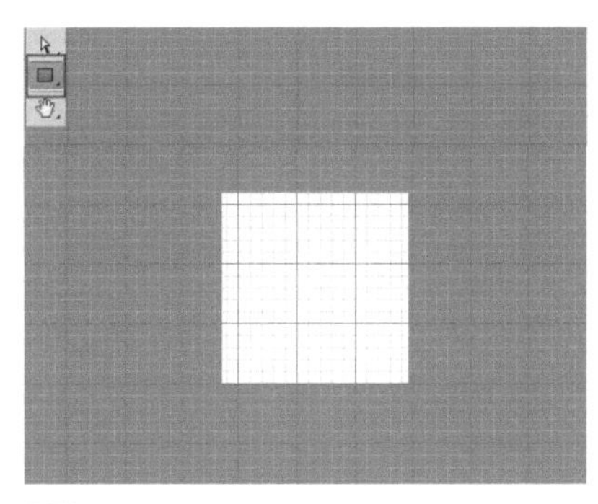

03 **组合心形。**选择矩形工具，按Shift键，拖曳鼠标指针绘制矩形，得到“矩形1”图层。

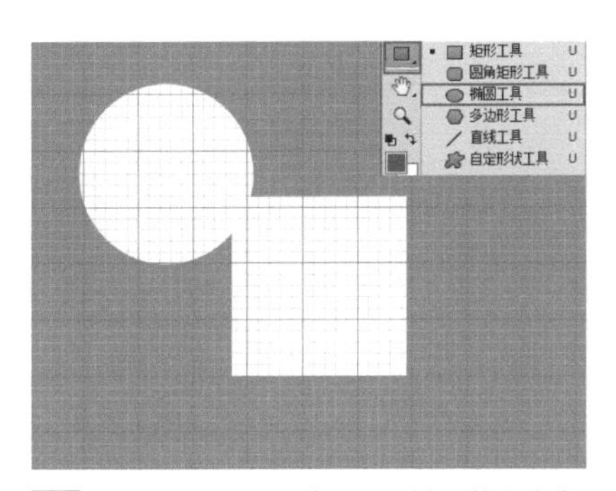

04 选择椭圆工具，按Shift键，拖曳鼠标指针绘制与矩形相同大小的圆，得到“椭圆1”图层。

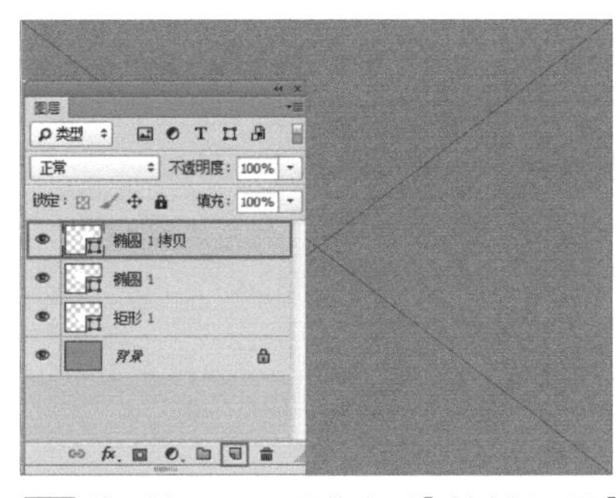

05 将“椭圆1”图层拖曳到【创建新图层】按钮，得到“椭圆1 拷贝”图层。

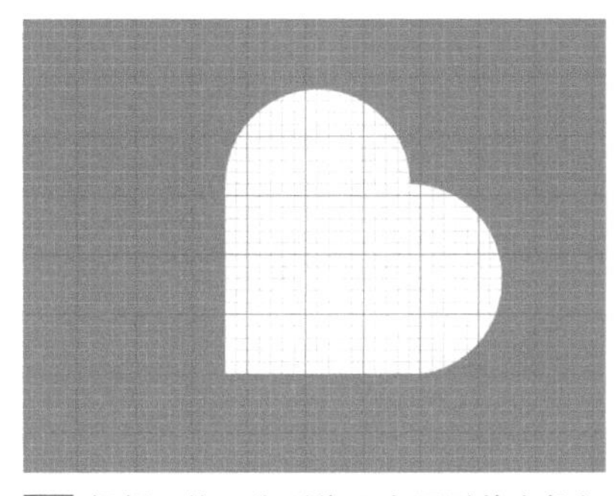

06 根据网格，分别将两个圆形的直径与矩形的相邻两边做居中对齐。

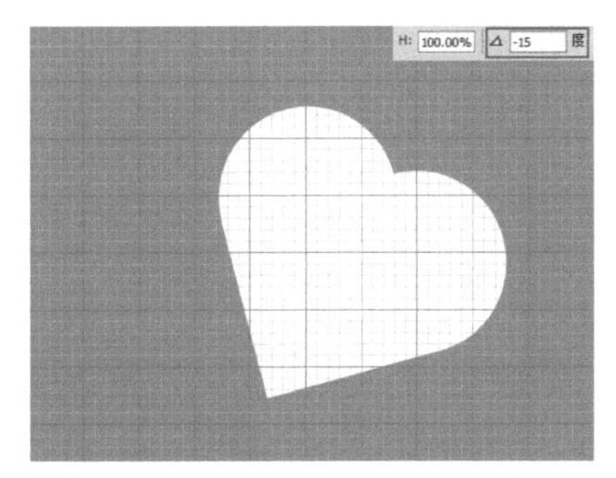

07 **旋转心形图标。**按Ctrl键，单击“椭圆1拷贝”图层、“椭圆1”图层、“矩形1”图层，按Ctrl+T组合键，在属性栏中，设置【旋转】为-15°，按Enter键。

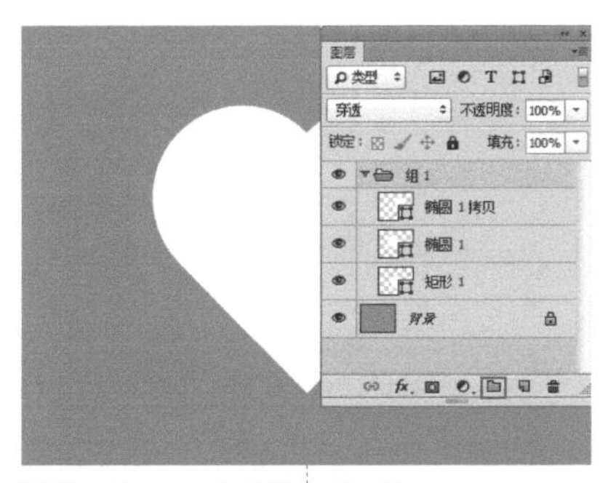

08 重复上一次旋转操作，按Ctrl+Shift+T组合键两次，得到正心形，将已选中的图层拖曳到【创建新组】按钮，得到“组1”。

09 按Ctrl键单击“组1”“背景”图层，选择移动工具，在属性栏单击【水平居中对齐】按钮与【垂直居中对齐】按钮，至此案例完成。

06 几何图形：河马

椭圆工具　圆角矩形工具

本案例需要注意草图的绘制和网格的使用，主要运用椭圆工具和圆角矩形工具。

01 选择【文件】-【新建】，设置【宽度】为 1000 像素，【高度】为 1000 像素，【分辨率】为 300 像素/英寸，单击【确定】按钮。

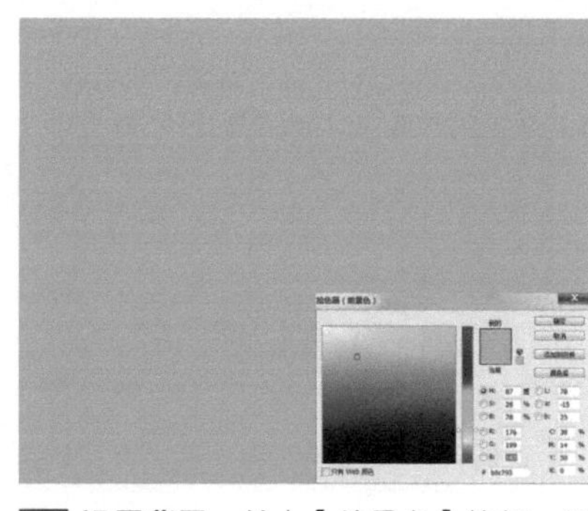

02 **设置背景。** 单击【前景色】按钮，设置 R176、G199、B147，单击【确定】按钮，按 Alt+Delete 组合键填充前景色。

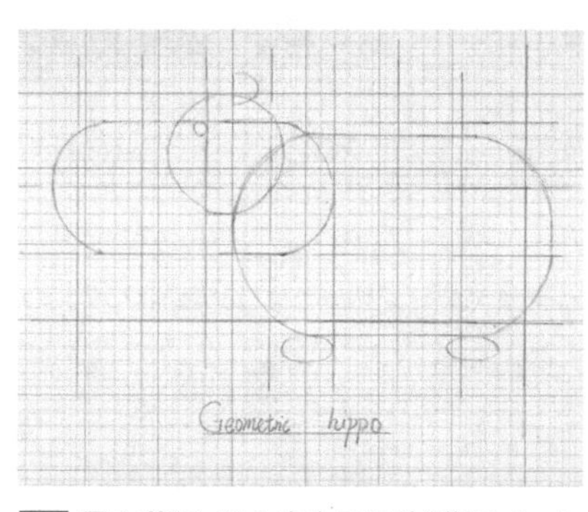

03 **置入草图。** 置入事先画好的“草图.jpg”，按 Ctrl+H 组合键，开启网格，尽量让河马图形的边缘贴近网格，按 Enter 键释放。

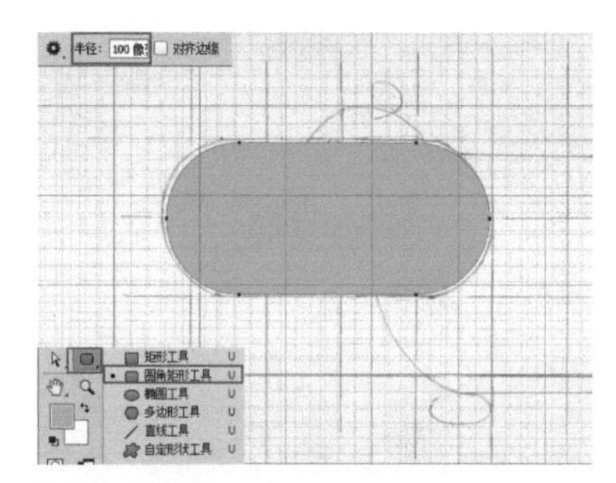

04 **拓印草图，河马身体部分。** 在工具箱中选择【圆角矩形工具】，设置圆角【半径】为 100 像素，拖曳一个【宽度】为 375 像素，【高度】为 170 像素的圆角矩形，拓印河马的身体。

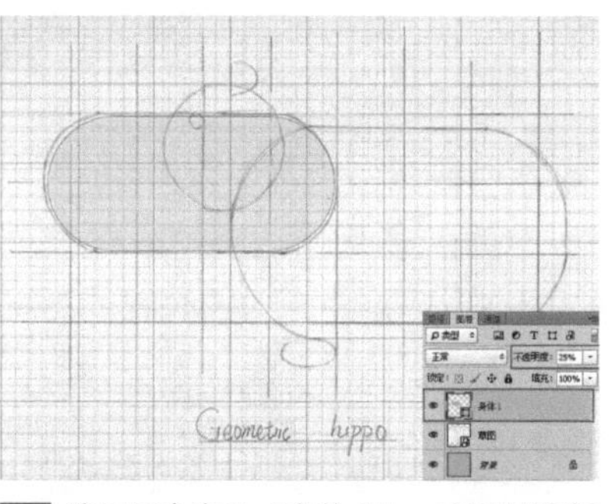

05 将图层命名为“身体 1”，在图层面板的右上角设置图层“身体 1”的【不透明度】为 25%。

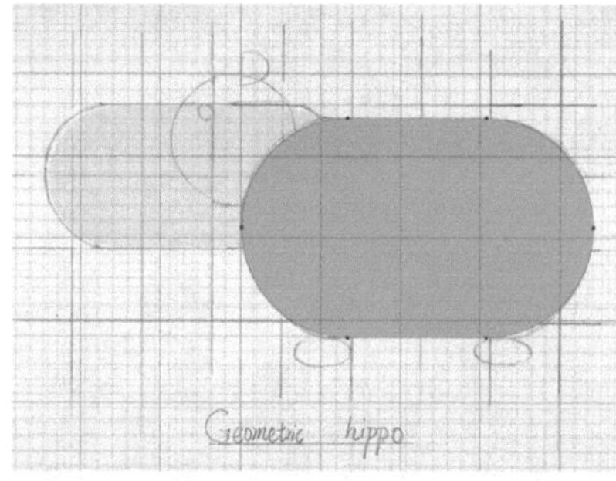

06 选择圆角矩形工具，设置圆角【半径】为 150 像素，拖曳一个【宽度】为 440 像素，【高度】为 267 像素的圆角矩形，拓印河马的身体。

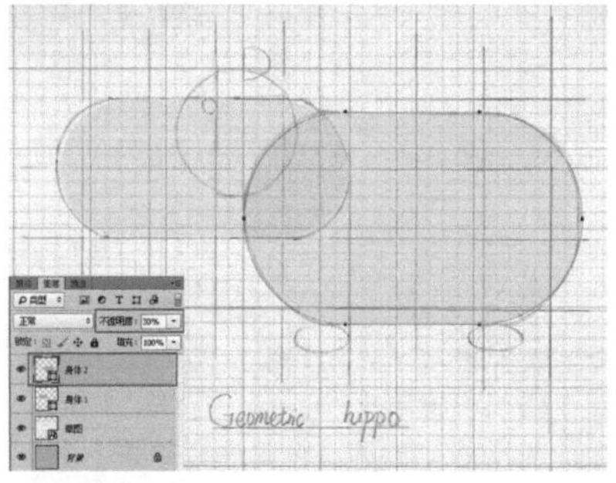

07 将图层命名为“身体 2”，设置【不透明度】为 30%。

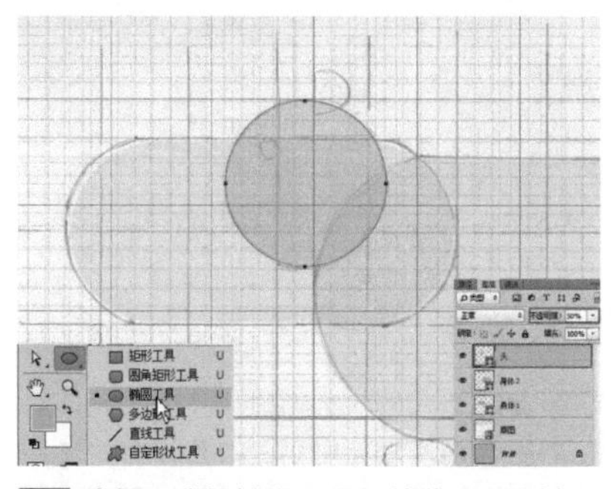

08 **头部。** 选择椭圆工具，按住 Shift 键，在河马的头部拖曳一个直径为 157 像素的圆，将图层命名为“头”，设置本图层【不透明度】为 50%。

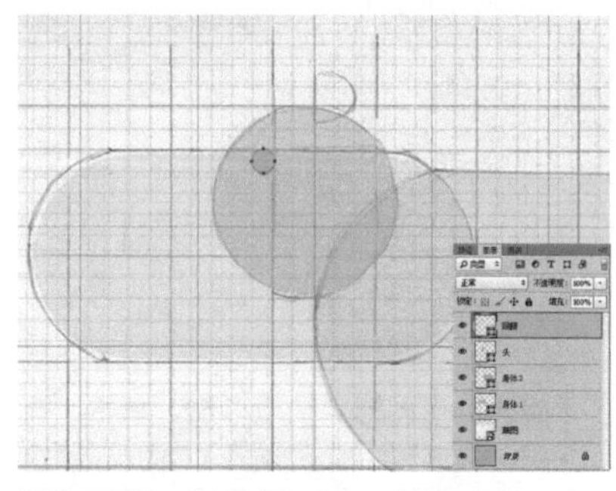

09 **眼睛。** 选择椭圆工具，按住 Shift 键，在河马的眼睛位置拖曳一个直径为 157 像素的圆，将图层命名为“眼睛”。

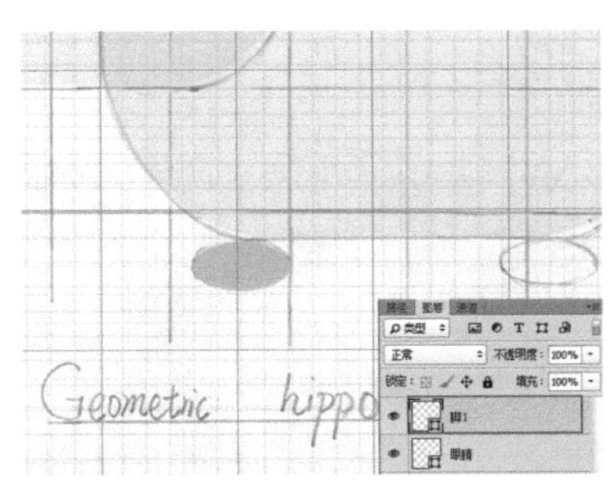

10 **脚。**选择椭圆工具，在河马的脚的位置拖曳一个【宽度】为 70 像素【高度】为 35 像素的椭圆，将图层命名为“脚 1”。

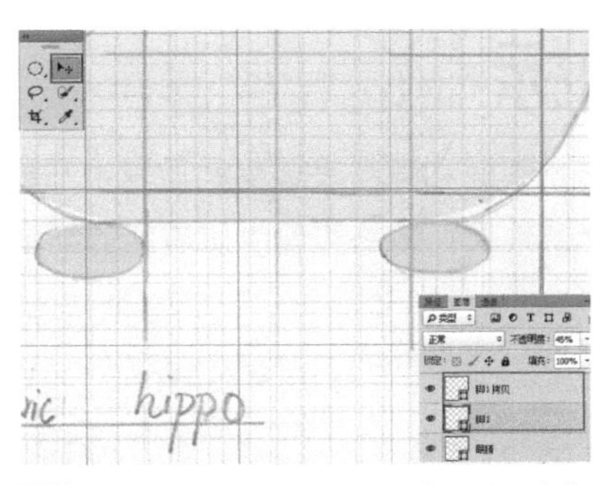

11 单击“脚 1”图层，设置【不透明度】为 45%，在工具箱中选择移动工具，按 Alt 键拖曳复制并移动到另一只脚的位置。

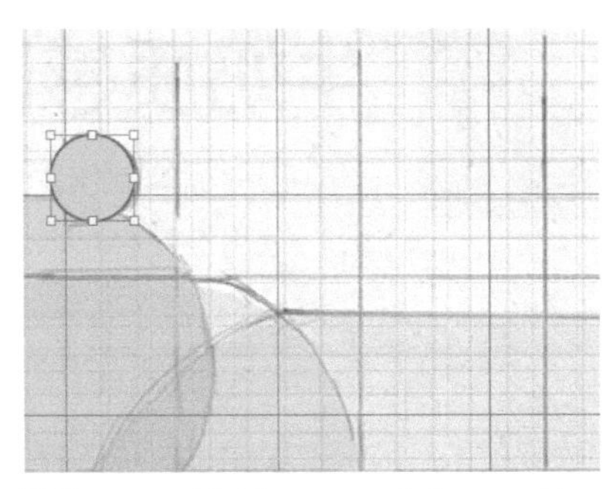

12 **耳朵。**选择椭圆工具，按住 Shift 键，在河马的耳朵位置拖曳一个直径为 42 像素的圆，将图层命名为“耳朵”。

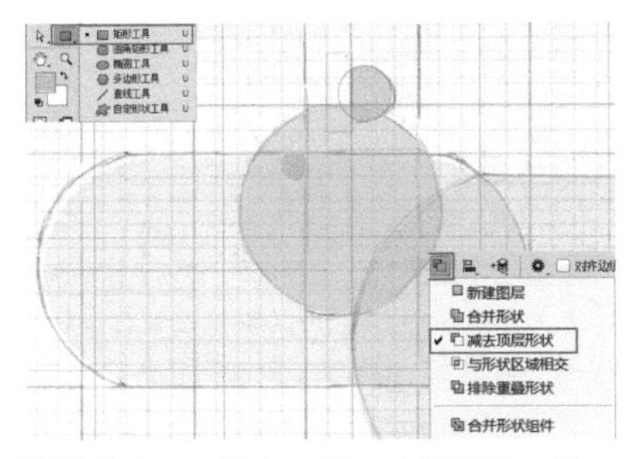

13 单击“耳朵”图层，选择矩形工具，在属性栏，单击【路径操作】，选择【减去顶层形状】，拖曳一个矩形。设置“耳朵”图层的【不透明】度为 70%。

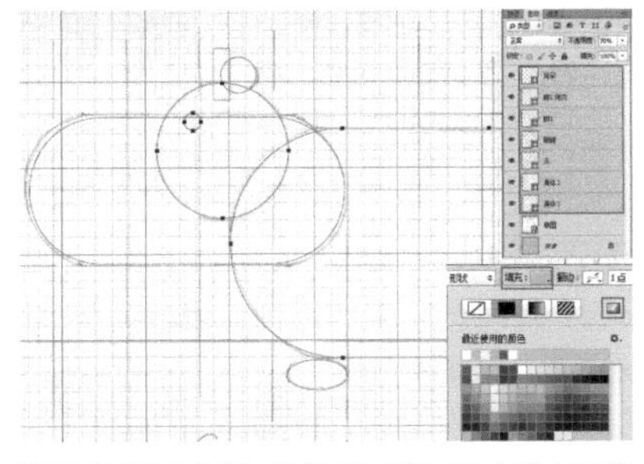

14 **给河马上色。**按住 Ctrl 键，选中除了“背景”和“草图”图层之外的所有图层，选择矩形工具，单击属性栏里的【填充】，单击【拾色器】设置 R243、G254、B194，单击【确定】按钮。

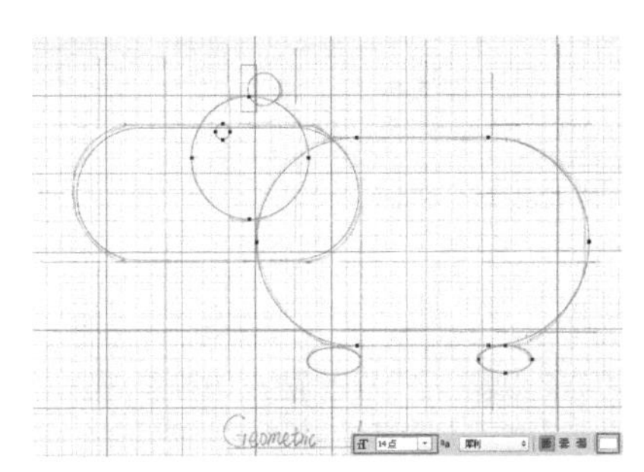

15 **添加文字。**隐藏草图，选择文字工具，在属性栏中设置字体【大小】为 14 点，设置【颜色】为 R243、G254、B194。

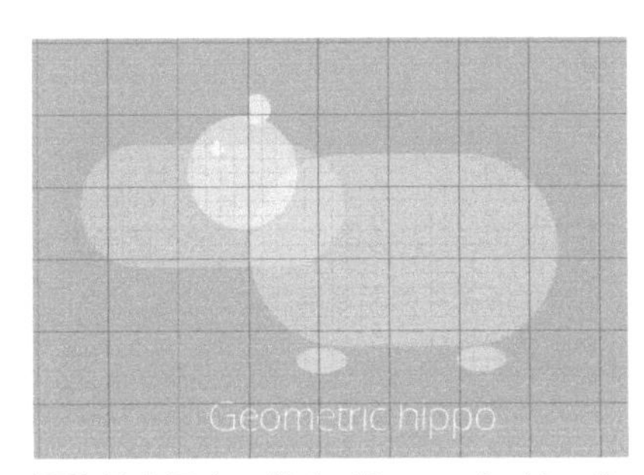

16 单击画布，输入“Geometric hippo”并选中，在属性栏中选择 Eras Light ITC 字体并按 Enter 键。

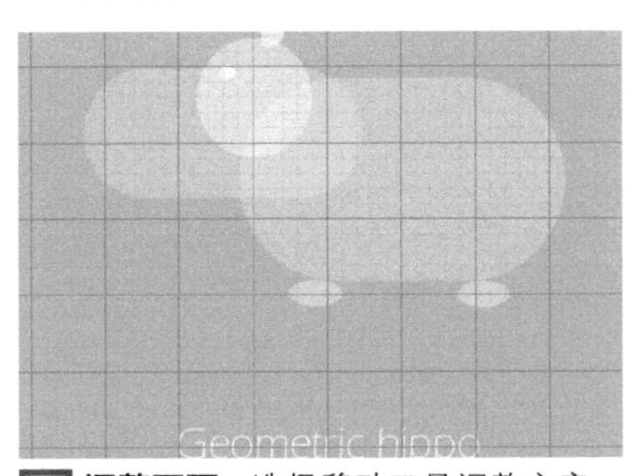

17 **调整画面。**选择移动工具调整文字、河马图形和背景的关系，按 Ctrl+H 组合键关闭网格，本案例至此完成。

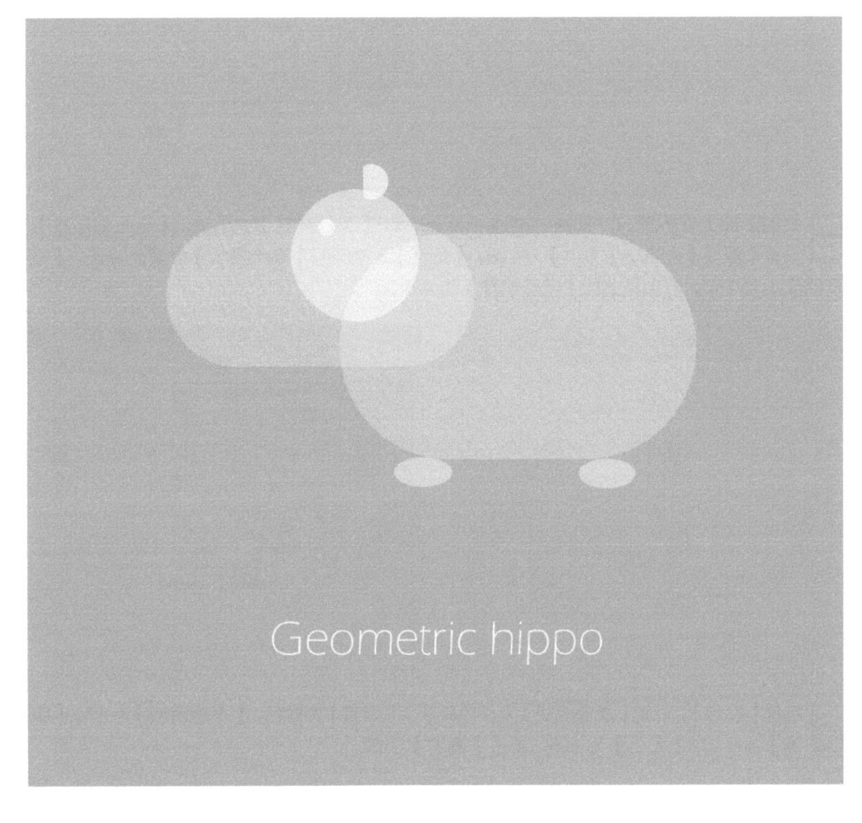

07 牛奶质感图标

图层样式　斜面和浮雕　渐变叠加　内阴影

该图标的制作主要运用斜面和浮雕表现牛奶质感中凸起的部分，运用内阴影表现凹进去的部分，运用渐变叠加表现光感效果，最终实现牛奶质感的细微变化。

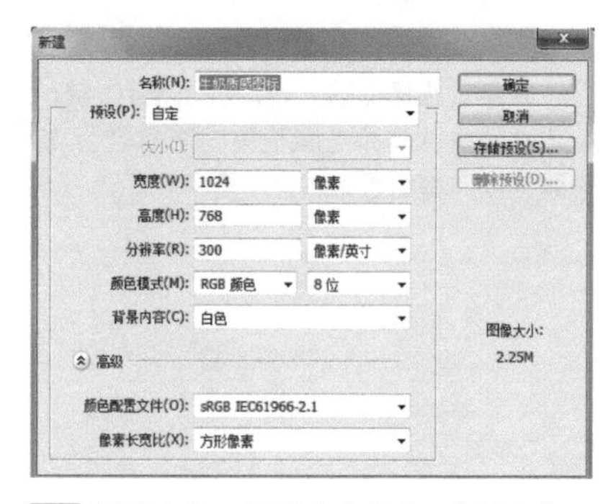

01 **新建文件。**选择【文件】-【新建】，设置【宽度】为1024像素，【高度】为768像素，【分辨率】为300像素/英寸，单击【确定】按钮。

02 **制作背景。**单击【色板】按钮，选择15%灰色。按Alt+Delete组合键填充前景色。

03 **绘制牛奶图标。**选择椭圆工具，【填充】为15%灰色，按Shift键拖曳鼠标指针，得到"椭圆1"图层。

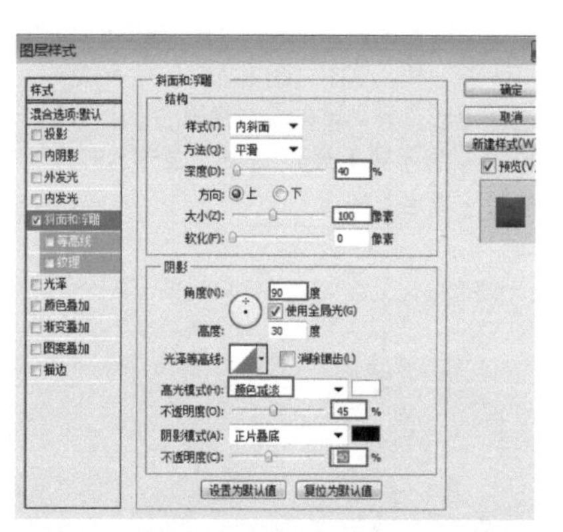

04 **给圆形加上立体感。**在"椭圆1"图层上双击，弹出【图层样式】面板，选择【斜面和浮雕】，设置【深度】为40，【大小】为100，【角度】为90°，【高光模式】为颜色减淡，【不透明度】为45%，阴影模式的【不透明度】为40%。

提示：工具使用小技巧

这枚图标设定光源都在上方，所以统一阴影角度为90%，勾选【使用全局光】，那么，在设置其他选项的阴影时，都为90°。

【高光模式】要设置为【颜色减淡】才会产生顶部的光感效果。

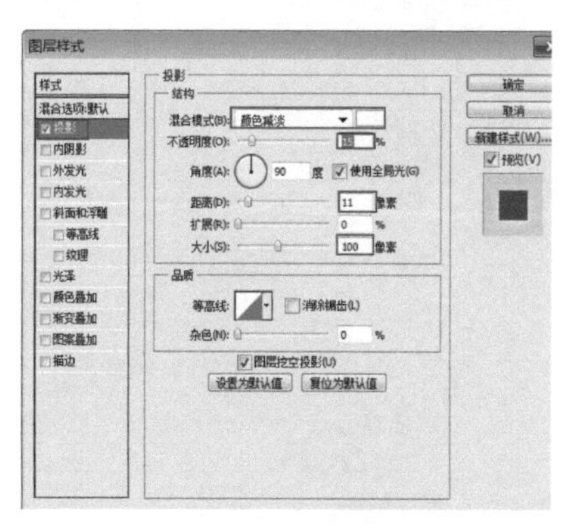

05 选择【投影】，设置【混合模式】为颜色减淡，【颜色】为白色，【不透明度】为15，【距离】为11，【大小】为100，单击【确定】按钮。

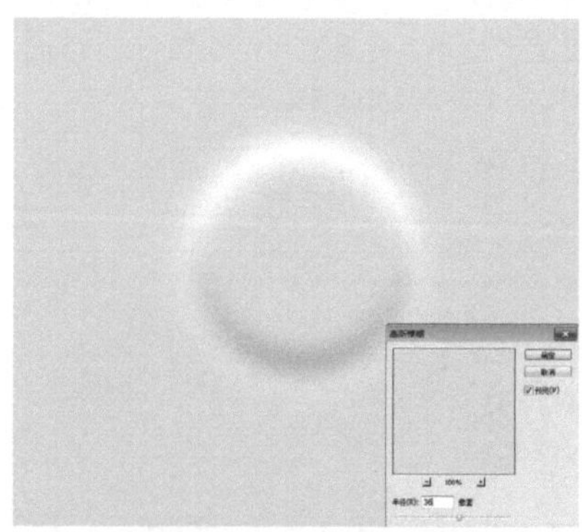

06 **做柔和效果。**执行【滤镜】-【模糊】-【高斯模糊】命令，设置【半径】为36，按Enter键。

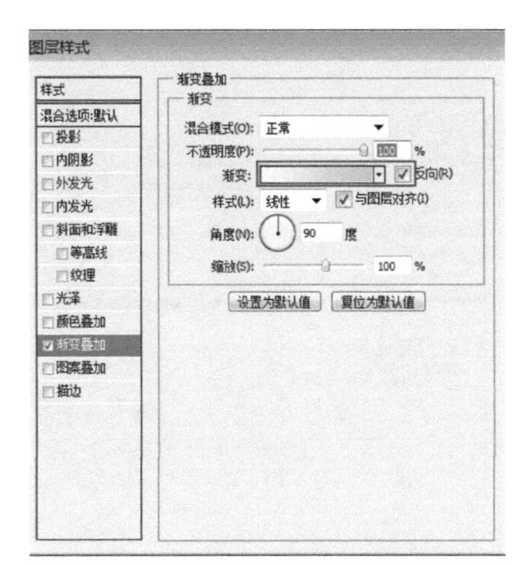

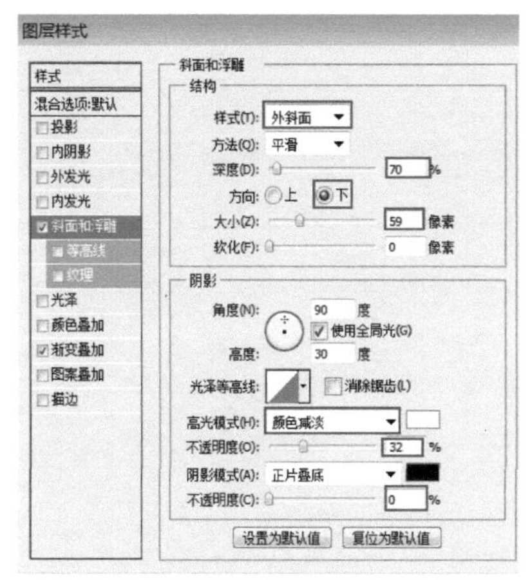

07 **制作凹陷的圆形。**用【椭圆工具】按 Shift 键绘制圆形，在“椭圆 2”图层上双击，弹出【图层样式】面板，选择【渐变叠加】，设置【渐变颜色】，左边滑块颜色为 204、204、204，右边滑块颜色为 249、249、249，勾选【反向】，选择【斜面和浮雕】，设置【样式】为外斜面，【深度】为 70%，【方向】为下，【大小】为 59，【高光模式】为颜色减淡，【不透明度】为 32%，阴影模式的【不透明度】为 0。

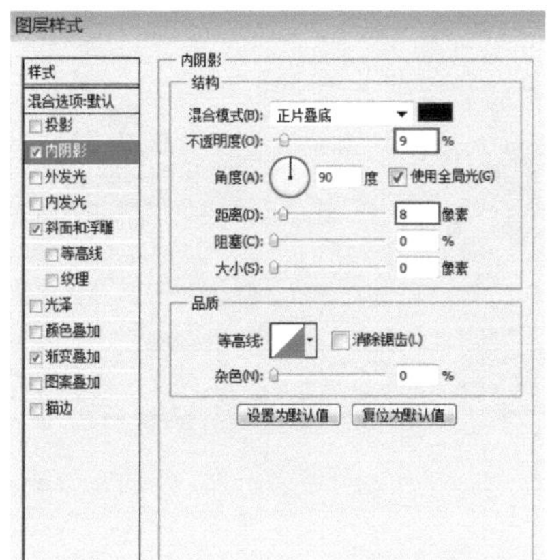

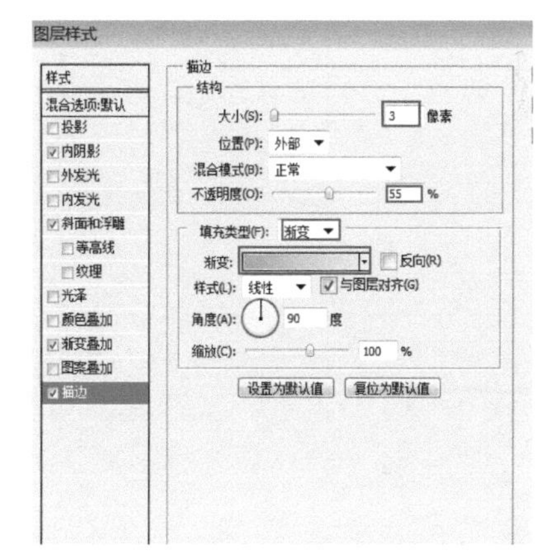

08 **制作阴影。**选择【内阴影】，设置【不透明度】为 9，【距离】为 8，选择【描边】，设置【大小】为 3，【不透明度】为 55%，【填充类型】为渐变，设置渐变颜色，左边滑块颜色为 182、182、182，右边滑块颜色为 233、233、233。

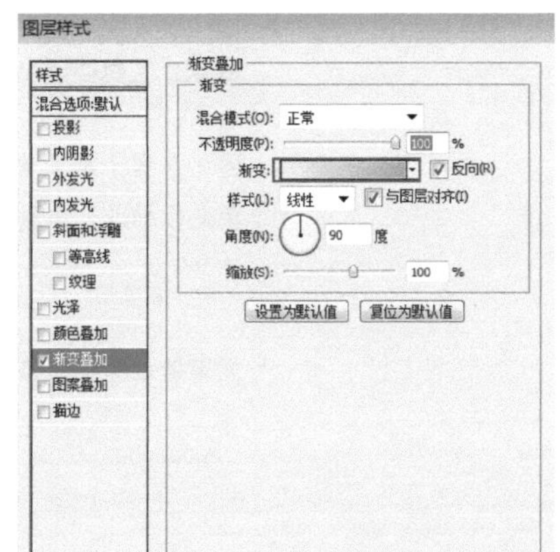

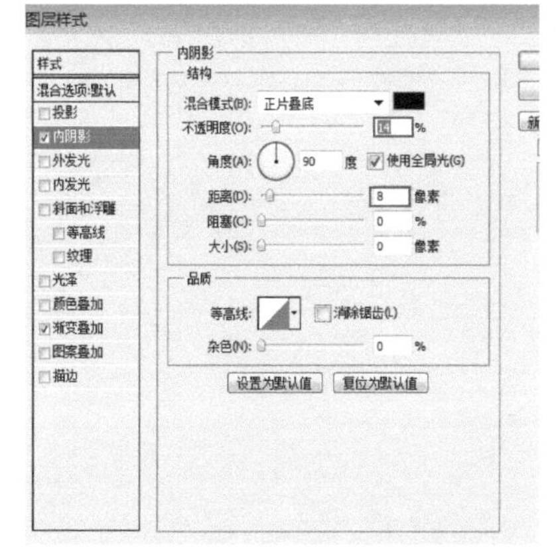

09 **制作凹陷的厚度质感。**选择【椭圆工具】按 Shift 键，绘制稍小一些的圆形，在“椭圆 3”图层上双击，弹出【图层样式】面板，选择【渐变叠加】，设置【渐变颜色】，左边滑块颜色为 181、179、179，右边滑块颜色为 236、236、236，勾选【反向】，选择【内阴影】，设置【不透明度】为 14%，【距离】为 8。

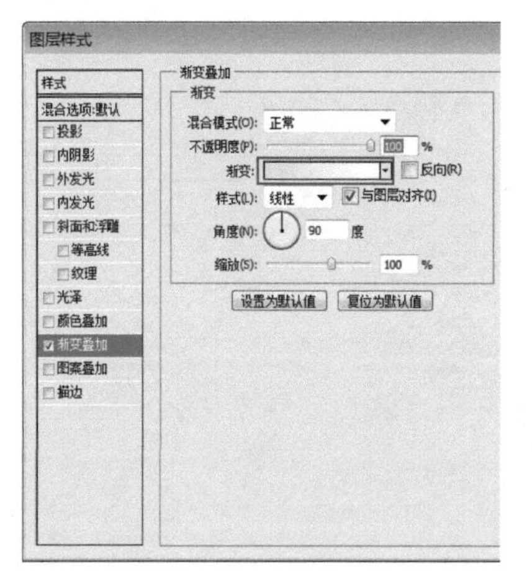

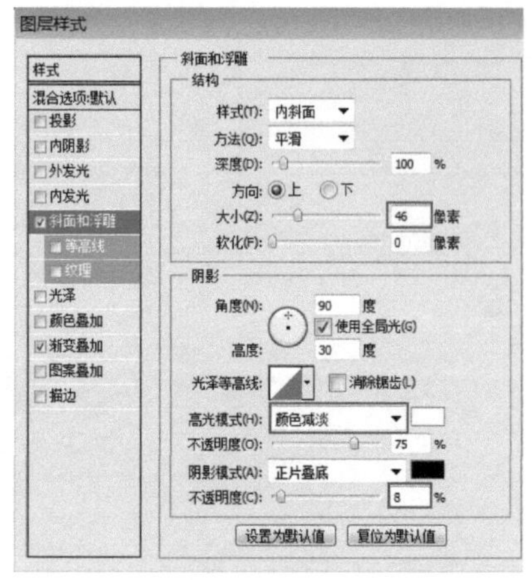

10 **制作凸起的圆形按钮。**选择椭圆工具并按Shift键，绘制稍小一些的圆形，在“椭圆4”图层上双击，弹出【图层样式】面板，选择【渐变叠加】，设置【渐变颜色】，左边滑块颜色为229、229、229，右边滑块颜色为255、255、255，选择【斜面和浮雕】，设置【大小】为46，【高光模式】为颜色减淡，阴影模式的【不透明度】为8。

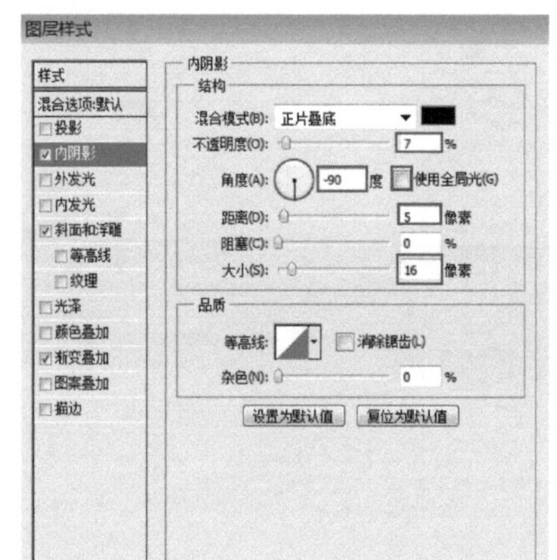

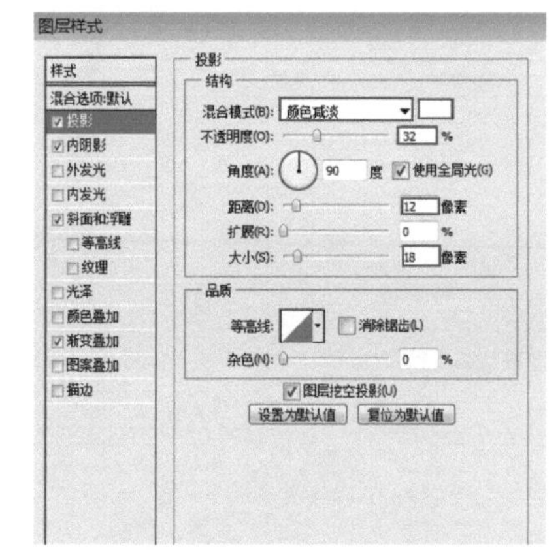

11 **制作阴影。**选择【内阴影】：【不透明度】为7%，不使用全局光，【角度】为-90°，【距离】为5，【大小】为16。选择【投影】：设置【混合模式】为颜色减淡，【颜色】为白色，【不透明度】为32%，【距离】为12，【大小】为18，单击【确定】按钮。

12 **制作文字。**选择横排文字工具，单击画布，输入“Milk”，设置【字体】为“Carattere”，【字号】为“24点”，按Shift键，单击“背景”图层，选择【垂直居中对齐】和【水平居中对齐】，实现最终效果。

提示：工具使用小技巧

通过设置【渐变叠加】，可使按钮的光感更加真实，但牛奶颜色变化细微，注意设置渐变条时颜色差别不要太大。

如果是金属类物体，可增强它的对比和变化。

冰特效绘制

色阶 黑白 曲线

本案例主要打造一种冰质感特效，多用到色阶、黑白、曲线来调整颜色和亮度，使冰质感更突出。

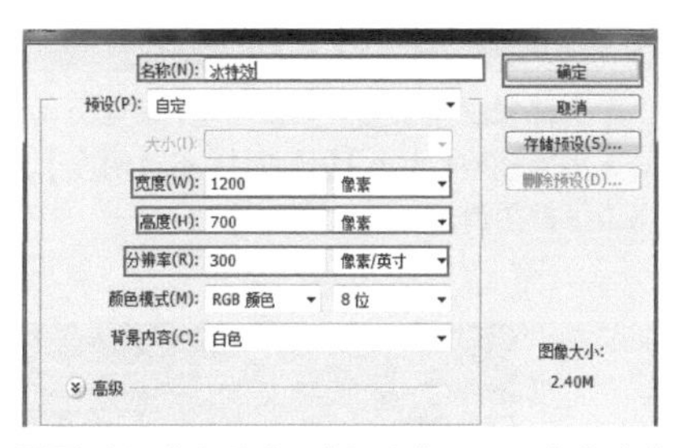

01 选择【文件】-【新建】，设置【名称】为“冰特效”，【宽度】为1200像素，【高度】为700像素，【分辨率】为300像素/英寸，单击【确定】按钮。

02 **背景。**打开“墙壁壁纸.jpg”，按Shift键拖曳图片，使图片适合画布大小，按Enter键完成图片置入的操作。

03 选择矩形工具，拖曳鼠标指针绘制与画布相同大小的矩形，【前景色】设置为黑色，选择油漆桶工具，单击画布，为矩形填充黑色，命名为“背景墙”图层。

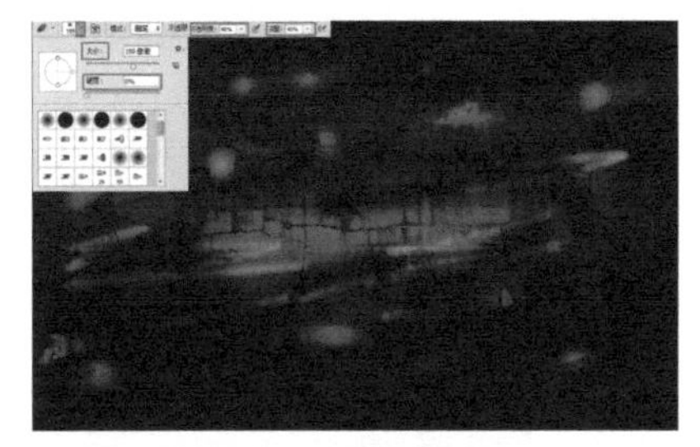

04 选择橡皮擦工具设置硬度为0的柔角画笔，在属性栏中分别降低【不透明度】【流量】【大小】，并不断调整，对图片进行擦拭，隐约透出部分底墙。

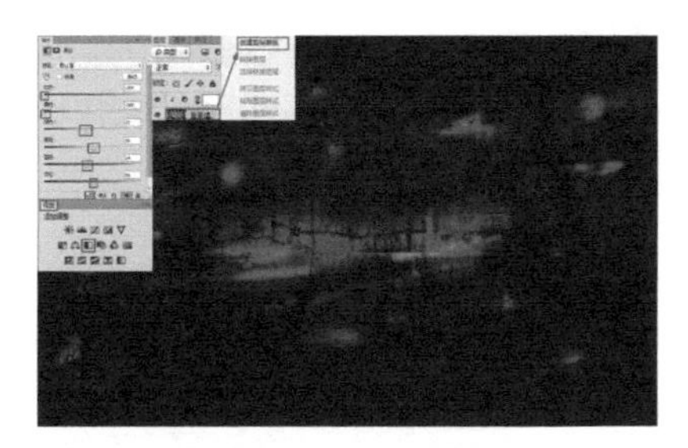

05 在【调整】面板中选择【黑白】，调整【红色】和【黄色】为-200，【绿色】为22【青色】为58，【蓝色】为24，【洋红】为55，单击【此调整剪切到此图层】，降低暖色调。

06 在【调整】面板，选择【色阶】，调整RGB模式下的滑块，左边滑块数值为-45，中间为0.78，右边不变，通过调整图层，使中间部分比较明显。

07 **布局冰片。**置入“碎冰片.jpg”，用钢笔裁剪出碎冰片形状，分别拖曳到“冰特效”画布，按Ctrl+J组合键不断复制，按Ctrl+T组合键自由变换，放大、缩小或旋转，对冰片进行布局调整，得到如图所示视觉冲击力强的画面。

08 【调整】面板，选择【黑白】，如图所示，调整【红色】【黄色】【绿色】【青色】【蓝色】【洋红】滑块，单击【此调整剪切到此图层】。

09 在【调整】面板，选择【色阶】，调整RGB模式下的滑块，得到如图所示效果。

10 **增加缥缈的感觉。**在“碎冰片.jpg”，选择矩形选框工具，选取一块冰片，单击移动工具，拖曳到“冰特效”画布。

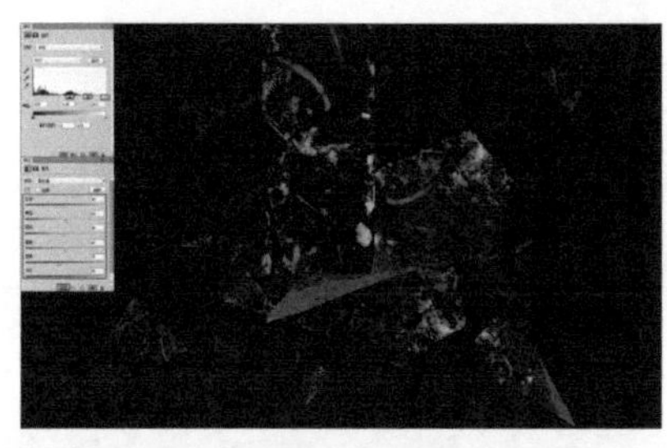

11 按Ctrl+T组合键自由变换，移动锚点，挤压冰片，改变冰片形状。如图所示，调整【黑白】与【色阶】中滑块，加大冰片黑白对比，增强冰片的通透感。

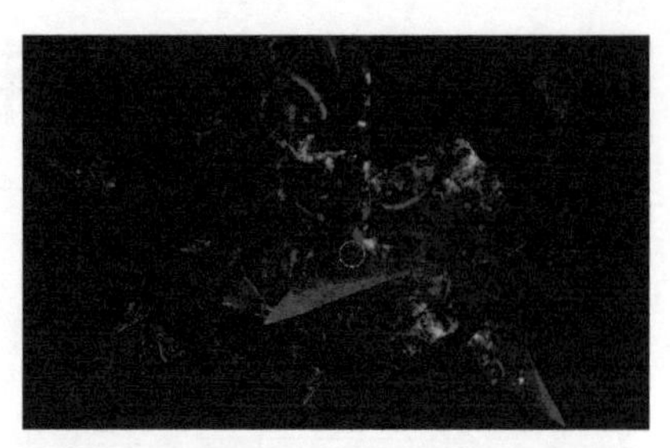

12 选择橡皮擦工具的柔角画笔，硬度为0，不断调整【大小】【流量】【不透明度】，将边缘擦柔滑。

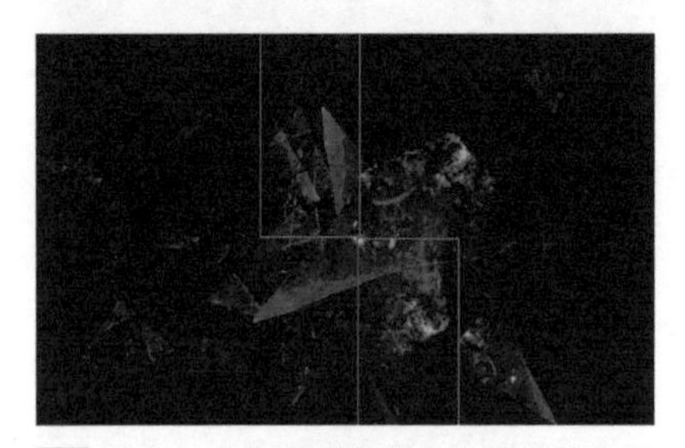

13 按Ctrl+J组合键复制，在工具箱选择移动工具，拖曳鼠标将复制图层，移动到下方位置。

14 **调冰冷蓝色。**单击面板下方【创建新的填充或调整图层】，选择【曲线】，弹出【属性】面板。

15 在【RGB】下拉菜单中，选择【红】，向下大幅度调整曲线，减少暖色，使画面更冷。

16 在【RGB】下拉菜单中，选择【绿】，向下调整曲线，减少绿色，使蓝色更纯净。

17 在【RGB】下拉菜单中，选择【蓝】，向上调整曲线，增强蓝色的饱和度。

18 选择【RGB】，将右上角向左调整，整体向上调整曲线，这里调整整体效果，使亮部更亮，增强通透感。

19 **绘制烟雾。**新建图层，命名为“烟雾”，选择吸管工具，在图片上分次吸取不同深浅的蓝色，单击画笔工具，选择硬度为0的柔角画笔，降低其【大小】【流量】和【不透明度】，并不断调整，为其绘制烟雾效果。

20 至此案例完成。

09 球面效果

极坐标滤镜　渐变工具　图层蒙版

球面效果是对极坐标滤镜效果的巧妙运用，通过蒙版和渐变的结合使用会使其效果更加逼真，同时还需注意素材图片的选择，合适的图片更容易达到理想效果。

01 **打开素材图片。**选择【文件】-【打开】，打开“夜景.jpg”，选择裁剪工具，调整【顶部端点】，减小图片顶部空间。按Ctrl+J组合键复制“背景”图层，得到“背景拷贝”图层。

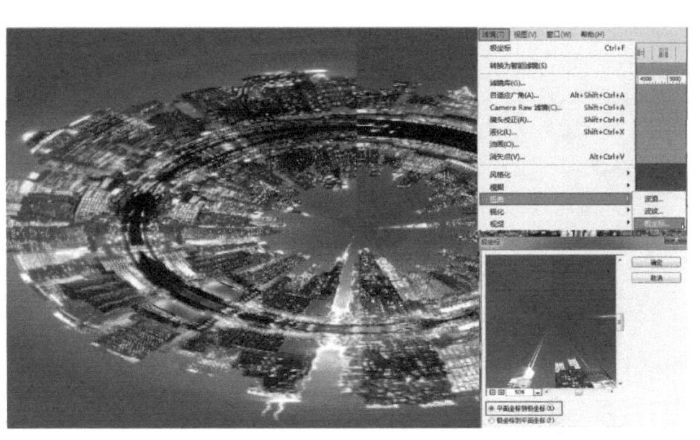

02 **制作球面效果。**执行【滤镜】-【扭曲】-【极坐标】命令，弹出【极坐标】对话框，单击【确定】按钮。

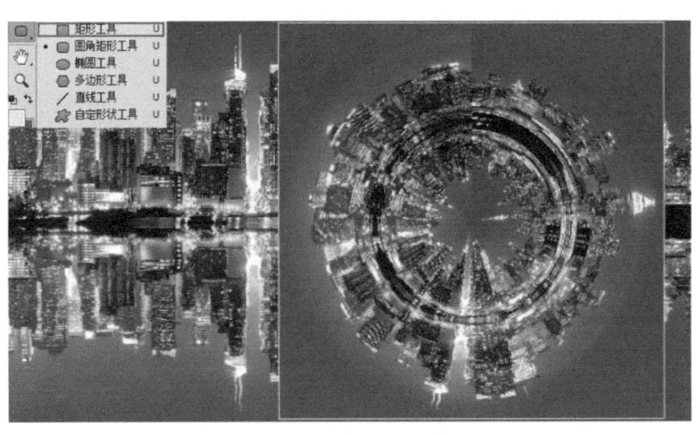

03 选择矩形工具，设置【描边颜色】为白色，【描边宽度】为10像素，拖曳鼠标指针得到“矩形1”图层。选中“背景拷贝”图层，按Ctrl+T组合键沿矩形调整图像大小。

04 隐藏“矩形1”图层、“背景”图层，选中“背景拷贝”图层，按Ctrl+J组合键得到“背景拷贝2”图层，按Ctrl+T组合键，右键单击选择【旋转180度】。

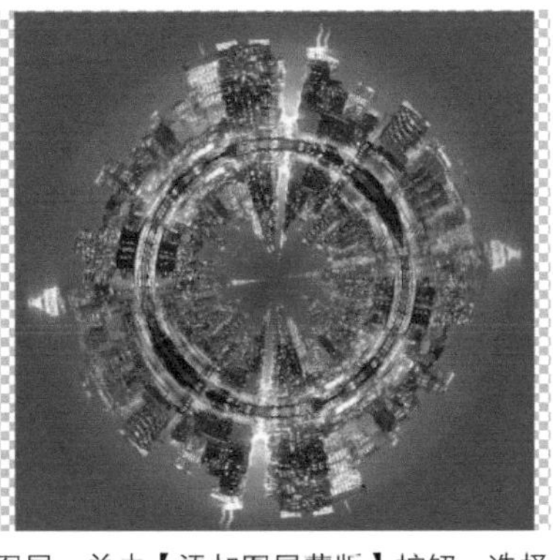

05 选中“背景拷贝2”图层，单击【添加图层蒙版】按钮，选择渐变工具，在属性栏中选择【线性渐变】，【渐变条】为【黑白渐变】，在【图层蒙版】上拖曳鼠标指针。

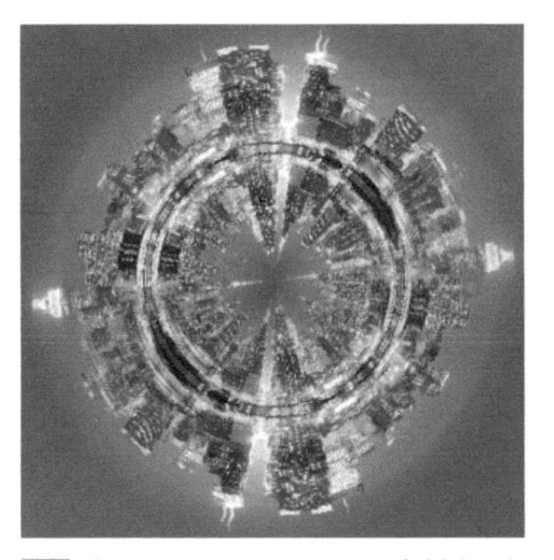

06 按Ctrl+Shift+Alt+E组合键得到图层1图层，选择修补工具对穿帮部分进行调整，从图层面板中选择【曲线】，调整图片明度，选择裁剪工具，沿图层1进行裁剪，完成最终效果。

10 水中鱼

混合模式　蒙版

在做这个案例时，需注意各种素材与灯泡边缘和高光的处理。始终要记住灯泡是球状的，发生转折的位置要小心处理。

01 打开“灯泡.jpg”，选中“背景”图层，按Ctrl+J组合键复制得到“背景拷贝”图层。

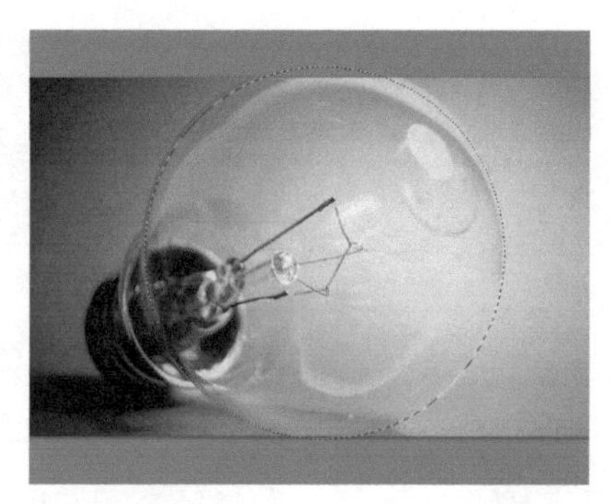

02 单击“背景拷贝”图层，选择椭圆选框工具，按Shift键拖曳一个与灯泡等大的椭圆。

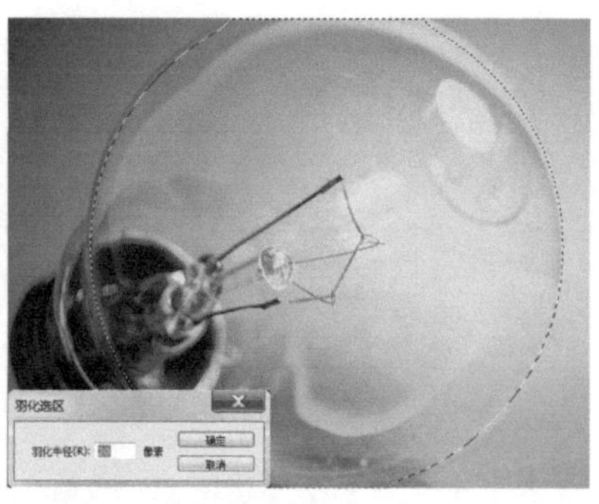

03 单击右键，选择羽化，羽化半径为20像素，按Ctrl+J组合键复制一份，将复制的图层命名为“灯泡中的水”。

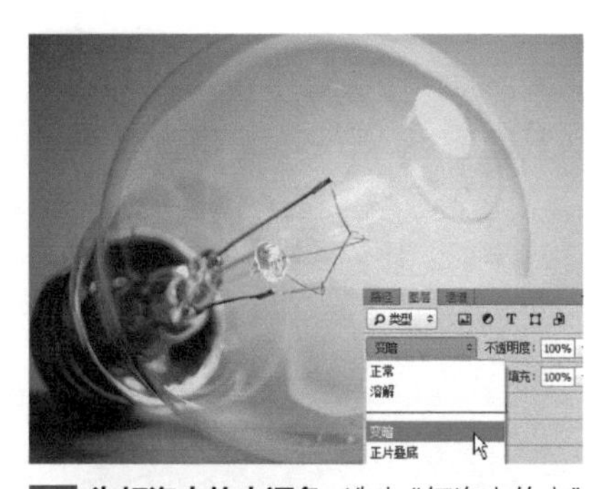

04 **为灯泡中的水调色。**选中“灯泡中的水”图层，按Ctrl+U组合键，调整【色相】为+25，单击图层面板左上方的【正常】，选择【变暗】。

05 置入水面素材，按Enter键释放，单击图层【混合选项】，选择正片叠底，将图层名称改为“水面”。

06 **为水面调色。**选中“水面”图层，按Ctrl+U组合键，设置【色相】为-33，【饱和度】为+48，【明度】为+15。

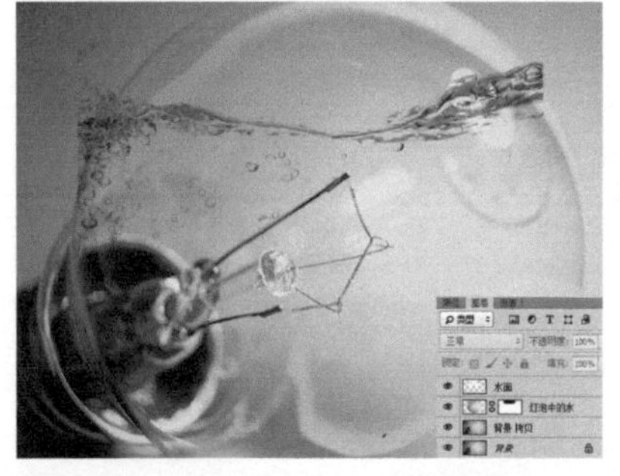

07 **保留灯泡中没有水的部分的亮度。**在“灯泡中的水”图层创建蒙版，选择画笔工具，设置前景色为黑色，选择柔角画笔，单击蒙版缩略图，涂抹水面以上的部分，将其隐藏，只保留水面以下的部分。

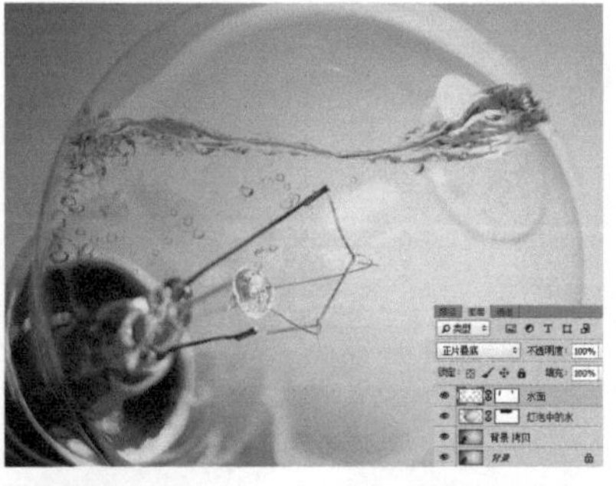

08 **修饰水面。**在“水面”图层创建蒙版。选择画笔工具，使用柔角画笔，单击蒙版缩略图，沿灯泡边缘涂抹灯泡以外的部分。

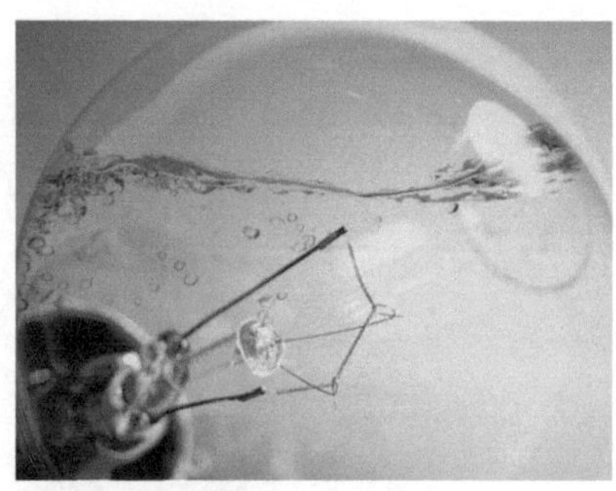

09 **修饰灯泡的高光与反光。**在灯泡的边缘以及灯泡高光处进行涂抹。涂抹时，注意采用“近实远虚”的方法。

10 **置入“金鱼.png”。**按住Shift键，等比例缩放至合适大小，单击右键，选择【水平翻转】，将“金鱼”放到合适位置，按Enter键确认，本图层命名为“金鱼”。

11 **让金鱼更灵动地游在灯泡里。**单击“金鱼”图层，按Ctrl+T组合键进行自由变换，单击右键，选择透视，单击右上角的锚点，向上拖曳。

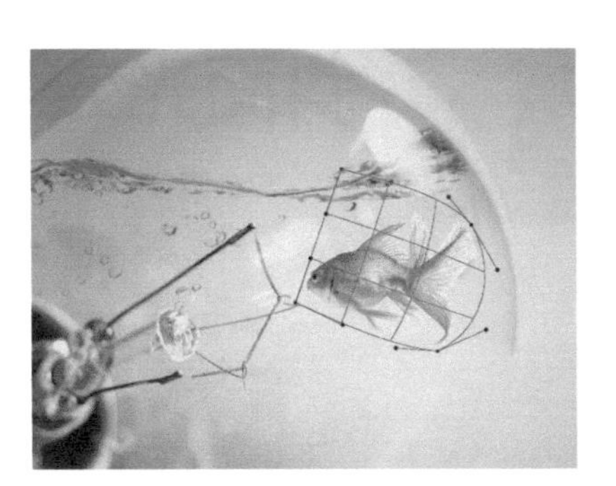

12 单击右键，选择【变形】。单击右上角的锚点，向灯泡内拖曳，单击右下角的锚点，向灯泡内拖曳，这样，金鱼尾巴的弯曲也体现出灯泡壁的弧度。

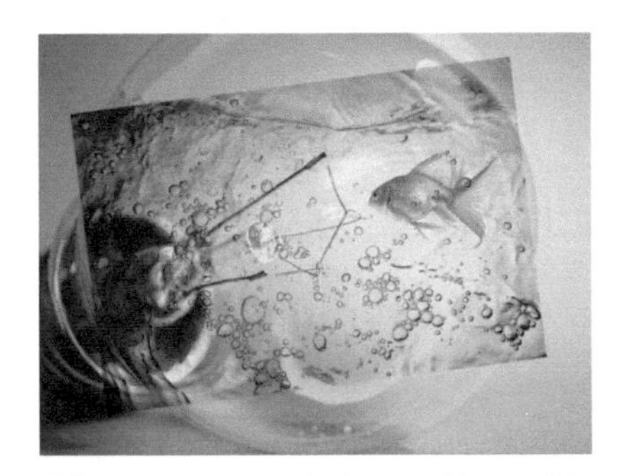

13 **添加气泡。**置入“气泡.jpg”。按Shift键，等比例缩放至合适大小，并旋转到合适位置，单击图层【混合选项】，选择【正片叠底】，将图层命名为“气泡”。

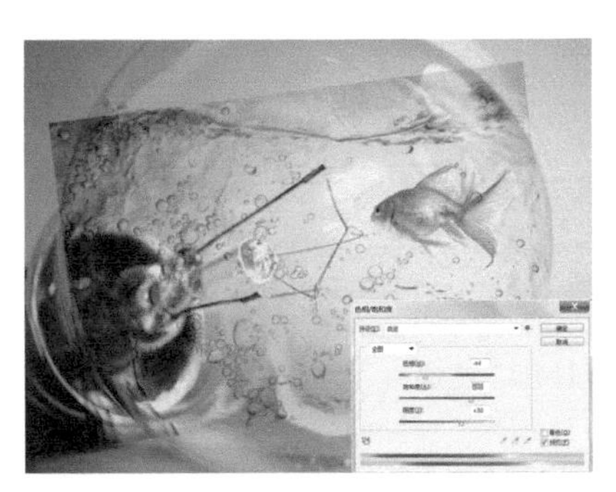

14 单击“气泡”图层。单击右键选择【栅格化图层】，按Ctrl+U组合键，调节气泡的颜色，设置【色相】为-44，【饱和度】为+51，【明度】为+30。

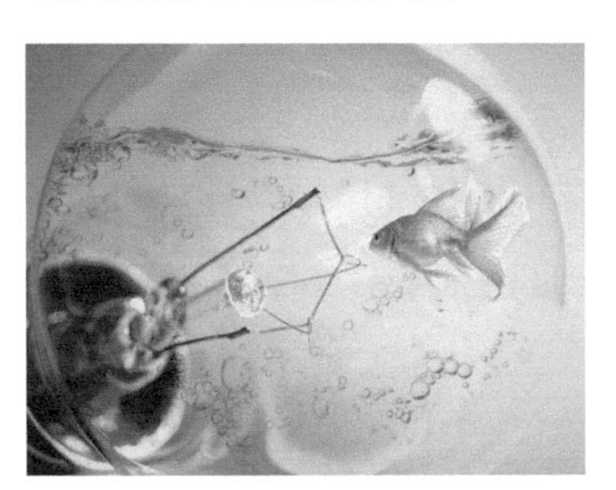

15 **给“气泡”图层添加蒙版。**选择画笔工具，使用柔角画笔，单击蒙版缩略图，涂抹多余的泡沫，留下较少的灵动的泡沫。

16 **给金鱼换颜色。**单击“金鱼”图层，单击鼠标右键，选择【栅格化图层】，按Ctrl+U组合键，设置【色相】为+16，红色金鱼变成金色。至此，案例完成。

11 斜面光效果盘子

图层样式　凹凸立体感　光感

本案例多用图层样式解决光影问题，借助了画光影这个方法来增强立体感。图层样式的数值设置不是重点，重要的是当前图层样式的效果。

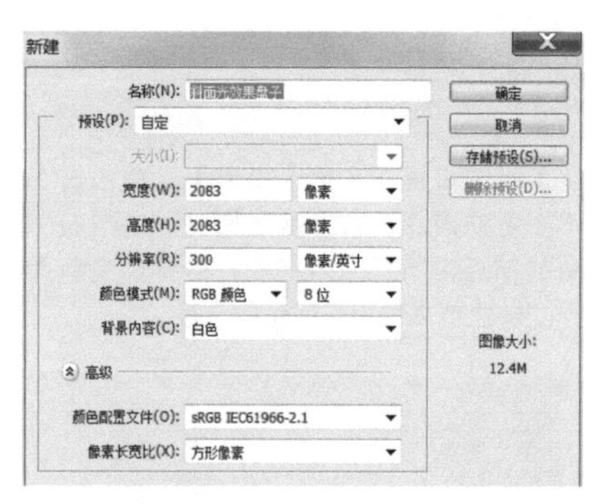

01 选择【文件】-【新建】，设置【宽度】为2083像素，【高度】为2083像素，【分辨率】为300像素/英寸，单击【确定】按钮。

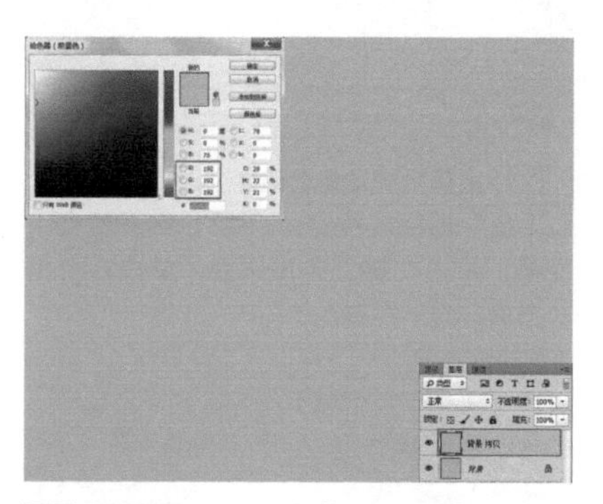

02 **制作背景。**单击【拾色器】，设置R192、G192、B192，单击【确定】按钮，按Alt+Delete组合键，填充前景色，按Ctrl+J组合键将“背景”图层复制得到“背景拷贝”图层。

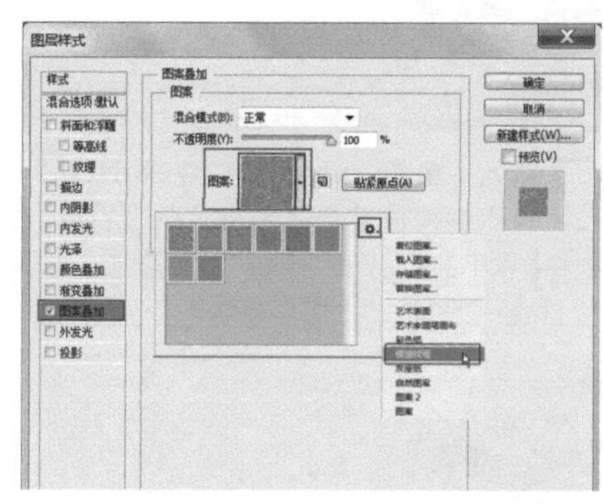

03 在“背景拷贝”图层上，单击右键，选择【混合选项】，单击【图案叠加】，选择【图案】面板右上角【图案预设】，在弹出的下拉菜单中选择【侵蚀纹理】。

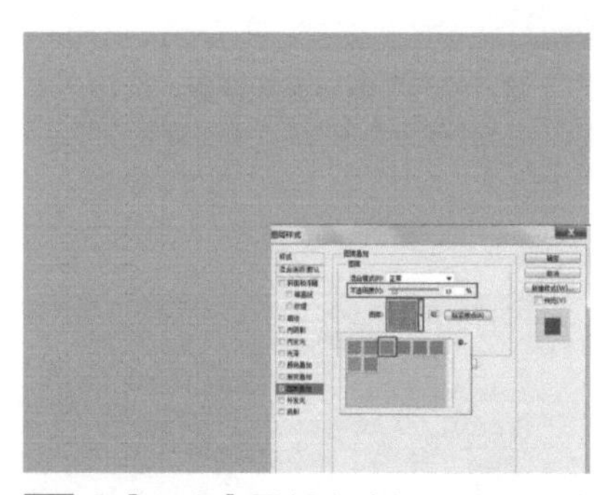

04 在【图案】面板中选择侵蚀图案的第三个图案，设置【不透明度】为13%，单击【确定】按钮。

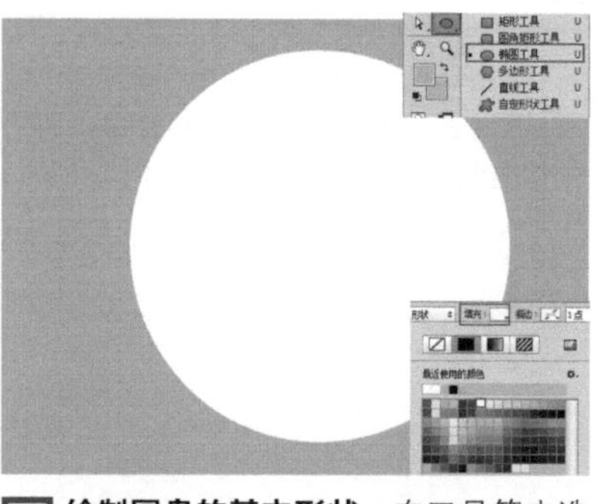

05 **绘制圆盘的基本形状。**在工具箱中选择椭圆工具，按Shift键拖曳一个直径为1338像素的圆，得到“椭圆1”图层，在属性栏中单击【填充】，设置颜色为白色。

06 按Ctrl键选中“椭圆1”与“背景”图层，在工具箱中选择移动工具，在属性栏中单击【水平居中对齐】。

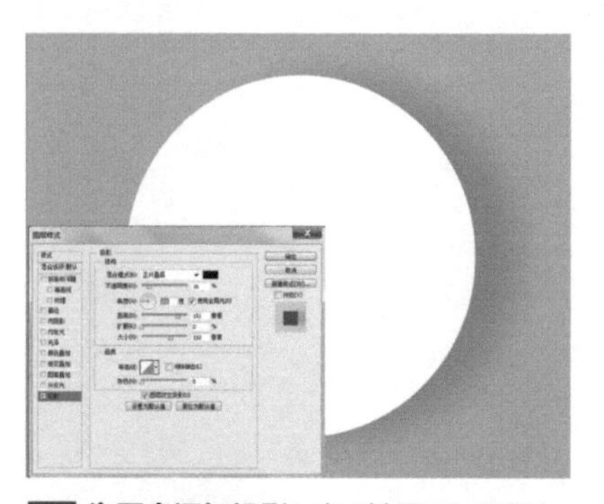

07 **为圆盘添加投影。**在“椭圆1”图层上，单击右键选择【混合选项】，单击【投影】，设置【距离】为151像素，【大小】为152，【角度】为180°，【不透明度】为16%，单击【确定】按钮。

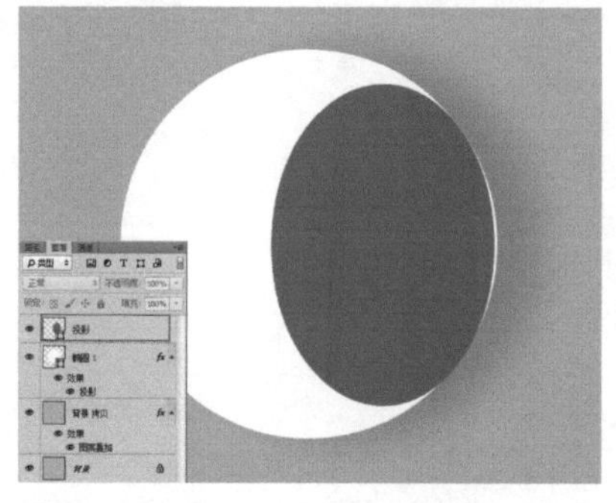

08 选择椭圆工具，在属性栏中设置【宽】为787像素，【高】为1108像素的椭圆单击画布，将图层命名为“投影”，设置颜色为R119、G119、B119。

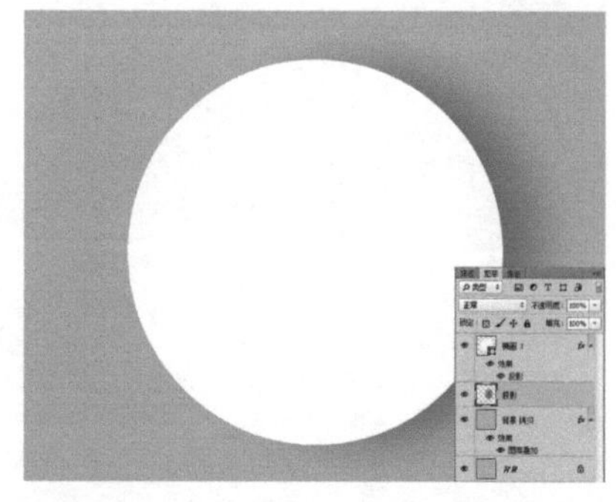

09 选中“投影”图层，执行【滤镜】-【模糊】-【高斯模糊】命令，设置【半径】为120像素，并将图层移动到“椭圆1”图层下方。

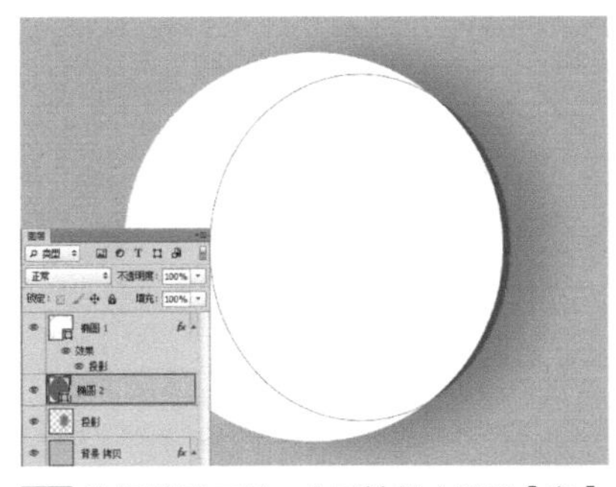

10 选择椭圆工具，在属性栏中设置【宽】1062 像素，【高】1193 像素的椭圆，得到“椭圆 2”图层，设置颜色为 R98、G98、B98，使“椭圆 2”图层位于“投影”与“椭圆 1”图层之间。

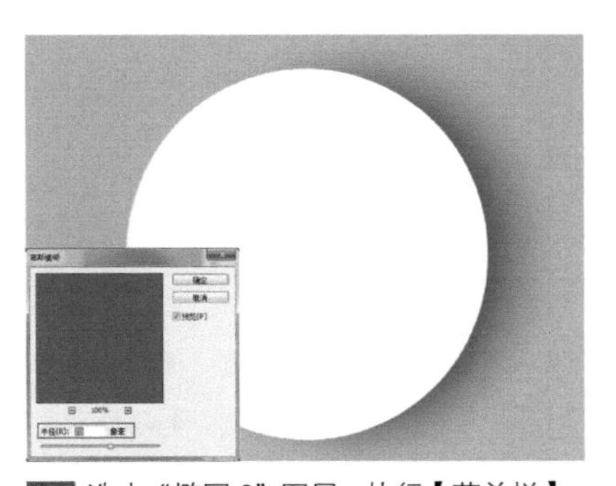

11 选中“椭圆 2”图层，执行【菜单栏】-【滤镜】-【模糊】-【高斯模糊】命令，设置【半径】为 72 像素，并将图层命名为“投影 2”。

12 **制作盘子的立体感。**在“椭圆 1”图层上，单击右键选择【混合选项】，单击【渐变叠加】，单击渐变条，弹出【渐变编辑器】。

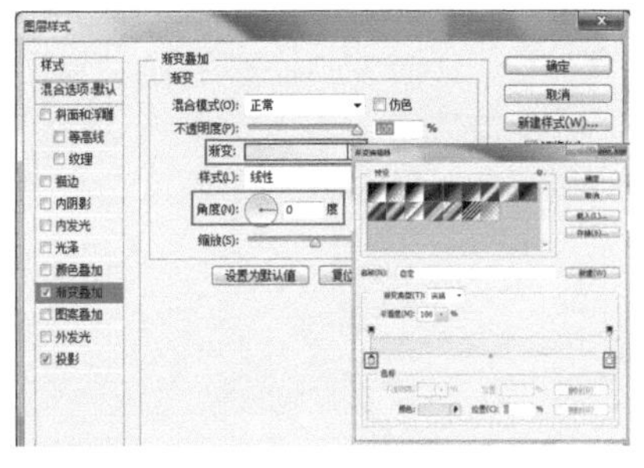

13 双击左侧滑块，设置颜色为 R227、G227、B227。双击右侧滑块，设置颜色为 R238、G238、B238，设置【角度】为 0°，单击【确定】按钮。

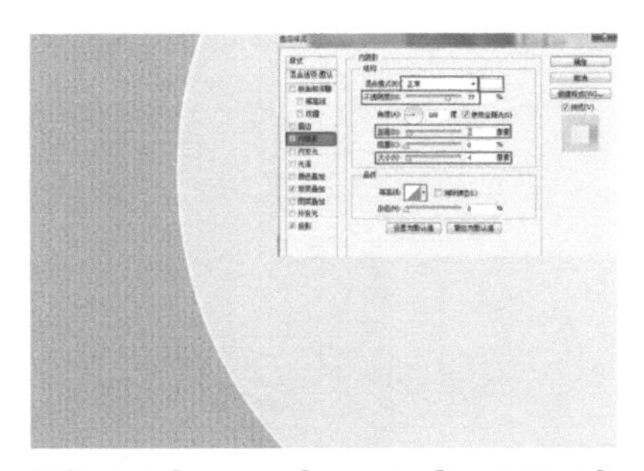

14 单击【内阴影】，设置【混合模式】为正常，【颜色】为白色，【大小】为 4 像素，【距离】为 6 像素，【不透明度】为 77％，单击【确定】按钮。

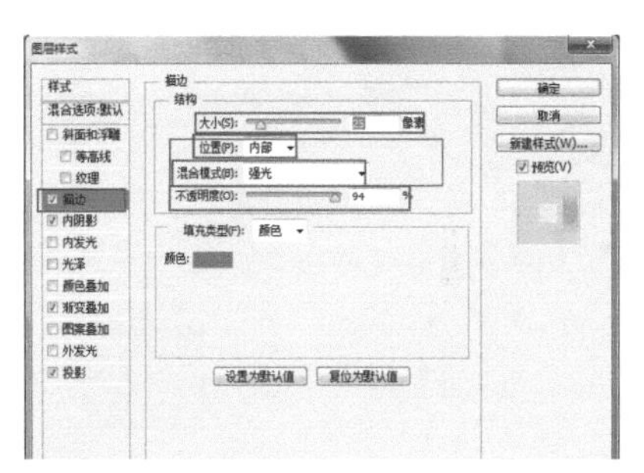

15 **绘制盘子边缘。**单击【描边】，设置【大小】为 25 像素，【位置】为内部，【混合模式】为强光，【不透明度】为 94％。

16 设置【填充类型】为渐变，单击渐变条，双击设置左滑块颜色 R244、G244、B244，设置右滑块颜色为 R146、G146、B146，单击【确定】按钮。

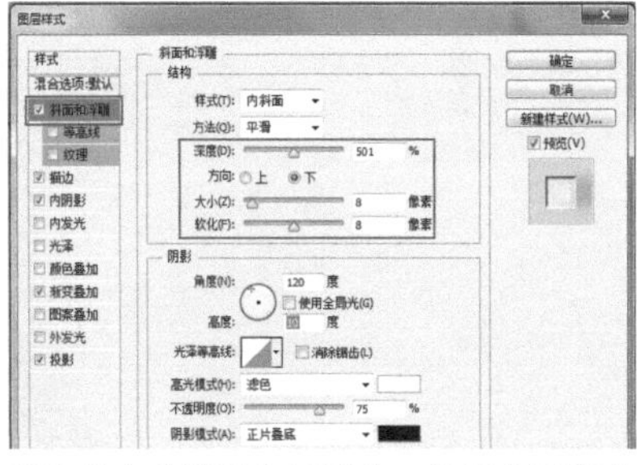

17 单击【斜面和浮雕】，设置【深度】为 501 像素，【方向】为下，【大小】为 8 像素，【软化】8 像素。

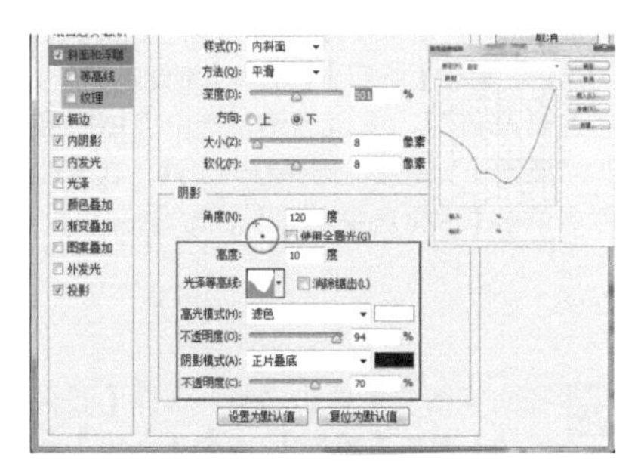

18 等高线设置为如图所示，设置【高度】为 10°，设置高光模式的【不透明度】为 94%，阴影模式的【不透明度】为 70%。

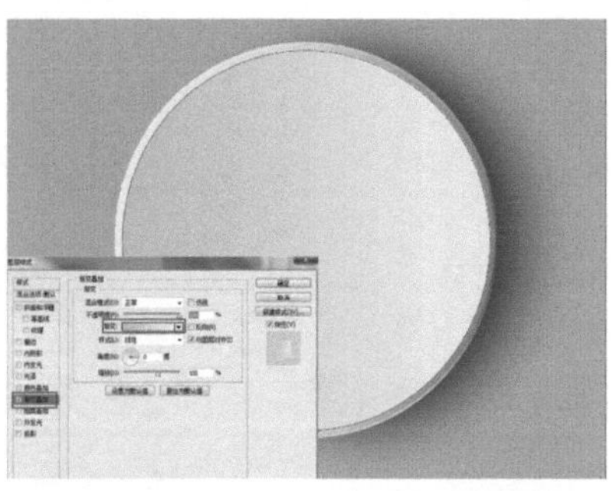

19 选择椭圆工具，拖曳一个直径为 1284 像素的椭圆，得到“椭圆 3”图层，单击右键选择【混合选项】，单击【渐变叠加】，单击渐变条，弹出渐变面板。

20 设置左滑块颜色 R204、G204、B204，设置右滑块颜色 R241、G241、B241，设置【角度】为 0°，单击【确定】按钮。

21 单击“椭圆 3”图层，执行【滤镜】-【转换为智能滤镜】命令。执行【滤镜】-【模糊】-【高斯模糊】命令，设置【半径】为 12 像素，单击【确定】按钮。

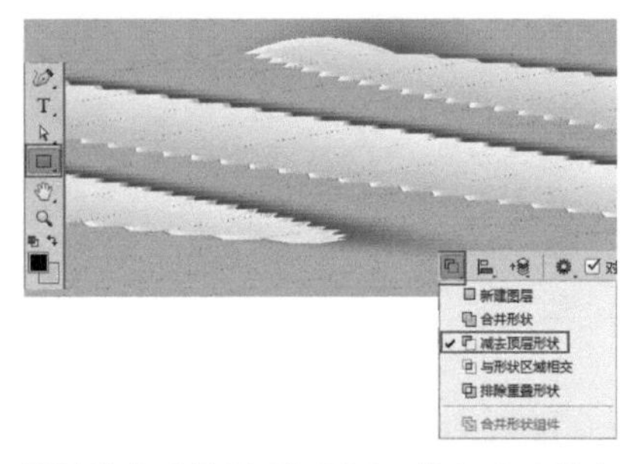

22 选中“椭圆 1”图层，按 Ctrl+J 组合键，复制，得到“椭圆 1 副本”图层，选择矩形工具，单击【路径操作】，选择【减去顶层形状】。

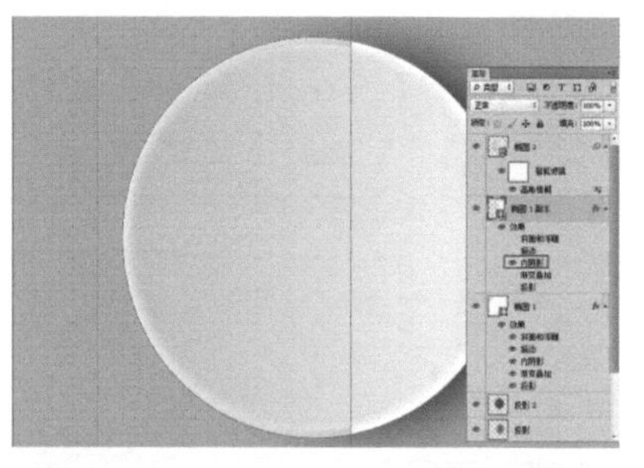

23 拖曳绘制一个矩形，将“椭圆 1 副本”图层除内阴影以外的效果隐藏。双击内阴影，设置【颜色】R、G、B 均为 157，【大小】为 24 像素，【距离】为 20 像素，【不透明度】为 59%，【角度】为 0°，单击【确定】按钮。

24 **完善盘子边缘。**新建图层，选择画笔工具，按 Alt 键吸取盘子边缘的颜色，选择柔角画笔，降低不透明度，在边缘内进行涂抹。

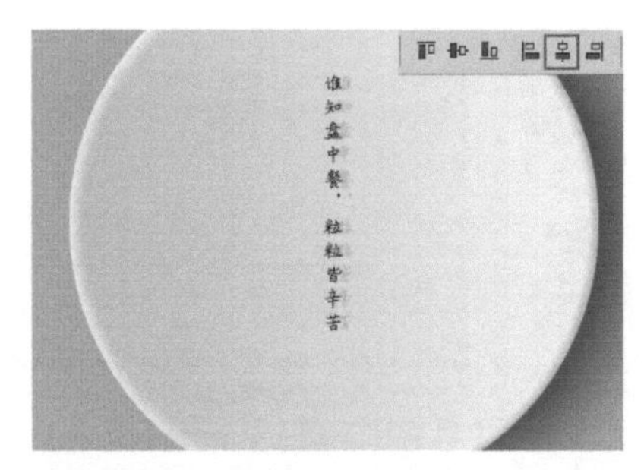

25 **添加文字效果。**选择直排文字工具，在属性栏中设置【字体】为华康钢笔体 W2（P），【大小】为 14 点，【颜色】为黑色，单击【画布】，输入“谁知盘中餐，粒粒皆辛苦”。按 Ctrl 键，选中字体图层与“椭圆 1”图层，选择移动工具，在属性栏中单击【水平居中对齐】。

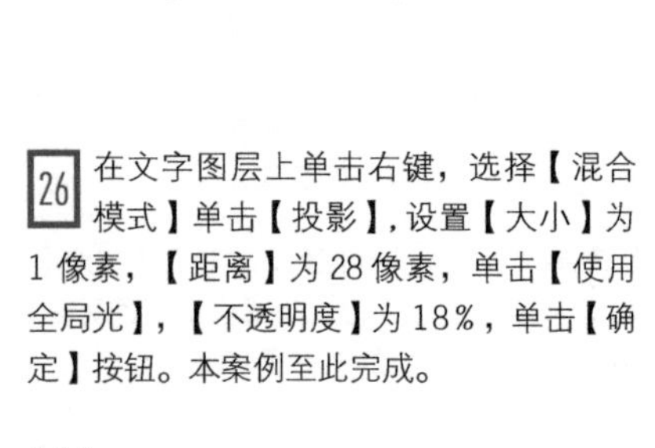

26 在文字图层上单击右键，选择【混合模式】单击【投影】，设置【大小】为 1 像素，【距离】为 28 像素，单击【使用全局光】，【不透明度】为 18%，单击【确定】按钮。本案例至此完成。

12 运动特效

径向模糊　曲线　渐变工具

本案例中的运动特效主要运用到了【径向模糊】滤镜，使画面更有速度感，还需要注意【滤镜效果蒙版】中【径向渐变】的巧妙运用。

01 **打开素材图片。**选择【文件】-【打开】-“冲浪.jpg”，按Ctrl+J组合键复制“背景”图层得到图层1，右击图层1，选择【转换为智能对象】。

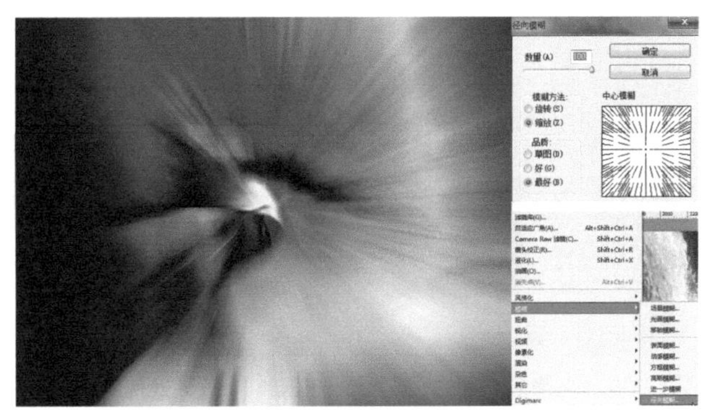

02 **制作运动效果。**在菜单栏中单击【滤镜】，选择【模糊】-【径向模糊】，弹出【径向模糊】对话框，设置【模糊方法】为【缩放】，数量为100，单击【确定】按钮。

03 选中图层1的【滤镜效果蒙版】，选择渐变工具，在属性栏中选择【径向渐变】，【渐变条】为【黑白渐变】，从人物中心向四周拖曳鼠标指针，调整图层1【不透明度】为80%。

04 **调整最终效果。**从【调整】面板中选择【曲线】，弹出【曲线】属性面板，向上拖曳鼠标指针，调整曲线，使画面更加通透，得到最终效果。

提示：工具使用小技巧

这个案例使用到了【模糊滤镜】效果中的【径向模糊】，需要注意【径向模糊】的【模糊方法】有【旋转】和【缩放】两种，需要根据想要实现的效果进行选择。

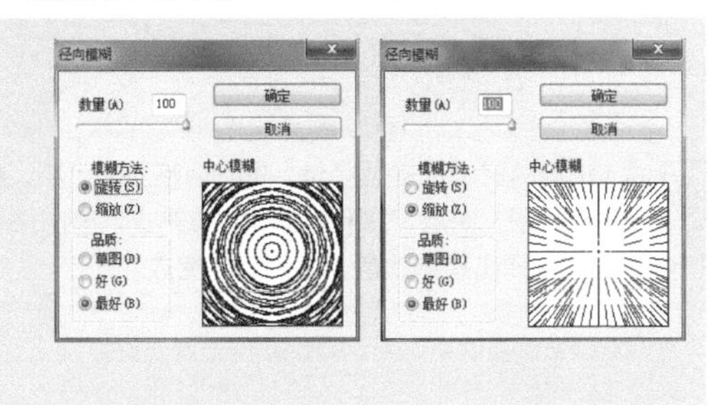

13 给人像磨皮美白

修补工具 画笔工具 曲线

在用修补工具和画笔工具时，需要注意选择肤色相近且肤质较好的皮肤进行替换和涂抹，否则很容易造成皮肤越修越花，皮肤颜色不协调等后果。

01 打开“人像素材.JPG”，按Ctrl+J组合键复制一份，得到图层1，将图层1命名为“修脏”。

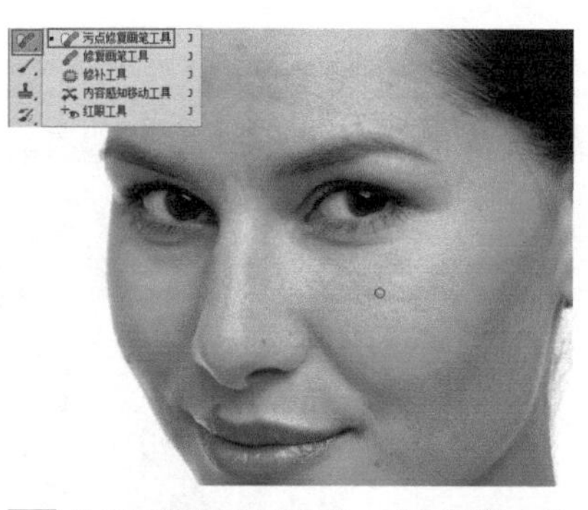

02 **处理脸部细小的脏点。**在工具箱中选择【污点修复画笔】单击脸部的痘痘，即可去除。注意随时调整画笔的大小，笔的大小比痘痘大一点即可。

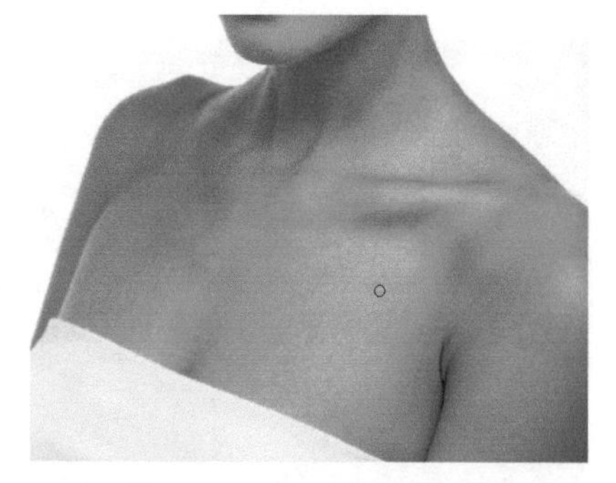

03 **处理身体部分细小的脏点。**修图过程中，随时放大、缩小查看，避免有漏掉的地方。修完后，单击图层1的可见性按钮，观察皮肤是否被修干净。

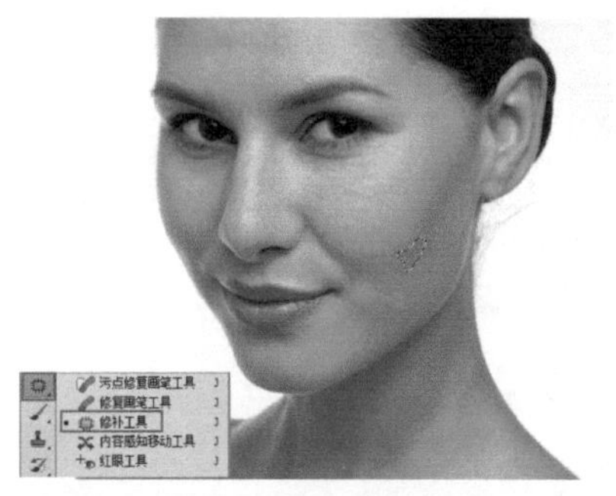

04 选择修补工具，圈选出有瑕疵的皮肤，判断皮肤的纹理和明暗，向良好肤质位置拖曳，即可修补圈选的区域。

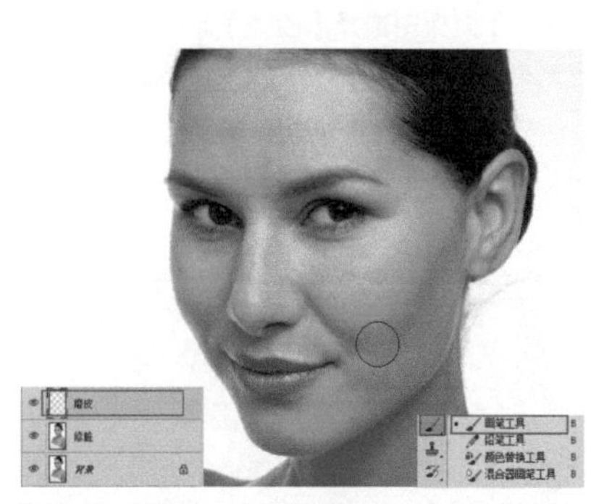

05 **磨皮美白。**新建图层1，图层命名为“磨皮”，在工具箱中单击画笔工具，选择柔角画笔，不透明度为15％。

06 按Alt键随时吸取皮肤颜色，随时调整画笔大小，顺肌肤的纹理和明暗关系进行涂抹。单击“修脏”图层，按【创建新的填充或调整图层】键，在弹出的菜单中选择【曲线】，将曲线上调，调亮整体肤色，案例至此完成。

14 修多余物体

内容识别 修补工具

本案例主要用【内容识别】功能修掉画面中不需要的物体，用修补工具修掉瑕疵部分，但这种方法适用于画面比较统一的情况，因此要根据实际情况使用。

01 **打开素材图片。**选择【文件】-【打开】-“修多余物体素材.jpg”，按Ctrl+J组合键复制“背景”图层，得到“背景拷贝”图层。

02 **使用内容识别修掉水面上的帆船。**选择套索工具，拖曳鼠标指针，选出帆船部分，按Shift+F6组合键，设置【羽化值】为10像素，按Shift+F5组合键，设置【填充内容使用】为【内容识别】。

03 选择套索工具，拖曳鼠标指针选择其他帆船，按Shift+F6组合键，设置【羽化值】为10像素，按Shift+F5组合键，设置【填充内容使用】为【内容识别】，以此方法修掉画面中其他的帆船。

04 **观察处理后的画面。**使用【内容识别】功能将水面帆船去掉后可以观察到，仍然有些瑕疵需要进一步处理。

05 **用【修补工具】修瑕疵。**选择修补工具，选出瑕疵部分，向选区周边图像相似并且完整的部分拖曳鼠标指针，完成修补，以此方法修补其他瑕疵部分，直至图像没有瑕疵。

06 **用【曲线工具】调整图片色彩和亮度。**在【调整】面板中选择曲线工具，按图拖曳鼠标指针，使图片色彩饱和度更高，图像更明亮通透。

15 修人物五官细节

液化工具　自由变换

本案例主要用到了液化工具和自由变换，一般使用自由变换调整外形大小，使用液化工具进行细部调整，最终实现五官精致的效果。

01 **打开素材图片。**选择【文件】-【打开】-“修人物五官细节素材.jpg”，按Ctrl+J组合键复制“背景”图层，得到“背景拷贝”图层。

02 **调整模特面部轮廓。**选中“背景拷贝”图层，执行【滤镜】-【液化】命令，弹出【液化】面板，选择向前变形工具，向内部拖曳鼠标指针。

03 **放大模特眼睛。**选择膨胀工具，单击模特左眼和右眼，适当放大模特眼睛。

04 **缩小模特鼻头。**选择褶皱工具，单击鼻头顶部，选择向前变形工具，向鼻头内部稍稍拖曳鼠标指针。

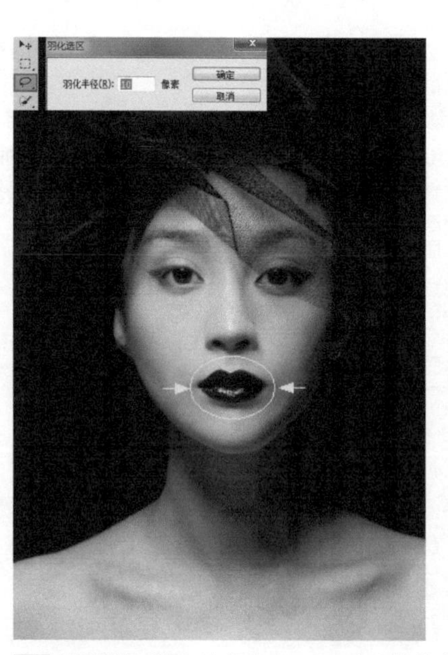

05 **调整模特嘴型。**选择套索工具，选出模特嘴部，按Shift+F6组合键，弹出【羽化】对话框，设置【羽化值】为10像素，单击【确定】按钮，按Ctrl+T组合键，按Shift+Alt组合键向内部拖曳鼠标指针，适当将嘴部调小，得到最终效果。

16 修人物形体 液化工具

本案例主要用到了液化工具，操作比较简单，但需要注意控制画笔大小及压力的设置，以及液化中不同工具实现的效果。

01 **打开素材图片。**选择【文件】-【打开】-“修人物形体素材.jpg”，按Ctrl+J组合键复制“背景”图层，得到“背景拷贝”图层。

02 **调整模特大形。**选中“背景拷贝”图层，执行【滤镜】-【液化】命令，弹出【液化】面板，观察模特不完美的部分，比如衣服突出部分影响了模特的曲线，模特自身身体曲线和姿势造成的瑕疵。

03 **调整模特腰部。**选择缩放工具框选模特腰部位置进行放大，选择向前变形工具，设置【画笔大小】为400，【画笔压力】为10，在腰部位置向右推移，对胯部位也进行细微调整，使效果更自然。

04 调整完腰部曲线后单击左下角三角按钮，选择【符合视图大小】，查看调整后的效果，再用向前变形工具进行微调。

05 **调整手臂曲线。**选择向前变形工具，设置【画笔大小】为300，【画笔压力】为10，对手臂曲线进行调整。

06 **调整跨部和腿部曲线。**选择向前变形工具，设置【画笔大小】为400，【画笔压力】为10，对跨部和腿部进行调整。

07 **调整胸部。**选择膨胀工具，设置【画笔大小】为300，单击要放大的位置，对模特胸部进行适当放大。

08 **调整小腹。**选择褶皱工具，设置【画笔大小】为500，单击要缩小的位置，对模特小腹进行适当缩小，单击【确定】按钮，完成本案例。

提示：工具使用小技巧

【液化】中常用工具：

向前变形工具、膨胀工具、褶皱工具

用【液化】工具调整图片细节时，注意【画笔大小】【画笔压力】的参数设置。调整大面积时，【画笔大小】要设置得大一些，可以通过“[”“]”键调整大小。在调整人体时，【画笔压力】不要太大。

调整时要慢慢来，进行细微调整，从整体到细节去观察调整，反复推敲修改，最终使人物形体获得良好的效果。